KB155974

의사가 알아야 할
통계학과 역학

S. Nassir Ghaemi 지음

박원명·우영섭·송후림·이대보 옮김

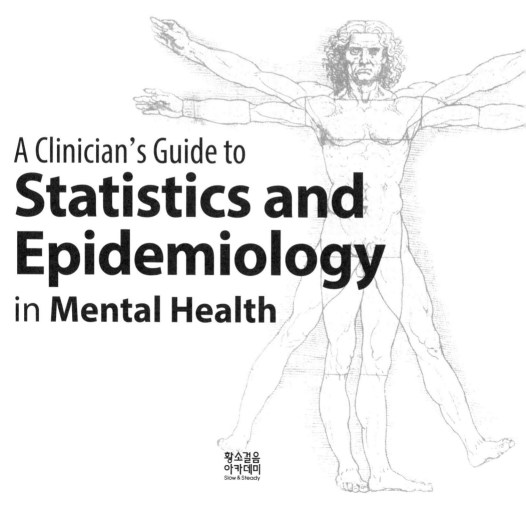

A Clinician's Guide to
Statistics and
Epidemiology
in Mental Health

황소걸음
아카데미
Slow & Steady

의사가 알아야 할 통계학과 역학

펴낸날 | 2015년 1월 20일 초판 1쇄
지은이 | S. Nassir Ghaemi
옮긴이 | 박원명 · 우영섭 · 송후림 · 이대보
만들어 펴낸이 | 정우진 강진영
꾸민이 | 휴먼하우스(humanhouse@naver.com)
펴낸곳 | 121-856 서울 마포구 신수동 448-6 한국출판협동조합 내
편집부 | (02) 3272-8863
영업부 | (02) 3272-8865
팩 스 | (02) 717-7725
홈페이지 | www.bullsbook.co.kr
이메일 | bullsbook@hanmail.net
등 록 | 제22-243호(2000년 9월 18일)

황소걸음
아카데미
Slow & Steady

ISBN 978-89-89370-93-2 93310

교재 검토용 도서의 증정을 원하시는 교수님은
홈페이지 게시판에 글을 남겨 주시면 검토 후 책을 보내드리겠습니다.

이 도서의 국립중앙도서관 출판시도서목록(CIP)은 서지정보유통지원시스템 홈페이지
(http://seoji.nl.go.kr)와 국가자료공동목록시스템(http://www.nl.go.kr/kolisnet)에서
이용하실 수 있습니다.(CIP제어번호: CIP2015001386)

판단의 오류는 확률을 적용하는 분야에서는 불가피한 것이다.

William Osler (Osler, 1932; p. 38)

Laplace에 따르면, 통계학의 고수는 오류를 무시하지 않고 수량화하는 사람이다.

(Menand, 2001; p. 182)

원래는 몇몇 선진국에서 급증하는 의료비용을 줄이기 위한 목적으로 정부 주도하에 시작되었던 근거기반의학(Evidence-based Medicine, EBM)은 학계의 호응을 얻어 이제는 전 세계적으로 거스를 수 없는 시대의 패러다임으로 자리잡아가는 듯하다. 1990년대 초반에 EBM의 개념을 정립한 David Sackett은 EBM이란 과학적 연구 근거와 임상적 전문 지식, 환자의 가치를 통합시키는 것으로서 무엇보다 환자 중심이 되어야 한다고 밝혔지만, 오늘날 EBM이라고 하면 과학적 연구, 그 중에서도 임상 시험에 대한 측면이 상당히 부각되고 있다. 그 이유는 임상 시험 결과에 기반해서 치료를 결정하는 것이 기존에 행해졌던 의학과 가장 차별되는 점이기 때문일 것이다. 지금도 크게 다른 것은 아니지만, 과거에는 의학적인 치료를 결정함에 있어 질병 메커니즘을 해석하는 특정 이론이나 의사의 견해가 가장 중요했으며, 소수의 뛰어난 명의들이 의학을 견인해왔다. 하지만 EBM은 기본적으로 인간이 완전하지 않은 존재임을 전제한다. 인간의 경험과 관찰, 그리고 인간이 생각해서 만든 이론들은 불확실하고, 많은 경우에 틀린다는 것이다. 그렇다면 무엇이 확실한 것일까? 사실 세상에서 확실한 것은 거의 없기 때문에 인간의 역사는 오류와 실수로 가득했다.

20세기 들어 사람들은 인간의 무지와 세상의 불확실성을 인정하고, 판단의 근거로 확률을 사용하기 시작했다. 그리고 불확실한 데이터를 모아 수학적으로 인정되는 절차를 거쳐 확률을 도출하는 과정(통계학)이 과학에 있어 핵심적인 속성으로 자리잡게 되었다. 다시 말해 오늘날 우리는 (맞고 틀린 것을 알 수가 없기 때문에 그 대신) 틀릴 가능성이 가급적 적은 것을 찾고자 한다. 그리고 그 가능성의 기준을 통계학자가 제시한 $\alpha = 0.05$와 같은 것들로 삼았다. 통상 이런 절차를 거치고 나면 우리의 행위는 과학적인 것으로 받아들여지게 된다. 따라서 현대의 의사들이 통계학에 대해 올바르게 이해하지 못할 경우 잘못을 저지르거나 적극적인 진료를 하지 못하게 될 가능성이 높아졌다.

문제는 근거의 수립 또한 인간이 수행하는 것이라는 사실에 있다. 과학적 근거가 형성되는 과정은 크게 데이터의 수집과 통계학의 적용, 그리고 문헌 발표로 요약될 수 있는데 여기에 상당히 많은 편향이 개입한다. 대표적인 것이 데이터가 수집되는 영역이다. 연구가 되면 데이터가 있고 연구되지 않으면 데이터도 없는 것인데, 현실적으로 연구가 불가능한 영역이 많을 뿐더러 연구를 하기 위해서는 비용이 요구된다(돈 없는 곳에 데이터도 없다). 힘들게 모은 데이터들도 다양한 편견을 내포하게 되지만, 이를 일일이 따져 묻기도 어렵고 적당한 해결책이 없는 경우도 많다. 통계학에 대해 비전문가들이 연구를 디자인하고 해석함으로써 결과가 왜곡되기도 하고, 통계학 자체의 한계 역시 엄연히 존재한다. 근거가 발표되는 주된 수단인 논문 출판에 있어서도 수많은 인간적인 요소들이 개입하여 논문이 발표되게끔 혹은 발표되지 못하게끔 만든다. 그렇다면 이러한 과정을 거쳐 주어진 근거들을 우리는 과연 어느 정도로 받아들여야 하는 걸까?

근거들이 상충하거나 현실 상황과 맞지 않을 때는 어떻게 해야 할까? 그리고 근거가 충분하지 않은 광대한 영역에 대한 의사 결정은 무엇에 기반할 것인가?

결국 이 시대는 우리에게 다시 현자가 되기를 요구하고 있는 것으로 보인다. 그리고 이 시대의 현자란 출간된 문헌들의 허실을 잘 가려내고 다양한 가능성을 가늠해서 최적의 근거를 선별하고, 근거가 불충분한 경우에도 자신의 전문 지식과 환자의 가치관, 사회적 상황들을 모두 고려해서 최대한 효과적이면서 안전한 치료를 제안할 수 있는 사람을 말한다. 다시 말해 우리에게는 과학적 사고와 인간적 가치를 잘 조율해서 전체적인 시각으로 바라볼 수 있는 의사가 필요한 것이다. 그러한 측면에서 역자들은 이 책을 국내에 소개하게 된 것을 진심으로 기쁘게 생각한다. 그동안 여러 권의 원서를 번역한 바 있지만, 이렇게 강력하게 추천하고 싶은 책을 만난 적은 없었다. 기존에 나와 있는 많은 책들 역시 주로 통계학 전공자의 시각에서 쓰여져서 임상 현실을 잘 반영하지 못하는 부분이 많다고 느껴왔는데, 이 책은 의사가 자신의 분야에 직접 통계학을 적용하는 법을 알려주기 위해 집필한 것이라 매우 실제적이었고 가려운 부분을 긁어주는 것 같은 느낌마저 들 정도였다. 다른 책에서는 결코 찾아볼 수 없을 저자 특유의 까칠한 비평을 읽는 것도 즐거운 경험이었다.

이 책은 달을 가리키는 손가락이 아닌 달 그 자체에 대해 설명해주는 책이다. 오늘날 기계적으로 적용되는 경향마저 생겨버린 통계학이 실제로는 무엇을 말하는 것이고 무엇을 위해 존재하는 것인지에 대해 새삼 일깨워준다. 이 책의 저자인 S. Nassir Ghaemi는 정신의학 분야에서 세계적으로 유명한 석학으로서, 약물 연구의 대가

이지만 그의 저서 상당수는 철학적인 면모를 지니고 있다. 일가를 이룬 학자가 고정 관념에 매몰되지 않고 객관적이고 비판적인 시각을 유지한다는 것은 쉬운 일이 아니지만, 그는 그 일을 해냈다. 역자들이 생각하는 양서의 덕목은 단순히 정보를 제공하는 것을 넘어서 독자들이 생각을 많이 할 수 있도록 한다는 것인데 그러한 면에서 이 책은 양서로 불리기에 손색이 없다. 이 책을 반복해서 읽는 동안 우리는 우리가 하는 일들에 대해 거듭 생각하게 되었으며, 그 결과 적어도 이전보다 의학을 바라보는 시야가 넓게 확장되었고, 조금 더 현명해질 수 있었던 것 같다. 그리고 논문을 쓰거나 읽을 때도 옳은 것과 그른 것, 그리고 중요한 것과 불필요한 것을 보다 쉽게 구분할 수 있게 되었다. 본문에 나오는 연구 사례들은 대부분 정신과 영역에 해당하는 것이지만, 임상 의학 연구의 본질은 전공과 관계 없이 동일하므로 모든 의사들, 모든 연구자들에게 유용할 것이라고 생각한다.

책이 나오기까지 많은 분들의 도움이 있었다. 결코 쉽지 않은 책을 1년 동안 매주 함께 읽어준 여의도성모병원 정신건강의학과 의국원들에게 감사를 전한다. 인용문을 포함해서 문장들이 통상적인 문법을 따르지 않아 원어민 출신들도 해석에 난색을 표할 정도였는데 인내심을 가지고 초독에 참여해 주었다. 국문으로 변경할 때 문장이 아주 이상해지지 않는 한 직역을 원칙으로 했으며, 가급적 원문의 분위기를 살리고자 노력했다. 마지막으로 책을 멋지게 만들어 주신 도서출판 황소걸음과 세밀한 검토를 통해 번역의 오류를 수정해주신 인하의대 예방의학과 황승식 교수님께도 깊은 감사를 드린다.

차례 Contents

오늘날 통계학(statistics) 없는 의학은 불완전한 것이 되었다. 반대로 의학 없는 통계학은 숫자로 점을 치는 것과 다를 바 없다. 이것이 지금 많은 의사들이 통계학을 공부하는 이유일 것이다.

의학에 통계학이 처음 도입된 시기는 19세기 초였다. 당시의 명칭은 '수치 해석법(numerical method)'이었다. 통계학이 도입되고 나서 오랫동안 널리 사용되어 왔던 치료 방법들이 틀렸음이 밝혀졌다. 그 대표적인 것이 사혈법이다. 사혈법은 고대 로마시대부터 1900년대까지 Galen과 Avicenna, Benjamin Rush를 포함한 모든 의사들이 거의 모든 질환에 대한 치료법이라고 굳게 믿어온 방법이다. 이는 Galen이 설명한 4체액설, 다시 말해 네 가지 체액의 균형이 깨지면 질병이 생기기 때문에 사혈을 통해 체액의 균형을 맞출 수 있다는 이론에 근거한 것이었다.

오늘날 이것이 전적으로 잘못된 이론이라는 것을 모르는 사람은 아무도 없다. 그런데 어떻게 이러한 이론이 틀렸다는 것이 밝혀지게 되었을까?

통계학 덕분이다.

이 분야의 창시자라고 할 수 있는 Pierre Louis는 폐렴 환자 70명을 대상으로 사혈법 시행 횟수를 계산(counting)하여 많이 받은 환자일수록 더 빨리 사망했다는 사실을 밝혀냈다. 사혈법이 폐렴을 치료한 것이 아니라 더욱 악화시켰던 것이다(Louis, 1835).

계산은 Louis의 작업에서 핵심적인 것이었고, 이후 통계학의 핵심으로 남았다. 만일 당신이 계산할 수 있다면, 통계학을 이해할 수 있을 것이고, 만일 당신이 계산할 수 없거나 계산하지 않는다면, 당신은 환자를 치료할 수 없을 것이다.

단순히 환자의 수를 센 것이 과거 위대한 명의들의 경험적인 치료가 무용했음을 밝혀냈다. 경험적인 측면에 의존했을 때 Galen이나 Avicenna조차도 오류를 범했다면, 당신 역시 그럴 수 있을 것이다.

의학에 통계학이 정말로 필요한 이유는, 당신은 자신의 경험을 계산할 수 없고, 당신의 눈을 믿을 수도 없으며, 스스로의 생각에 당신이 관찰했다는 것에 근거해서는 환자를 치료할 수 없기 때문이다. 만일 당신이 그렇게 한다면 당신의 치료는 아직도 19세기 이전 상태에 머물러 있는 것이다.

그런데 오늘날에도 사혈법과 같은 치료는 여전히 이루어지고 있다. 많은 의사들이 처방하는 Prozac이나 psychotherapy 역시 자칫하면 그런 종류의 치료 가운데 하나가 될 수 있다. 우리는 단지 남들이 그렇게 한다고 해서, 혹은 학교나 병원에서 그렇게 배웠다고 해서 이를 무조건적으로 따라서는 안 된다. 의학에서 환자의 생과 사는 위태로운 상황이다. 우리에게는 삶을 연장하거나 죽음을 초래하는 데에는 단순한 의견이 아닌 타당한 이유가 필요하다. 이를 위해 우리에게는 사실과 과학, 그리고 통계학이 필요하다.

의사는 과학적이고 윤리적인 진료를 하기 위해 통계학을 필요로 한다. 문제는 많은 의사들이 생물학이나 해부학은 배웠지만 숫자를 두려워한다는 것이다. 의사들에게 수학은 외국에서 온 것이고, 통계학은 외계에서 온 것이나 마찬가지다.

그러나 다른 방법이 없다. 계산 없이 의학은 과학이 될 수 없다. 그렇다면 우리는 어떻게 이 두려움을 극복하고 통계학을 공부할 수 있을 것인가?

나는 그동안 내가 가르쳐온 의사들이 의학 연구들을 어떻게 읽고 해석해야 하는지를 알려주는 기본 틀 같은 것을 강력하게 원하고 있다는 사실을 알게 되었다. 전공의와 학생들 역시 교육 과정에서 이런 기회를 접하는 것이 드물었는데, 저널 클럽 시간에 내가 근거를 평가하는 방법에 대해 체계적으로 교육을 하자 호응이 대단했다. 그동안 많은 의사들이 논문을 비판적으로 읽는 능력이 부족하여 종종 잘못된 해석을 내리곤 했다. 의사들도 그런 사실을 모르는 바는 아니었지만, 일반적인 통계학 서적이 너무 어렵기 때문에 현실은 쉽사리 개선되지 않았다. 의사에게는 의사에게 필요한 임상적인 내용에 대해 간단하게 설명해주는 책이 필요했던 것이다. 그러나 아무리 찾아봐도 마땅히 추천해줄 만한 책이 없었다.

그래서 나는 이 책을 쓰기로 결심했다.

마지막으로 독자에게 하고 싶은 말이 있다. 이 책은 통계학을 수행하는 방법을 가르쳐주는 책이 아니다(부록에서 회귀분석을 수행하는 방법에 대해 안내해 놓긴 했다). 이 책은 어떻게 통계학을 이해할 것인지를 가르쳐주는 책이다. 따라서 이 책은 특정한 통계 방법을 찾고 있는 사람이 아니라 자신이 수행했거나 보고 있는 연구들을 어떻게 이해해야 할지 고민하고 있는 사람을 위한 것이다. 이 책에는 모수적 방법과 비모수적 방법을 비교해서 논의하는 것과 같은 내용은 없다. 그러한 책들은 이미 수도 없이 나와 있기 때문이다. 이 책은 의사와 의학 연구자들을 위한 것이지 통계학자를 위한 것이 아니다. 통계학자라면 다른 전문서적을 보는 것이 나을 것이다. 나는 통계학자가 아니므로 당연히 이 책에도 세부적으로는 오류가 있을 수 있으며, 통계학자를 만족시켜 줄 만한 전문서적을 쓰지는 못했을 것이다. 그러나 이 책의 개념적인 구조는 온전한 것이며, 대부분의 생각들은 논리적으로 합당하다고 믿는다. 마지막으로 나는 당신이 이 책을 통해 통계학에 대한 두려움을 극복하고, 이 책은 바로 당신을 위해서 쓰였다는 사실을 알게 되길 바란다.

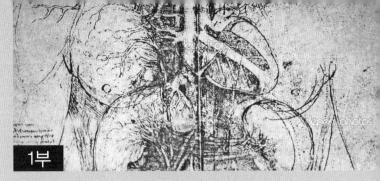

1부

기본 개념
Basic concepts

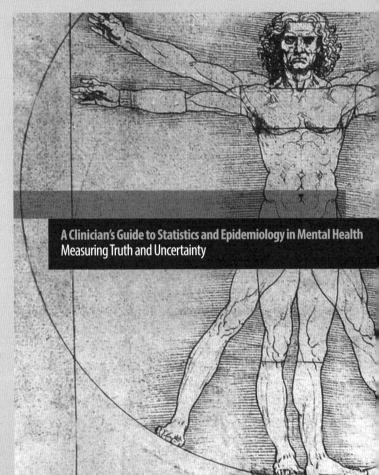

A Clinician's Guide to Statistics and Epidemiology in Mental Health
Measuring Truth and Uncertainty

Chapter 1

왜 데이터는
스스로 말해주지 않는가

과학은 우리에게 의심과 무지 그리고 자제를 가르쳐준다.

Claude Bernard (Silverman, 1998; P. 1)

지혜는 우리 자신의 무지를 인식하는 것으로부터 시작된다. 우리는 자신이 무지하다는 것을 인정하고 출발할 필요가 있다. 사실 우리는 무엇을 해야 하는지 모른다. 만약에 우리가 그것을 안다면, 이 책을 비롯해 그 어떤 것도 읽을 필요가 없을 것이다. 우리는 그저 이미 알고 있는 확고한 지식들을 가지고 환자들을 치료하면 된다. 세상에는 다양한 교조주의자들이 있는데, 그들 중 많은 사람이 단순하게 Freud나 Prozac을 진리라고 여기고 모든 것에 적용시키면 그것으로 훌륭한 의사가 될 수 있다고 생각한다. 이 책은 자신이 무지하다는 것은 인식하는 사람 혹은 최소한 더 알고 싶어하는 사람을 위해 쓰였다.

환자를 마주했을 때, 우리는 먼저 그들의 문제가 무엇인지 그리고 어떤 종류의 치료를 해야 하는지 결정해야 한다. 그럴 경우에, 특히 치료를 해야 할 경우에 우리는 어딘가에서 지침을 얻고 싶어한다. 과연 어떻게 하면 환자를 치료할 수 있을까?

우리는 더 이상 Galen의 시대처럼 지혜로운 자의 의견을 따르는 것만으로는 불충분한 시대에 살고 있다(물론 아직도 많은 사람들이 이렇게 하고 있긴 하다). 대부분의 사람들은 과학에 의지해야 한다는 것을 받아들인다. 일부의 경험적인 연구 역시 우리를 안내해 줄 수 있을 것이다.

과학이 우리의 안내자라는 이러한 관점을 우리가 받아들인다면, 질문이 하나 떠오를 것이다. 어떻게 해야 우리가 과학을 이해할 수 있을까?

과학은 간단하지 않다

과학이 간단하다면 이 책은 필요 없었을 것이다. 나는 독자들이 과학에 대해 갖고 있는 어떤 단순한 관념, 그 중에서도 특히 '실증주의(positivism)'를 바로잡고자 한다. 여기서 말하는 실증주의란, 과학은 입증 가능한 사실들로 첩첩이 쌓여진 것으로서, 그 하나하나가 절대적인 진리나 독립적인 현실을 반영하고 있으며, 우리는 단순히 이런 진실이나 현실을 파헤치면 된다는 관점이다.

하지만 과학은 그렇게 단순한 것이 아니다. 훨씬 복잡하다.

지난 세기 동안 과학자와 철학자는 이 문제를 가지고 논쟁을 벌여왔다. 그 결과 사실은 이론으로 분리될 수 없으며, 과학은 단순히 귀납법뿐만 아니라 연역법을 포함한다는 결론이 도출되었다. 이러한 논리에 따르면 가정이 선행되지 않고서 관찰되는 사실은 없다. 때때로 가정이 완전히 구성되어 있지 않거나, 심지어 의식화되지 않은 경우도 있다. 특정한 사실을 가리키는 데 복수의 가정이 있을 수도 있다. 이는 철학자들이 사실은 '이론-의존적(theory-laden)'이라고 말하는 것과 같은 맥락이다. 사실과 이론 사이에 명확한 경계선을 그어 구분하기란 어렵다.

통계학은 어떻게 시작되었는가

통계학이 어떻게 시작되었는지에 대해 대략적인 그림을 그려보자면 다음과 같다(Salsburg, 2001). 통계학은 18세기에 과학자와 수학자가 모든 과학적인 영역에는 불확실성(uncertainty)이 중요하게 작용하고 있다는 것을 인식하면서 시작되었다. 예를 들면 물리학과 천문학에서 Pierre Laplace는 모든 계산에 특정한 오차(error)가 발생한다는 것을 깨닫게 되었다. 그는 이러한 오차를 무시하기보다는 정량화해보기로 결정했는데, 그 결과로 통계학이 탄생했다. 그는 실험에서 발견되는 오차 발생 가능성을 수학적인 분포로 나타낼 수 있다는 것까지 보여주었다. 이후 19세기 벨기에의 Lambert Adolphe Quetelet가 일반인을 대상으로, 19세기 프랑스 의사 Pierre Louis가 환자를 대상으로 통계를 적용함으로써 통계학은 사람에 대해서까지 그 영역을 넓혔다. 19세기 후반에는 유전학의 창설자이자 수학계의 선구자였던 Francis Galton이 통계학을 심리학 분야(지능 연구)에 적용하여, 통계적 추론의 확률적인 속성에 대해 보다 충실히 밝혀냈다. 그의 제자인 Karl Pearson은 Laplace보다 한 단계 더 나아가 오차의 가능성뿐 아니라, 측정치 자체도 확률이라는 것을 보여줬다. "Pearson은 생물학에서 축적된 자료를 연구함으로써 측정으로부터 비롯되는 오류보다는 측정치 자체가 확률 분포를 가질 수 있다고 인식했다"(Salsburg, 2001). Pearson은 관찰된 측정치를 변수(parameter, 그리스어로 '대부분의 측정치'라는 의미)라고 불렀다. 그리고 그는 평균(mean)과 표준편차(standard deviation, SD)와 같은 주요 개념들을 발전시켰다. Pearson의 혁명적인 업적들은 현대 통계학의 초석을 다져놓았다. 하지만 만약에 그를 통계학의 Marx(그는 실제로 사회주의자였다)

라고 한다면, 통계학의 Lenin은 무작위화(randomization)와 p-값을 소개한 20세기 초의 유전학자 Ronald Fisher일 것이며, 그의 후계자는 20세기 중반에 이러한 개념을 의학적 질병에 적용하여 임상 역학을 탄생시킨 A. Bradford Hill이 될 것이다. 이 책을 읽다 보면 이들의 이름을 자주 보게 될 것인데, 그 이유는 이 선구자들의 생각이 통계를 이해하는데 근간이 되기 때문이다.

통계학이라는 용어를 처음 고안해 낸 인물은 Fisher로, (Louis는 수치 해석법이라고 불렀다) 그는 이것을 모든 가능한 측정치의 반영으로서 보이는, 실험에서 관찰된 측정치라고 정의했다. 그것은 "관찰된 측정치로부터 유래되며, 분포의 매개 변수를 평가하는 수"이다 (Salsburg, 2001). 그는 관찰된 측정치를 가능한 측정치들 사이에서의 무작위적 수로 보았으며, 따라서 "통계란 무작위적인 것이므로 하나의 값이 얼마나 정확한지 따지는 것은 이치에 맞지 않는다. … 필요한 것은 통계적인 확률 분포에 달린 기준이다"(Salsburg, 2001). 관찰된 측정값이 얼마나 타당할 가능성이 있는가? 통계적인 시험은 이런 가능성들을 수립하는 것에 관한 모든 것이며, 통계적인 개념은 우리가 관찰한 것들이 보다 많이 옳은지 혹은 보다 적게 옳은지를 알기 위해 수학적으로 확률을 어떻게 사용하는지에 대한 것이다.

과학 혁명

이 과정은 실제로 혁명적이었다. 이는 과학에 대한 우리 사고가 크게 변화한 것이다. 이러한 발전 이전에는 대부분의 깨어있는 사상가들(예를 들어 18세기의 프랑스 백과사전 집필자나 19세기의 Auguste Comte) 조차, 과학이란 감각적인 관찰을 정제함으로써 어떤 절대적인 지식을 발전시켜 나가는 과정이라고 보았다. 통계학은 기술의 도움을 받아 우리의 오감을 사용해서 관찰한 것에서 유래된 과학적 지식이란 절대적이지 않다는 개념에 기초하고 있다. 그러므로 "통계적 혁명 뒤에 있는 기본적인 아이디어는, 과학에서 실재하는 것은 수치의 분포이고, 이는 매개 변수에 의해 기술될 수 있다는 것이다. 확률 이론의 개념과 확률 분포를 다룬다는 것을 새겨 넣는 것은 수학적으로 편리한 방법이다"(Salsburg, 2001).

과학자가 통계학을 사용해야 한다는 것은 선택의 여지가 없는 일이다. 만일 누군가 과학은 절대적으로 긍정적인 지식에 관련된 것이 아니며, 훨씬 더 복잡한 확률적인 노력이라는 점을 올바르게 이해한다면(11장 참조), 통계학은 과학의 한 부분이자 영역이 될 것이다.

일부의 의사들은 통계학을 싫어한다. 그러면서도 그들은 과학적이고 싶어한다. 이럴 경우 그들은 두 가지 중 하나는 포기해야 할 것이다.

인류에게 주는 유익함

통계학은 의학의 외부에서 발전하였는데, 다른 과학 분야에서 연구자들은 불확정성과 오차가 과학의 본질임을 깨달았다. 일단 절대적인 진실에 대한 소망을 버린다면 통계는 모든 과학 분야에서 필수적인 측면이 될 것이다. 그리고 물리학이 불확정성을 갖고 있다면, 의학은 얼마나 더 많은 불확정성을 가질 것인가? 인간은 원자나 전자보다 훨씬 불확실한 것이다.

의학에서 실질적인 통계 결과는 부인할 수 없다. 19세기에 이루어진 사혈과 배출, 거머리 요법에 관한 Louis의 연구(Louis, 1835)와 20세기에 이루어진 흡연이 폐암과 연관이 있다는 Hill의 연구(Hill,

1971), 이 두 연구는 강력한 두 재앙 속에서 의학 통계가 인류에게 이익을 가져다주었음을 우리가 인정할 수밖에 없게 하는 증거이다.

숫자는 혼자서 존재하지 않는다

과학의 역사는 우리에게 과학 지식이 절대적이지 않다는 점과 그리고 모든 과학은 불확정성과 관련되어 있다는 것을 보여주었다. 이러한 진실로 인해 우리는 통계가 필요하게 되었다. 따라서 통계학을 배우는 과정에서 순수한 사실을 기대해서는 안 된다. 통계 분석의 결과는 아무 꾸밈이 없으며, 반박할 수 없는 사실이다. 모든 통계는 해석하는 과정이며, 그 통계의 결과는 더욱 해석적인 것이다. 실제로 이것이 과학의 본질이다. 과학은 단순히 사실 그 자체가 아니라 사실에 대한 모든 해석을 의미한다.

이러한 통계학적인 현실 — 데이터는 그 자신을 위해 말을 하지 않으며, 따라서 사실을 실증주의에 입각하여 믿는 것은 잘못되었다는 것 — 을 교란편견(confounding bias)이라고 부른다. 2장에서 논의하겠지만, 관찰이란 믿을 수 없는 것이다. 우리는 종종 실재하지 않는 것을 보았다고 생각한다. 이것은 사람을 대상으로 한 연구에서 특히 더 그렇다. 생각해보라. 수많은 논문에서 카페인이 암을 일으킨다는 것을 보여주는데, 이러한 관찰은 거듭되고 있다. 암에 걸린 사람들에서 커피를 마신 경우가 암에 걸리지 않은 사람에 비해 많았다. 이는 꾸밈없는 결과이긴 하지만 잘못되었다. 왜일까? 커피를 마시는 사람이 마시지 않는 사람들보다 흡연자인 경우가 더 많았기 때문이었다. 흡연은 이번 조사에서 중요한 교란인자였는데, 우리의 삶은 이러한 교란인자들로 가득하다. 이는 우리의 눈을 믿을 수 없으며, 과학은 관찰만 가지고는 불충분하다는 것을 의미한다. 우선 교란인자들을 제거함으로써 관찰을 정확하게 해야 한다. 이것이 어떻게 가능할까? 두 가지 방법이 있다.

1. 실험을 한다. 환경에 있는 한 가지 요인을 제외한 모든 다른 요인들을 통제함으로써 한 가지 요인의 영향에 의해 비롯된 변화를 알아내는 것이다. 하지만 이것은 실험실의 동물들에게는 가능할지 몰라도 인간은 (윤리적인 문제로 인해) 이러한 방식으로 통제하기 어렵다. 무작위 대조 임상시험(randomized clinical trial, RCT)은 가능할 것이다. RCT는 사람을 대상으로 실험을 하면서 정확하게 관찰할 수 있는 방법이다.
2. 통계학적으로 해결한다. 회귀모형(regression model)과 같은 특정한 기법(6장 참조)을 사용하면 교란인자의 영향을 수학적으로 보정할 수 있다.

그렇기 때문에 우리는 통계를 필요로 한다. RCT와 같은 디자인이나 특별한 분석을 통해 우리의 관찰을 정확하게 만들 수 있으며, 그래서 결국 우리의 가설을 올바르게 (그리고 틀리지 않게) 채택하거나 기각할 수 있다.

과학은 가설과 가설을 검정하는 것, 확인하고 논박하는 것, 교란 편견과 실험, RCT와 통계적인 분석에 관한 것이다. 요약하면, 과학은 단지 사실에 관한 것은 아니다. 사실은 항상 해석되기를 요구한다. 그리고 그것이 통계의 역할이다. 진실을 말하기 위해서가 아니라, 어떻게 사실들을 해석해야 하는지를 이해하게 해줌으로써 진실에 좀더 가깝게 다가가게 만드는 것이다.

적게 알고, 많이 하라

이것이 이 책의 목표이다. 당신이 연구를 전문으로 하는 의사라면, 아마도 이 책은 당신이 분석과 연구에서 하려는 일을 왜 하는지 그리고 어떻게 그것들을 향상시킬 수 있는지에 대해 설명해 줄 것이다. 당신이 임상을 전문으로 하는 의사라면, 다른 사람의 해석에 단순히 의존하기보다는 스스로 자신의 연구에 대해 독립적인 판단을 할 수 있도록 도와줄 것이다. 이 책은 당신에게 사실이 보이는 것보다 좀더 복잡하다는 것을 깨닫게 해줄 것이다. 당신이 지금 아는 것보다 더 적게 '아는 것'으로 끝날 수도 있지만, 지식이라고 받아들여지는 것들 대부분이 여러 가지 다른 해석들 가운데 단지 한 가지임을 깨닫게 될 것이다. 하지만 동시에 나는 이러한 통계적인 지혜가 당신을 좀더 자유롭게 만든다는 사실을 증명하고 싶다. 당신은 숫자에 덜 휘둘리게 될 것이며, 어떻게 숫자를 해석해야 하는지 알게 될 것이다. 당신은 좀더 적게 알게 될 것이지만, 동시에 당신이 아는 것은 보다 유효하며 견고해질 것이고 결과적으로 당신은 좀더 나은 의사가 될 것이다. 추측보다는 정확한 지식을 적용하고, 우리가 아는 영역의 테두리가 어디까지 뻗어 있는지 그리고 우리가 모르는 영역이 어디서부터 시작되고 있는지에 대해 더욱 분명하게 자각할 수 있게 될 것이다.

Chapter 2

왜 당신의 눈을
믿을 수 없는가: 3C

들리는 모든 것을 믿지 말고, 보이는 것의 반만 믿어라.

– Edgar Allan Poe (Poe,1845)

이 책의 핵심 개념은 모든 연구의 타당성(validity)에는 교란편견
(confounding bias), 우연(chance) 그리고 인과관계(causation) — 이들을
3C라 칭한다 — 라는 일련의 순차적 평가가 관여하고 있다는 것이
다(Abramson and Abramson, 2001).

　어떠한 연구라도 당신이 연구결과를 받아들이기 위해서는 이 세
가지 장애물을 넘어야 한다. 일단 우리가 어떠한 사실이나 연구결과
가 액면 그대로 받아들여지지 않는다는 것을 이해하게 된다면(단순
히 관찰만을 통해 얻어지는 사실은 없고 모두 해석되어 받아들여지는 것이기
때문이다), 우리는 통계학의 도움을 통해서 이러한 사실들을 분석하
기 위해 어떠한 방법을 써야 하는지를 알 수 있다. 이 세 단계는 널리
받아들여지고 있는 것으로, 통계학과 역학의 핵심을 이루고 있다.

첫 번째 C: 교란편견

첫 번째 단계는 우리가 계통 오차[systemic error, 우연이라는 랜덤 오차

25

(random error)의 반대]라고 말하는 편견이다. 계통 오차는 측정이 이루어질 때의 내재적 문제이기 때문에 몇 번을 반복해도 동일한 실수가 계속되는 것을 뜻한다. 여기에는 선택편견(selection bias), 교란편견, 측정편견(measurement bias)이 존재한다. 모든 편견들이 다 중요하지만, 여기에서 나는 아마도 가장 흔하지만 충분하지 않게 평가되고 있는 교란편견에 대해 강조할 것이다. 교란이란 관찰된 결과에 영향을 주고 있지만 우리가 알아차리지 못하고 있는 요인이다. 이 개념은 그림 2.1에 가장 잘 나타나 있다.

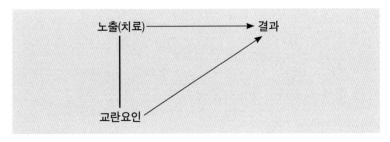

그림 2.1 교란편견

□ 호르몬 대체요법

그림 2.1을 보면, 교란요인은 노출(혹은 우리가 원인이라 생각하는 것)과 연관이 되어 있고, 그것을 결과로 이끌게 된다. 실제 원인은 교란변수이고, 우리가 관찰한 원인처럼 보이는 것은 단순히 같이 옆에 있었던 것뿐이다. 1장에 카페인, 담배 그리고 암과의 관계에 대한 사례를 든 바 있다. 또 다른 중요한 사례는 호르몬 대체요법(Hormone Replacement Therapy, HRT)이다. 많은 관찰 경험과 대규모 관찰 연구를 통해, 대부분의 의사들은 수십 년 동안 HRT가 여성들(특히 폐경

기 여성)에게 의학적인 효과가 있다고 확신해왔다. HRT를 받은 여성들은 받지 않은 여성들에 비해 효과가 더 좋았다. 하지만 대규모의 RCT를 통해 HRT는 오히려 심혈관계 질환과 암에 대해 위약보다 더 나쁜 영향을 미친다는 결과가 나왔다. 그동안의 관찰 결과는 왜 잘못되어왔던 것일까? 바로 교란편견 때문이었다. HRT를 받은 여성은 HRT를 받지 않은 여성보다 식사 조절과 운동을 더 잘 했다. 식사와 운동은 직접적으로 더 좋은 의학적 상태를 이끌어냈으며, 이것들이 HRT와 연관성이 있는 교란요인이었다. RCT에서 HRT군과 위약군에서 식사와 운동을 다른 변수들과 마찬가지로 동일하게 유지하자 그제서야 HRT의 직접적인 효과가 정확하게 관찰되었다. 그것은 해로운 것이었다(Prentice at al., 2006). 이 사례에 대해서는 9장에서 더 자세히 다루도록 하겠다.

□ 삼각관계

어떤 책에서는 이렇게 말하고 있다. "교란은 역학자들이 생각해야 하는 삼각관계다. 어떤 위험 요인, 환자의 특성, 혹은 중재가 어떤 질환, 부작용, 결과를 초래하는 것처럼 보일 때는 반드시 그 관계를 살펴볼 필요가 있다. 우리가 원인과 효과를 보고 있는 것인가, 아니면 우리가 의식하지 못하는 교란요인의 영향을 보고 있는 것인가? … 교란요인은 항상 숨어 있고, 연구를 이해하기 위해 의문을 던질 준비를 갖추고 있다."(Gehlbach, 2006; pp. 227~228)

우리는 우리 자신의 눈을 믿을 수 없다. 이것이 바로 교란편견이 주는 교훈이다. 더 정확하게 말하자면 우리는 우리의 관찰이 맞았는지 틀렸는지 확신할 수 없다. 우리의 관찰은 맞을 때도 있고 틀릴 때도 있지만 대개는 틀리는 경우가 더 많다. 수많은 교란요인들 때문이다.

HRT를 실패로 이끈 교란편견과 같은 경우는 환자들의 고유한 개성과 관련이 있다. 의사는 환자들의 식사와 운동에 대해 아무것도 관여하지 않았다. 환자들 스스로가 이런 교란요인들을 조절한 것이다. 어떤 특정 연구에서는 머리 색깔, 나이, 성별 같은 완전히 독립적인 특성들이 교란변수라고 판명될 수도 있다. 환자나 의사는 이것들을 통제할 수 없다. 그러한 특성들은 그 집단에 단지 존재하는 것이고, 그것들이 결과에 영향을 미치게 된다. 환자나 의사의 행동으로 인한 교란변수들도 있는데, 적응증에 의한 교란(confounding by indication)과 측정편견이 바로 그것들이다.

적응증에 의한 교란

의사의 행동으로 인해 발생하는 주요 교란요인이 바로 선택편견이라고도 불리는 적응증에 의한 교란이다. 이것은 의학 연구에서 고전적인 것으로서 거의 의식되지 못하는 혼란이다.

임상의로서 당신은 무작위적으로 치료하지 않도록 훈련 받았다. 이 말은, 수년 동안의 수련과 그 이상의 임상 경험을 통해 당신은 각각의 개별적인 환자에게 맞춰서 치료하는 경향을 갖게 되었다는 뜻이다. 당신은 환자를 무작위로 치료하지 않는다. 당신이 A환자에게 X약을 복용하라고, B환자에게 Y약을 복용하라고, C환자에게 X약을 복용하라고, D환자에게 Y약을 복용하라고 말할 때, 당신은 왜 각각의 환자가 각각 다른 약을 복용해야만 하며 그것이 아닌 약은 복용하면 안 되는지에 대해 이미 고민을 거친 것이다.

당신은 무작위로 치료하지 않는다. 만약 당신이 무작위로 치료한다면, 당신은 아마도 고소를 당해야 할 것이다. 하지만 당신이 무작위로 치료하지 않기 때문에, 자동적으로 당신의 모든 경험은 편향된다. 당신은 환자가 좋아진 이유가 당신의 치료 덕분이라고 생각하겠지만, 사실은 좋아질 환자들을 잘 골라서 그 치료를 했기 때문에 환자가 좋아진 것이다. 달리 말하면, 당신이 관찰하고 있는 것이 전반적인 치료의 효과가 아니라 특별히 선택된 사람들에게만 나타나는 치료 효과라는 것이다. 그렇기 때문에 만약 치료 효과에 대해 이러한 특정 환자군보다 더 범위를 넓혀 일반화시켜 말한다면, 당신은 실수를 하게 되는 것이다.

측정편견과 맹검(blinding)

나는 첫 번째 C를 교란편견에 초점을 맞추었다. 여기서 더 큰 주제는 편견 혹은 계통 오차며, 교란편견 외에도 다른 중요한 편견이 존재한다. 바로 정보편견(information bias)라고도 부르는 측정편견이다. 여기에서 말하는 측정편견은 분석되지 않은 교란요인보다는 결과 자체의 부정확함 때문에 생기는 것을 의미한다. 결과의 근거가 된 정보 또는 측정 방식들이 잘못된 경우이다. 종종 이것은 환자의 바램이나 의사의 신념에 의해 영향을 받을 수 있다. 그러므로 이러한 측정편견을 바로잡기 위해서 보통 이중맹검(double blinding)을 사용한다.

교란편견을 바로잡기 위해 가장 좋은 방법은 무작위화이며, 측정편견을 바로잡기 위해서는 맹검을 사용한다. 맹검이 중요하긴 하지만, 무작위화보다 중요하지는 않다. 교란편견이 측정편견보다 훨씬 더 많고 다양하기 때문이다. 편견을 다루는 데 임상의들은 종종 맹검에 치중하는 경향이 있는데, 무작위화를 하지 않거나 회귀모형 또는 다른 통계적 분석을 수행하지 않는다면, 연구결과는 교란편견으로 인해 타당성을 잃을 것이다.

두 번째 C: 우연

만약 연구에서 무작위화와 맹검이 효과적으로 수행되었거나 관찰 데이터들이 회귀모형이나 다른 방법으로 적절히 분석되고 나서 여전히 치료와 결과 사이에 어떤 관계가 있어 보인다면, 우연에 대한 문제를 생각해 보아야 한다. 이러한 관계가 드러나지 않은 어떤 편견에 의한 계통 오차에 의한 것이 아니었다면, 그 다음에는 이런 결과가 단지 우연히 나온 것인지, 즉 랜덤 오차 때문인지에 대한 질문을 해야 할 차례이다.

8장에서 가설 검증에 대한 통계학적 접근의 본질에 대해 더 상세하게 논의할 것이므로 여기에서는 간단하게 기술하겠다. 관례적으로 우연히 일어날 확률을 계산하는 방정식에서 그 확률이 5% 이하라고 한다면 그 관계가 우연에 의한 것이 아니라고 본다는 것이다. 이것이 그 유명한 p-값이다. 이에 대해서는 7장에 더 자세히 기술하겠다.

이 방정식을 적용하는 것은 간단한 일이므로 우연에 대해 평가하는 일은 전혀 복잡하지 않다. 이런 일은 편견을 다루는 것보다 훨씬 더 단순하며 그만큼 덜 중요하다. 일반적으로 우연을 다루는 것은 큰 일이 아니며, 편견을 다루는 것이 어려운 부분이다. 아직도 많은 임상의들이 연구에서 통계학을 적용하는 이유가 p-값과 우연을 평가하기 위해서라고 생각하는데, 사실 이것은 통계학에서 그다지 중요하지 않은 부분 중에 하나다.

혼히 벌어지는 일들이, 첫 번째 C가 무시돼서 편견이 충분하지 않게 검토되고, 두 번째 C는 과장되는 것이다. 논문들을 보면 단지 1~2개가 아닌, 20~50개의 p-값들이 독자들에게 떠넘겨지고 있다. 이런 p-값들은 쓸모가 없어지고, 더 나빠지고, 잘못된 결론을 유도하는 지경까지 줄곧 남용된다(7장 참고).

우연에 대한 대부분의 문제는 우리가 그것에 너무 많이 집중한 나머지 통계를 잘못 해석한다는 것이다. 그리고 편견에 대한 대부분의 문제는 우리가 그것에 너무 신경을 쓰지 않고 통계적으로 접근하려는 생각조차 하지 않는다는 것이다.

세 번째 C: 인과관계

어떤 연구가 편견과 우연, 이 두 가지 장애물을 넘었다고 하더라도, 인과관계에 대해 평가하지 않는다면 여전히 타당하다고 볼 수 없다. 이 문제는 훨씬 더 복잡한 주제로서, 의사들이 단순히 숫자들을 찾아보거나 p-값을 구했다고 해서 답을 얻을 수는 없는 통계학의 한 부분이다. 실제로 여기서 우리는 마음의 눈을 떠야 하며, 숫자가 아니라 아이디어를 가지고 생각해야 한다.

인과관계의 문제란 이런 것이다. 만약 X가 Y와 관련이 있고, 여기에 어떤 편견이나 우연 오차가 작용하지 않는다고 하더라도, 여전히 우리는 X가 Y의 원인이라는 것을 증명해야 된다. 예를 들어 단지 Prozac이 우울 증상의 완화와 관련 있다는 것만이 아니라, Prozac이 우울 증상을 호전시킨다는 것을 보여주어야 하는 것이다. 어떻게 이것을 할 수 있을까? p-값으로 할 수 있는 일은 아니다.

이것은 임상 역학에서 수십 년에 걸쳐 중심적인 논의 사항이었다.

담배와 폐암에 대해 연구한 위대한 임상 역학자인 A. Bradford Hill은 이 문제에 대해 고전적인 해결 방안을 제시했다. 그 연구의 가장 주요한 문제점은 무작위 연구가 현실적으로 불가능하다는 것이었다. 당신은 담배를 피는군요, 당신은 피지 않는군요. 자, 이제 40년 후에 누가 폐암에 걸렸는지 봅시다. 이런 방법은 실제적으로나 윤리적으로나 수행될 수 없었다. 이 연구는 관찰 연구였고 편견이 존재하기 쉬웠다. Hill과 다른 연구자들은 편견을 다루기 위한 방법들을 고안했지만, 절대로 완벽하게 의심을 떨쳐낼 수는 없다는 문제를 항상 가지고 있었다. 담배 회사들은 당연히 이런 의구심을 계속 부각시켰고, 언젠가 자신들의 위험한 사업을 그만둘 수밖에 없을 그날까지 계속 제기해 가고 있다.

담배 회사들은 이 모든 관찰 연구를 가지고 Hill과 그의 동료들에게 "당신들은 여전히 담배가 폐암을 유발한다고는 증명하지 못한다"면서 논쟁을 펼쳤다. 사실 그들 말이 옳긴 하다. 결국 Hill은 인간을 다루는 의학 연구에서 무엇이 무엇을 유발한다는 것을 확실하게 증명할 수 있는 방법을 연구하기 시작했다.

나는 이 주제에 대해 10장에서 더 자세히 다룰 것이다. Hill은 기본적으로 어떠한 하나의 근원에서 인과관계를 도출할 수는 없지만, 여러 근원들로부터 근거가 축적된다면 추론할 수 있을 것이라고 지적했다(표 10.1 참고).

하나의 연구만으로는 타당하다고 말하기에 충분하지 않다. 또한 우리는 이 결과가 다수의 연구에 의해 반복되는지, 그 결과의 기전이 동물들을 대상으로 한 생물학적 연구결과에 의해 지지되는지, 그 결과가 인과관계에 일치하는[용량-반응 관계(dose-response relationship)와 같은] 특정한 패턴을 따르는지 등등에 대해 알고 싶어한다.

우리의 목표를 위해서는 적어도 연구결과의 반복(replication)이 필요하다. 아무리 연구가 잘 수행되었다 할지라도, 하나의 연구만으로는 인과관계를 대표할 수 없다. 편견과 우연의 장애물을 넘었다 할지라도, 다른 표본들과 다른 환경에서도 같은 결과가 반복되는지를 보아야 할 것이다.

요약
교란편견, 우연, 인과관계, 이것들이 통계학과 역학의 근간을 이루는 기본적인 세 가지 개념이다. 만약 임상의가 이 세 가지 개념에 대해 이해한다면, 그때 비로소 자신의 눈이 보다 타당하다고 신뢰를 가질 수 있을 것이다.

3 근거의 수준

원인과 결과에 대한 충분한 숙고 없이 추정하고, 또 우연의 법칙을 경시한다면, 그 논문은 상충되는 의견들과 주장-반대 주장들로 가득 찰 것이다.

– Austin Bradford Hill (Hill,1962; p. 4)

'근거(evidence)'라는 용어는 전성기 시절의 Freud 학파가 쓴 '무의식' 이라는 용어, 또는 과거 어느 시대에서의 '프롤레타리아'라는 용어 만큼이나 논란의 여지를 담고 있다. 이 말은 경외심을 불러일으키기도 하고, 또는 반사적으로 혐오감을 갖게 하는 등 많은 사람들에게 서로 다른 의미로 다가온다. 이러한 이유는 근거라는 용어가 현재 상당한 영향력을 행사하고 있고, 지지자와 비판자 모두를 사로잡고 있는 근거기반의학(evidence-based medicine, EBM) 운동과 연결되어 있기 때문이다.

내가 보기에는 이 책의 내용이 EBM과 일치하고 있기는 하지만, 이 책은 EBM 자체에 대한 책이 아니며, EBM의 적용에 대한 것은 더욱 아니다. EBM에 대한 보다 상세한 설명은 12장에서 하기로 하고, 여기에서는 내가 EBM의 가장 중요한 특징이라고 생각하는 근거의 수준(levels of evidence)에 대한 개념만을 강조하기로 하겠다.

EBM의 기원

캐나다의 David Sackett 같은 EBM 운동의 창시자들이 자신의 연구를 명명하기 위해 여러 가지 용어를 고려했었다는 점은 주목할 만하다. 처음에는 과학기반의학(science-based medicine)이라는 문구를 생각했지만, 나중에 과학을 근거라는 용어로 바꿨다. 과학이라는 단어가 경외심을 불러일으키는 경향이 있기 때문에 바꾼 것으로 보이는데, 근거라는 단어의 개념이 더 모호한 것이므로 이는 유감스러운 일이었다. 내가 보기에는 실수인 것 같지만, 이런 이유로 우리는 '그 의견은 근거 기반이 아니다' 또는 '그 논문은 근거 기반이 아니다'라고 말하는 EBM의 지지자들을 종종 볼 수 있게 되었다. 만약 '근거'라는 용어 대신 '과학'이라는 단어를 사용해 본다면, 이러한 말이 어리석다는 것은 분명해진다. '그 의견은 과학 기반이 아니다' 또는 '그 논문은 과학 기반이 아니다'와 같이, 일단 과학이라는 용어를 사용하게 되면, 그러한 설명은 과학이 의미하는 것에 대한 논점을 교묘히 피하고 있다는 것이 명백하게 드러난다. 우리는 이에 대해 서론에서 다뤘던 그러한 논의를 대개 순순히 받아들이지만, 역설적으로 (아마도 EBM 운동의 성공 때문에) 많은 사람들은 '근거'라는 용어가 의미하는 바에 대해 별로 생각해보지 않은 상태에서 그 말을 사용한다. 만약 어떤 연구가 '근거 기반'이 아니라면, 도대체 그 연구는 무엇인가? '비근거(non-evidence)' 기반인가? '의견(opinion)' 기반인가? 그러나 '근거가 없는' 것이 있는가? 근거에는 의견이 없는가? 달리 말하면, 사실이 그 자신을 위해 말할 수 있는가? 우리는 '그 연구는 근거 기반이 아니다'라고 말하는 사람들은 기본적으로 그들이 갖고 있는 실증주의에 대한 믿음을 드러내고 있다는 것을 목격해 왔다. 그들의 마음속에는 과학에 대한 매우 특별한 생각, 즉 과학은 사실 실증주의라는 생각을 갖고 있기 때문에 '그 연구는 과학 기반이 아니다'라는 의미까지도 아울러 말했을 수 있다. 하지만 실증주의는 틀린 것이므로, 근거에 대해 이렇게 극도로 혼돈스러운 생각역시 틀린 것이다.

원래 근거와 의견은 서로 대립하는 관계가 아니다. 왜냐하면 앞서우리가 논의한 것처럼 '근거'란 항상 (의견 또는 주관적인 평가를 포함하는) 해석과 결부되어진 '사실'을 의미하는 것이기 때문이다.

다시 말해, 모든 의견은 근거의 한 형태이다. 어떠한 관점이라도그것은 어떤 종류의 근거에 기반하고 있다. 다시 말해 근거가 없는것이란 없는 것이다.

내가 EBM을 이해하는 기본적인 생각은 우리가 사용하는 근거의종류가 무엇인지 이해하고, 우리가 사용할 수 있는 근거의 종류 가운데 가장 높은 수준의 근거를 사용할 필요가 있다는 것이다. 이것이 바로 근거의 수준에 대한 개념이다. EBM은 근거가 있고 없고 간의 대립에 대한 것이 아니라, (어떤 것이라도 항상 근거들을 가지고 있기 때문에) 다양한 여러 종류의 근거에 대해 순위를 매기는 것이다.

구체적인 근거의 수준

EBM 문헌들은 근거의 구체적인 수준에 대해 다양한 정의를 내리고있다. 주요 EBM 교과서에서는 문자(A부터 D까지)를 사용하고 있지만, 나는 숫자(1부터 5까지)를 선호한다. 나는 해당 수준에 대한 구체적인 내용이 연구 영역에 따라 다를 수 있다고 생각한다. 기본적이고 변치 않는 개념은 무작위 연구가 비무작위 연구보다 더 높은 수준이라는 것이며, 증례 보고(case report), 전문가 의견(expert opinion)이나 컨센서스(consensus)는 가장 낮은 수준의 근거라는 점이다.

근거의 수준은 여러 연구들을 일관되고 타당하게 비교할 수 있게 하는 로드맵을 제공해준다. 분야마다 조금씩 다른 방식으로 근거의 수준에 대한 개념을 적용하고 있는데, 정신의학에서는 일치된 정의가 아직 없는 실정이다. 내가 이제부터 설명하려고 하는 근거의 수준은, 가장 높은 수준의 근거를 level Ⅰ로, 가장 낮은 수준의 근거를 level Ⅴ로 하는 정의를 사용하고 있는데, 이러한 정의가 정신의학 분야에서 가장 적합할 것이라고 생각한다(표 3.1).

표 3.1 근거의 수준

Level Ⅰ: 이중맹검 무작위화 연구(Double-blind randomized trials)
Ⅰa: 위약대조 단일약 연구(Placebo-controlled monotherapy) Ⅰb: 비위약대조 비교 연구(Non placebo-controlled comparison trials), 또는 위약대조 추가 치료 연구(Placebo-controlled add on therapy trials)
Level Ⅱ: 개방 무작위화 연구(Open randomized trials) Level Ⅲ: 관찰 연구(Observational studies)
Ⅲa: 비무작위, 대조 연구(Nonrandomized, controlled studies) Ⅲb: 대규모 비무작위화, 비대조 연구(Large nonrandomized, uncontrolled studies, n>100) Ⅲc: 중간규모 비무작위화, 비대조 연구(Medium-sized nonrandomized, uncontrolled studies, 100>n>50)
Level Ⅳ: 소규모 관찰 연구(Small observational studies, nonrandomized, uncontrolled, 50>n>10) Level Ⅴ: 연속 증례(Case series, n<10), 증례 보고(Case report, n=1), 전문가 의견(Expert opinion)

Soldani et al., (2005), Blackwell 출판사의 승인 하에 인용하였음.

근거의 수준에 관해서 꼭 알아두어야 할 핵심적인 특징은, 각각의 근거 수준은 고유의 강점과 약점을 가지고 있기 때문에 어떠한 단일 근거 수준도 완전히 유용하거나 혹은 완전히 유용하지 않거나 하는 것이 아니라는 것이다. 그러나 다른 모든 조건이 동일하다면 level V 에서 level I로 이동할수록, 엄격함은 증가하고 아마 과학적으로도 더욱 정확해질 것이다.

level V는 증례 보고나 연속 증례(몇몇 증례 보고를 함께 보고), 또는 전문가 의견과 컨센서스(예: treatment algorithm), 의사의 개인적인 임상 경험이나 Freud, Kraepelin, Galen, Marx, Adam Smith와 같이 위대한 학자의 지혜로운 말들이 여기에 해당하며, 이 모두가 같은 수준, 즉 최하위 수준의 근거에 해당한다. 이 말은 level V의 근거가 잘못된 근거라는 의미도, 그것이 근거가 아니라는 의미도 아니다. 이것은 단지 level V가 약한 종류의 근거라는 의미일 뿐이다. 증례 보고가 옳았고, 무작위 연구가 틀렸다고 밝혀질 수도 있다. 그러나 일반적으로 무작위 연구는 증례 보고보다 옳을 가능성이 훨씬 더 높다. 우리는 증례 보고, 전문가 의견, Freud나 Marx가 이야기한 것들이 옳은지 그른지 쉽게 알 수 없다. 그러한 증례와 의견은 옳은 경우보다는 틀린 경우가 더 빈번하다. 그렇다고 해서 어떠한 단일 증례나 의견이 실제로는 옳지 않을 것임을 의미하는 것도 아니다. 오늘날 권위란 더 이상 확실한 것이 아니다.

Level IV에 속하는 소규모 관찰 연구에 수학적인 방법을 도입한 Pierre Louis의 혁신적인 업적(1835)이 있기 전까지는 모든 의학 연구는 level V에 바탕을 두었다. 소규모 연구란 어느 정도의 크기를 의미할까? 연구 주제에 따라 차이가 있을 것이다. 정신의학에서는 두 집단 간의 중등도 효과크기(effect size)에 대한 p-값을 측정하기 위해 각 집단 별로 25개 정도의 표본을 요구한다. 그러므로 50보다 적은 샘플을 '소규모'라고 한다. 다른 학문 분야, 다른 결과를 내기 위한 경우에는 '소규모'에 대한 기준이 다를 수 있다. 예를 들면, 임상유전학에서 측정 가능한 작은 유전적 효과크기를 밝혀내기 위해서는 대개 수천 명의 환자가 필요하다. 그러므로 이 분야에서 100명은 소규모 샘플로 간주된다[아래의 중심 극한 정리(central limit theorem)에 대한 부분을 참조].

관찰 연구는 무작위적이지 않은 개방 연구이다. Level III는 코호트(cohort) 연구와 같은 대규모 관찰 연구, 즉 역학 연구 분야가 여기에 해당된다. Framingham Heart Study, Nurses Health Study 등과 같이 대규모의 유익한 연구들이 바로 level III에 해당한다. 이 연구들의 경우, 대규모 샘플이란 1,000명 이상의 환자를 의미한다. 정신의학의 경우 측정된 효과크기에 따라서는 50~100명 이상의 샘플 정도로도 대규모로 간주될 수 있다. 관찰 연구는 전향적(prospective)이거나 후향적(retrospective)인 형태를 가지는데(level IV뿐 아니라 level III도 마찬가지다), 전향적일 경우에 더욱 타당하다고 받아들여진다(그래서 어떤 사람들은 전향적 관찰 연구를 level IIIa, 후향적 관찰 연구를 level IIIb라고 구분하기도 한다). 왜냐하면 일반적으로 전향적 연구에서 척도나 결과에 대한 평가를 더 신중히 할 뿐만 아니라, (의무기록조사에서 결과에 대해 후향적으로 평가하는 것과는 반대로) 원인에서 결과를 도출하는 방향으로 진행되기 때문이다.

Level II와 I은 무작위화 방법을 쓰기 때문에 최상위 수준의 근거이다. 우리가 이미 알고 있는 것처럼 교란 편향을 최소화하거나 제거하기 위해서 사용하는 최선의 방법이 바로 무작위화이다(2장 참조). Level II는 (이중맹검이 아닌) 개방 RCT이고, level I은 이중맹검 RCT이다. 정신의학의 경우에는 각각의 단계 안에서 피험자 수 50명을 기준으로 소규모 연구(<50명; IIb 또는 Ic)와 대규모 연구(>50명; IIa 또는 Ib)로 나뉜다. Level I 안에서는 위약을 사용한 대규모 연구를 가장 높은 근거 수준인 level Ia로 분류한다.

서로 상충하는 근거 사이에서 판단하기

근거의 수준에 대해 인식하고 나면, 이제 당신은 논문을 평가할 수 있는 원칙을 갖게 된다. 기본적인 원칙은 다음과 같다.

1. 다른 모든 것들이 동일하다면, 근거의 수준이 더 높은 연구가 더 낮은 연구에 비해 더욱 타당한(또는 강력한) 결과를 제공한다.
2. 가능한 한 가장 높은 수준의 근거에 따라 판단하는 것을 기본으로 한다.
3. Level II와 III은 복잡한 상황에서 얻을 수 있는 최상위 수준의 근거이므로, 복잡한 상황에 대해서 가장 가치가 있다.
4. 더 높은 수준의 근거가 확실성을 보장하는 것은 아니다. 어떠한 연구라도 틀릴 수 있는 것이므로, 반복되는 연구결과를 찾아야 한다.
5. 각각의 근거 수준 안에서, 연구결과들은 방법론적인 문제로 인해 서로 상충하기도 한다.

자료를 평가할 때 근거의 수준을 가지고 접근하는 방식의 주된 장점 가운데 하나는, 이중맹검, 위약대조군 연구와 그보다 덜 엄격한 연구들 간에 엄청난 차이가 있다는 것을 의미하는 것이 아니라는 것이다. 달리 말하면, level Ⅰ의 이중맹검 RCT가 아닌 모든 연구들은 엄격함, 정확성, 신뢰성 및 정보의 유익함 등 측면에서 동등할 수도 있다. 실제로 근거의 수준에는 중간에 위치한 수준들이 많이 존재하며, 그 각각은 장단점을 모두 가지고 있다. 특히 개방형 RCT 연구와 대규모 관찰 연구는 지극히 유익한 정보를 제공하며, 때로는 level Ⅰ 연구만큼 정확하다. 또한 근거의 수준에 대한 개념은 level Ⅰ의 통제된 임상 연구에 의존하기를 꺼리는 임상 의사들에게 도움을 줄 수 있으며, 이는 특히 상위의 연구결과가 level Ⅴ에 속하는 자신의 임상 경험과 맞지 않는 경우에 그러할 것이다. Level Ⅴ 자료의 장점은 가설을 설정하는데 유용하다는 것이다. 하지만 자신의 경험에 의거해서 더 높은 근거 수준을 가진 연구들을 평가절하하는 것은 비과학적이고 위험한 일이다.

내 생각으로는 근거의 수준에 대한 개념이 바로 EBM의 핵심 개념이다. 근거 수준에 대한 개념 때문에 EBM이 가치가 있는 것이며, 이에 대한 개념이 없다면 EBM을 제대로 이해하지 못하고 있는 것이다.

2부

편견

Bias

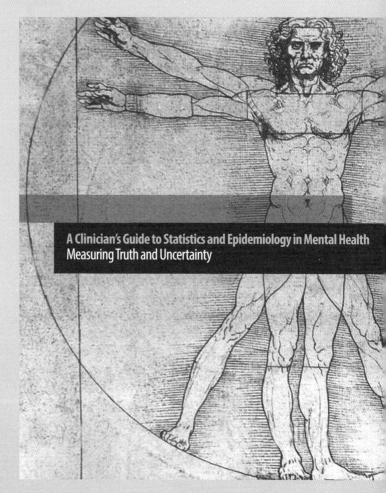

A Clinician's Guide to Statistics and Epidemiology in Mental Health
Measuring Truth and Uncertainty

4 편견의 종류

> 의사는 자신이 환자 한 명, 두 명, 혹은 세 명에게서 본 것을 빠르고 정확하게 기록할 수 있다. 그렇지만 그가 본 것이 그가 한 것과 반드시 관련되어 있는 것은 아니다.
>
> – Austin Bradford Hill (Hill, 1962; p. 4)

편견에 대한 문제는 매우 중요하기 때문에 2장에서 언급했던 것보다 훨씬 더 명료하게 다루어볼 만한 가치가 있다. 이 장에서 나는 두 종류의 편견 즉, 교란편견과 측정편견에 관해 조사할 것이다.

교란편견

교란편견의 기본 개념은 그림 2.1, 역학자의 '삼각관계'에 잘 나타나 있다.

이것의 기본 개념이란 우리는 우리의 눈을 믿을 수가 없으며, 관찰의 과정에서 우리가 모르고 있을지도 모르는 여러 요인(교란요인)이 연구결과에 영향을 주고 있을 수 있다는 것이다. 우리가 치료와 결과, 혹은 노출과 결과 사이에 연관이 있다고 생각하는 경우, 이 연관은 전적으로 또 다른 요인에 의한 것일 수도 있다. 우리는 우리가 보고 있다고 생각하는 것에 대해 항상 의심해야 한다. 우리는 연관이 있는 것처럼 보이는 것이 전혀 그렇지 않을 수 있다는 사실을 알고 있어야 하고, 심지어 이를 미리 예상해야만 한다. 진실은 관찰되고 있는 그 표면 아래에 존재한다. '사실(fact)'이란 곧이곧대로 받아들여지면 안 되는 것이다.

역학적인 말로 바꿔 보자. "궁극적으로 교란은 특정한 추정 — 근사적으로 추정된 크기가 몇몇의 관련 없는 요인에 의해 설명될 수 있는가에 관한 의문 — 에 대한 문제이다"(Miettinen and Cook, 1981). 그리고 "관련 없는 요인이라는 것은 질병이나 노출 이외의 다른 것 — 피험자들이나 그들에 대한 정보를 획득하는 과정에 대한 특성 — 을 의미한다"(Miettinen and Cook, 1981).

교란편견은 연구 디자인을 짤 때 무작위화를 함으로써 예방하거나, 자료 분석을 할 때 회귀모형을 적용함으로써 제거할 수 있다. 이 중 어느 방법도 모든 교란편견을 제거할 수 있다고 보장하지는 못하지만, 회귀(또는 다른 모든 통계적 분석)보다 무작위화를 하는 것이 훨씬 더 좋은 것이다(5장 참조). 사후에 교란편견을 제거하는 것보다 사전에 예방하는 것이 더 중요하기 때문이다.

교란편견의 중요성을 이해하는 또 다른 방법은 모든 의학 연구란 어떤 주제에 대해 진실을 알고자 하는 것임을 인식하는 것이다. 그렇게 하기 위해서는 우리가 당면한 문제에 대해 편견을 가지지 않은 상태에서 평가해야만 한다. 이것이 A. Bradford Hill이 '임상 연구의 철학'이라고 일컬었던 것의 기저에 깔려있는 기본적인 생각이다. 이 현대 역학의 창시자가 그 문제를 어떻게 설명하고 있는지 살펴보자.

… 대부분의 질병에 대한 인류의 반응은 어떠한 환경 하에서 극도로 가변적이다. 모든 인류가 한결같이, 그리고 단호하게 행동하지는 않는다. 인류는 다양하다. 바로 여기에서 문제가 시작된다. 의사는 자신이 환자 한 명, 두 명, 혹은 세 명에게서 본 것을 빠르고 정확하게 기록할 수 있다. 그렇지만 그가 본 것이 그가 한 것과 반드시 관련되어 있는 것은 아니다. 몇몇 환자에게서 (아마도 대부분 회복 또는 죽음과) 매우 관련성이 있다고 생각되는 추정은 정당하지 못한 곳에서 정당하게 평가 받거나, 또는 비판이 정당하지 않을 때 (드물지 않게) 비난 받을 것임에 틀림없다. 어떠한 의사도 짧은 시간 안에 수많은 케이스들을 치료할 수 없다는 점에서 의학적 관찰 영역이 좁을 때가 많다는 사실을 기억할 필요가 있다. 이러한 면에서 볼 때, 수많은 저명한 의사들이 각자 소수의 케이스를 치료한다는 것은 의학적 관찰 영역의 폭이 넓은 것이다. 그러므로 원인과 결과에 대한 충분한 숙고 없이 추정하고, 또한 우연의 법칙을 경시한다면, 그 논문은 상충되는 의견들과 주장-반대 주장들로 가득 찰 것이다. 과거에는 적절히 통제된 연구가 부족했기 때문에 다양한 형태의 치료들이 일상적인 임상 실제에서 사용하기에 부적절하거나 심지어 때로는 해로운 것으로 여겨져 왔다. … 바로 이러한 믿음, 혹은 어쩌면 불신이 최근 몇 년간 더욱 정교한 실험적 접근을 적용한 치료법들의 광범위한 개발을 이끌어 왔다.

(Hill, 1962; pp. 3~4)

Hill은 예수 시대부터 행해져 왔던 사혈과 Galen식 의술의 폐해에 대해 언급했다. 통계에 관심을 가지고 있는 의사들이 의사가 반드시 해야만 하는 것을 증명하기보다는 의사가 실제로 한 것이 잘못되었음을 증명하는데 더 관심이 있었다는 사실은 주목할 만하다. 임상의로서 우리는 많은 해로움을 초래해 왔고, 항상 해로움을 가지고 있었으며, 아마도 여전히 그런 상태일 것이다. 그 주요한 이유가 바로 교란편견 때문이다. 우리는 우리가 한 것을 모르지만, 알고 있다고 생각한다.

이것이 바로 교란편견이란 용어가 함축하고 있는 핵심적 의미다. 즉, 우리는 무언가가 이러이러하다는 사실에 대해 알고 있다고 생각하지만 실제로 그것들은 그렇지 않다는 것이다. 이것을 양성 교란편견(positive confounding bias)이라고 부른다. 어떤 사실(X라는 약이 Y라는 질병을 호전시킨다)이 있는데, 이것이 틀렸을 때 이를 일컫는 말이다. 그러나 또 다른 종류의 교란편견도 있다. 어떤 사실이 존재하지 않는다(X라는 약이 Z라는 문제를 일으키지 않는다)고 생각했지만, 그것이 존재하고 있을 때다(X라는 약이 실제로 Z라는 문제를 일으킨다). 우리의 관찰로부터 알게 된 X라는 약과 Z라는 문제 사이의 진정한 관계를 감춰버리는 교란편견 때문에 진실을 모를 수도 있다. 이것이 바로 음성 교란편견(negative confounding bias)이다.

우리는 혼란스러운 세상 속에 살고 있다. 우리는 우리가 실제로 관찰한 것이 관찰한 대로 일어나고 있는지, 혹은 관찰하지 못한 것이 실제로는 일어나고 있는지에 대해 절대로 알지 못한다.

실제 임상에서 이러한 일이 어떻게 일어나고 있는지 몇몇 사례들을 통해 알아보자.

임상 사례 1 적응증에 의한 교란: 양극성 우울증에서 항우울제의 중단

적응증에 의한 교란(또는 선택편견)은 임상의가 의식할 수도 있는 교란편견의 한 종류이다. 교란편견은 단지 임상의가 치료를 위해서 환자를 비무작

위로 선택하는 것에만 국한되지는 않는다. 여기에는 임상의가 전혀 알지 못하는 혹은 임상의가 전혀 영향을 주고 있지 않는 여러 요인들도 있다(예를 들어, 환자의 식습관, 운동 습관, 성별, 인종, 사회경제적 수준). 적응증에 의한 교란은 (이미 2장에서 언급했듯이) 임상의가 의술을 무작위로 행하지 않는다는 것을 뜻한다. 우리는 어떤 환자를 어떤 약으로 치료하고, 다른 환자는 다른 약으로 치료하고자 한다. 이는 우리가 제공하는 치료에 환자가 반응할 가능성을 최대화시킬 수 있는 여러 예측 요인들(나이, 성별, 질병의 종류, 현재 증상의 종류, 과거 부작용)에 기초한 판단에 근거하고 있다. 우리가 이 과정을 잘 수행할수록, 환자는 더 좋아지고, 우리는 더 나은 임상의가 된다. 그러나 이렇게 좋은 임상의가 되고 나면, 연구자로서는 실수할 가능성이 생긴다. 만약 우리가 성공으로 치료한 임상 사례들을 통해 우리가 사용한 치료들이 상당히 효과적이라고 결론 내린다면, 여기에 우리 자신의 임상적인 숙련도가 교란인자로 작용해서 옳지 않은 결론으로 잘못 유도하게 될 수 있다. 임상적으로 좋은 결과들은 단순하게 보면 우리가 적절한 환자에게 적절한 치료를 잘 연결시켰다는 것을 의미한다. 이것이 치료가 그 자체로, 혹은 전반적으로 효과가 있다는 것을 의미하지는 않는다. 그 약이 효과가 있는지 정말로 알기 위해서는, 약 자체가 화학 물질로서 작용한 것과 우리가 스스로의 임상적 능력을 발휘해서 치료해낸 것을 구분하는 것이 필요하다.

기존의 문헌 중에서 적응증에 의한 교란이 작용한 것으로 보이는 사례를 살펴보자. 양극성장애에서 항우울제 중단에 대한 관찰적 연구(Altshuler et al., 2003)는 기분안정제와 항우울제의 병합 치료에 대해 초기에 반응한 사람들 가운데 병합 치료를 유지하는 사람이 항우울제를 중단한 사람보다 안정 상태가 더 장기간 유지됨을 밝혀냈다. 다른 말로 하면, 이 연구는 양극성장애에서 항우울제의 장기 복용이 더 나은 결과를 가져온다는 사실을 보여주는 듯하다. 이 연구는 추가적인 통계분석 없이 American Journal of Psychiatry(AJP)에 발표되었으며, 이 연구의 결과는 수년 동안 자주 인용되었다.

　그러나 알고 보면 이 연구는 3가지의 'C' 중에 첫 번째 관문을 통과하지 못했다. 첫 번째 질문은, 비록 AJP의 심사자들은 단 한 명도 물어보지 않았지만(논문 심사에 대해서는 15장에 다룰 것이다), 이 관찰 연구에서 어떠한 교란편견이 존재하고 있지는 않은가에 대한 것이다.

　독자들은 반드시 자신이 이런 치료를 직접 하고 있는 상황이라고 생각하면서 이 이슈에 대해 평가해보길 바란다. 급성기로부터 회복(recovery)되고 나서 항우울제를 중단해야 하는 이유는 무엇인가? 기존의 문헌은 항우울제가 양극성장애 환자에게서 급속 순환을 일으키거나 악화시킬 수 있음을 제시하고 있다. 그래서 만약에 환자가 급속 순환형이라면, 임상의는 회복기에 항우울제를 중단하고 싶어질 것이다. 만일 환자에게 항우울제로 유발된 조증의 과거력이 있다면, 항우울제를 계속 투여하지는 않을 것이다. 일부 임상의들은 환자가 1형 양극성장애 환자인 경우 2형 양극성장애 환자인 경우에 비해 항우울제를 보다 단기적으로 투여하는 경향을 보인다. 이것이 바로 선택편견, 이른바 적응증에 의한 교란이다. 의사는 어떻게 치료해야 할지에 대해 비무작위적으로 결정을 내린다. 다른 방식으로 살펴보자. 우리는 환자들이 항우울제 복용을 중단했기 때문에 환자들이 악화된 것인지, 아니면 환자의 상태가 나빠졌기 때문에 항우울제를 중단한 것인지에 대해 알지 못한다. 또 다른 교란요인이 있었을 수도 있다. 어느 집단에는 남자가 좀더 많았을 수 있고, 어느 집단에는 발병 나이가 더 어렸을 수 있고, 어느 집단에는 질병의 정도가 더 심했을 수도 있다. 급속 순환의 잠재적 교란요인에 대해 초점을 맞추어 본다면, 만약 항우울제를 중단한 환자군에서 (항우울제를 계속 사용 중인) 다른 군보다 (적응증에 의한 교란 때문에) 급속 순환형 환자들을 더 많이 포함시키고 있다면, 항우울제 중단군이 항우울제 지속군에 비해 더욱 빠르게 재발한다고 관찰된 소견은, 알고 보면 급속 순환형 환자의 자연적 경과 때문일 수 있다. 급속 순환형 환자들은 그렇지 않은 환자들에 비해 더욱 빨리 재발한다. 이것이 교란편견의 전형적인 사례이다. 그 연구결과는 항우울제와 아무런 관련이 없었던 것이다.

사실 이런 잠재적 교란요인들이 실제로는 연구결과에 영향을 미치지 않았을 수도 있다. 그렇지만 연구자들과 논문의 독자는 그러한 가능성에 대해 반드시 숙고하고 검토해야만 한다. 논문의 저자는 보통 첫 번째 표에 인구학적 및 임상적 특성에 대해 기술한다[사실상 모든 임상적 연구에서 요구되기 때문에 종종 '표 1(Table One)'로 언급된다. 5장 참조]. 대개 첫 번째 표에는 반드시 연구 대상군 간의 임상적, 인구통계학적 변수들에 대한 비교를 기술해 놓아야 한다. 이것은 연구 대상군 간에 어떠한 차이점들이 있는지 보기 위함이며, 만약 차이점이 보인다면 그것이 교란요인일 가능성이 있다. 예를 들면, 만약 항우울제 지속군의 50%가 급속 순환형이고, 항우울제 중단군의 50% 역시 급속 순환형이라면, 교란효과의 가능성은 없을 것이다. 왜냐하면 두 집단이 동일하게 급속 순환형에 노출되었기 때문이다. RCT의 중요한 점은 무작위화를 통해서 모든 요인들이 모든 집단에 걸쳐 50 대 50으로 균등하게 배정될 것임을 어느 정도 보장한다는 것이다. 비록 각 변수의 절대값이 각 집단 내에 있다 하더라도(예를 들면 5% 대 50% 대 95%의 식으로), 핵심은 모든 집단이 동일한 대표성을 갖는다는 점이다. 관찰 연구에서 우리는 각각의 변수를 하나씩 차례로 살펴볼 필요가 있다. 만약 그러한 잠재적 교란요인이 밝혀진다면, 이제 가능한 해결책은 두 가지가 있다. 바로 층화(stratification) 또는 회귀모형이다.

기저 시점에서 두 군 안의 잠재적 교란요인에 대해 평가하는 것은 p-값과는 아무런 관련이 없다는 점은 강조할 만한 가치가 있다. 연구자들이 잘하는 흔한 실수가 두 군을 비교하기 위해서 0.05보다 큰 p-값을 언급하고 나서 군 간의 '차이가 없다'고 하고, 따라서 교란효과는 없다고 간주해버리는 것이다. 그러나 p-값을 그런 식으로 사용하는 것은, 앞으로 논의되겠지만 대개 부적절한 것으로 간주된다. 왜냐하면 그렇게 비교하는 것이 연구의 주요 목적이 아니기 때문이다(연구의 초점은 항우울제의 결과이지, 군 간 나이나 성별의 차이가 아니다). 더욱이 그러한 연구들에서는 많은 임상적 차이와 인구통계학적 차이를 찾아낼 정도의 검정력(power)이 부족하기 때문에(즉 그렇게 하면 '받아들이기 어려울 정도로' 위음성 또는 2종 오류의 가능성이 높아진다), p-값을 비교하는 것은 적절하지 않다.

아마도 여기에서 p-값을 사용하는 것이 부적절한 가장 중요한 이유는 교란요인(예: 질병 심각도)에서 나타난 모든 중요한 차이는, 심지어 통계적으로 유의하지 않더라도, 실험변수(예: 항우울제 효능)에서 나타난 명백하게 통계적으로 유의한 결과에 대해 중대한 영향을 미칠 수 있다는 점이다. 이러한 교란효과는 결과를 완전히 뒤집거나, 또는 적어도 이전에 통계적으로 유의했던(그렇지만 효과크기는 작거나 중등도 정도인) 결과를 나타냈던 실험변수의 차이에 대해 그것이 더 이상 통계적으로 유의하지 않도록 약화시켜버릴 정도로 충분히 큰 것이다. 교란효과는 대체 얼마나 큰 것일까? 그것은 집단 간에 10% 혹은 그 이상의 차이가 있으면 통계적으로 유의하다는 일반적인 법칙을 무색하게 만들어버리는 것처럼 보일 정도이다(9장 참조). 잠재적 교란인자 내에 통계적으로 유의한 차이가 있는지 여부 보다는, 그것이 주요 결과를 왜곡시킬 수 있다는 걱정을 하게 할 만큼의 충분히 큰 차이가 있는지의 여부가 중요한 것이다.

임상 사례 2 ▶ 양적 교란편견: 항우울제와 뇌졸중 후 사망률

AJP에서 찾아내지 못하고 넘어갔던 또 다른 교란편견에 대한 모범적인 사례는 RCT 연구로부터 발생했기 때문에 다소 까다로웠다. 독자는 RCT 상에서 어떻게 교란편견이 있을 수 있냐고 물을지도 모르겠다. 어쨌든 RCT는 교란편견을 제거한다고 여겨진다. 이는 RCT가 무작위화에 성공했다는 전제 하에서, 예를 들어 보고된 결과와 관련되어 평가되고 있는 모든 변수들이 두 집단 간에 동일하다면, 정말로 그렇다. 그러나 RCT에서조차 교란편견이 발생할 수 있는데, 여기에는 최소한 두 가지 이유가 있다.

첫째, 집단의 크기가 작아서 무작위화를 했어도 집단 간 동등화에 성공하지 못했을 수 있다(5장 참조). 둘째, 도출된 결과와 관련이 있는 잠재적 교란 요인들이 집단 간에 동일하지 않았을 수 있다(예를 들어, 2차 결과 또는 사후 분석에서, 1차 결과가 비교적 편향되지 않았을 경우에서조차도 그럴 수 있다. 8장 참조).

여기에서 104명의 환자를 대상으로 뇌졸중 직후에 nortriptyline, fluoxetine과 위약을 12주간 투여한 이중맹검 RCT 연구를 소개하고자 한다(Jorge et al., 2003). 논문 초록에 따르면, "104명의 모든 환자를 대상으로 연구 시작 이후 9년 동안 사망률을 수집했다". 12주의 연구를 완료한 피험자 중에서, 관찰 기간 동안 48%가 사망했지만, 항우울제 투여군(68%)은 위약군(36%)에 비해 생존율이 높았다(p=0.005). 초록의 결론은 다음과 같았다. "뇌졸중 이후 첫 6개월의 기간 동안 fluoxetine이나 nortriptyline을 12주간 투여하는 것이 뇌졸중 후 우울한 환자군과 뇌졸중 후 우울하지 않은 환자군 모두에게서 생존율을 유의하게 증가시켰다. 이러한 소견은 뇌졸중 후 우울증과 연관되어 사망 위험을 높이는 병태생리적인 과정은 우울증 자체보다 오래 지속되는 것이며, 항우울제에 의해 조절될 수 있음을 시사한다."

이것은 대단한 주장이다. 만약 당신이 뇌졸중을 앓고 나서 우울해졌다면, 단지 3개월 정도만 항우울제를 복용하고 나면 10년 넘게 계속 살 수 있게 된다는 말이다. 이런 관찰은 생물학적으로 별로 설득력이 없어 보이지만, RCT로부터 도출된 것이었다. 따라서 타당한 것으로 받아들여졌다.

논문의 본문을 살펴봤더니 몇 가지 질문이 떠오르기 시작한다. 첫 번째 질문은, 모든 RCT가 그러하듯이(8장 참조), 보고된 결과(result)들이 임상시험의 1차 결과(primary outcome)에 대한 것인가 하는 것이다. 달리 말하면, 이 연구가 해당 질문에 대답하도록 설계되었는가? (그리고 그 연구는 이런 이유에 대해 적절하게 검정되었으며 p-값을 적절히 사용했는가?) 이 연구가 처음부터 당신이 뇌졸중 후에 수개월 동안 항우울제를 복용하면 당신이 10년 뒤에도 살아있을 가능성이 더 높다는 것을 보여주기 위해 설계되었는가? 아쉽게도 분명히 그렇지 않았다. 이 연구는 항우울제가 뇌졸중 후 3개월 동안 우울증을 호전시키는지를 알아보도록 설계되었다. 2003년에 AJP에 발표된 이 논문은 그 연구의 원래 질문에 대한 결과를 보고하지도 않았다(그리고 이것이 문제시 되지도 않았다). 요점은 마치 이 논문에서는 원래부터 계획된 대로 연구를 진행한 것처럼 설명하고 있지만, (9년 동안의 사망률에 관한) 이 결과는 연구가 종료된 다음에 여러 가지 분석을 하다 보니 도출되었다는 인상이 농후하다는 것이다. 이에 대해 연구자들은 3개월 간의 RCT 이후 사후 분석 결과(연구가 끝난 후에도 계속해서 검토하기로 결정한 결과)로 사망률을 알아내기 위해 환자들을 이후 10년 동안 더 조사하기로 결정했다. 그런 다음 초록에는 완벽한 결과만 보고했는데(예를 들면, 12주의 RCT를 완료한 환자들로부터 나온 결과들), 이는 이 사례에서 나타났듯이, 전체 환자에 대해 intent-to-treat(ITT) 분석을 했을 때보다 더욱 약에 우호적인 쪽으로 나타났다(ITT 분석이 더욱 타당한 이유에 대한 논의는 5장 참조). ITT 분석에서도 역시 약으로 인한 이익은 있는 것으로 나타났지만, 그것은 덜 확실했다(항우울제군 59% 대 위약군 36%, p=0.03).

이 사례에서는 발표된 결과가 주된 질문에 대한 것인지에 대해 초점을 맞추어야 하겠지만, 그 결과 자체가 과연 타당한가에 대한 것도 의문이다. 우리는 교란에 대해 질문할 필요가 있다. 9년간 추적관찰을 했을 때 두 군 간에 모든 요인들은 동일했는가? 연구자들은 추적관찰 기간 동안 사망한 환자군(n=50)과 생존한 환자군(n=54)을 비교했으며, 두 군 간에 고혈압, 비만, 당뇨, 심방세동, 폐질환에서 (집단 간 10%의 차이 규모를 사용하여) 확실한 차이가 있다는 것을 발견했다(5장 참조). 그런데도 이 사람들은 단지 당뇨만을 교정해서 통계 분석을 했고, 그 외의 다른 모든 의학적 차이들은 전혀 교정하지 않았다. 이런 차이들 역시 항우울제 복용과는 전혀 상관없이 해당 결과(사망)를 일으킬 수 있는 있는데도 말이다. 그러므로 많은 분석되지 않은 잠재적 교란요인이 존재하게 되었다. 저자들은 교란요인을 평가하기 위해 p-값을 사용하는 실수를 저질렀기 때문에 단지 당뇨만을 검사했으며, 이러한 실수는 나중에 편집자에게 보내는 레터에서 지적되었다(Sonis, 2004). 그런데 이 레터에 대한 저자의 답변을 보면, 우리는 사후 분석에서, 심지어는 RCT에서조차도 교란편견이라는 중요한 위험 요소가 존재함을 저자들이 모르고 있었다는 것을 알게 된다. "이것은 역학 연구가 아니었다. 우리 환자들은 항우울제군과 위약군으로 무작위 배정되었다. (역학적) 상관 연구와 우리 연구와 같은 실험적 연구는 추론에 사용하는 논리가 서로 많이 다르다." 하지만 불행히도 그렇지 않다. 만약 무작위화를 통해 대부분의 교란편견을 효과적으로 제거했다면(5장 참조), 추론에 사용되는 논리는 단지 적절히 수행되고 분석된 RCT와 관찰 연구(역학 연구)의 1차 결과에 한해서만 다를 뿐이다. 그러나 RCT에서도 2차 결과와 사후 분석에 대해서는 관찰 연구와 동일한 논리를 적용한다. 그 논리는 무엇인가? 끊임없이 교란변수를 발견하고, 교정하려고 시도하는 것이다.

여기서 우리는 1차 결과와 2차 결과가 다른 것이라는 인상을 갖지 않도록 주의해야 한다. 핵심은 모든 결과, 특히 2차 결과에 대해서 교란편견이 적절히 다루어지고 있는지에 대해 반드시 주의를 기울여야 한다는 것이다.

임상 사례 3 부적 교란편견: 물질 남용과 항우울제와 연관된 조증

부적 교란편견의 가능성은 낮게 평가되는 경우가 많다. 만약 어떤 연구에서 각 변인을 결과(outcome)와 하나씩 비교하며 살펴본다면(단변량, univariate), 각각의 변수는 연관이 없게 나타날 수도 있다. 그러나 만약 모든 변수를 회귀모형에 넣게 되면(다변량 회귀분석, multivariate regression), 변수들 간의 교란효과는 통제되고, 그러면 그 중에 몇몇 변수들은 결과와 관련이 있다고 판명될 수 있다(6장 참조).

여기에서는 양극성장애에서 물질 남용이 항우울제와 연관된 조증 (antidepressant-related mania, ADM)을 예측할 수 있는 인자라는 것을 주제로 한 우리의 연구를 예로 들어 보겠다. 이전의 연구에서는 물질 남용과 ADM 간의 직접적인 단변량 비교를 통해 그 연관성을 찾아냈다(Goldberg and Whiteside, 2002). 회귀모형은 전혀 사용되지 않았다. 우리는 이 연구를 새로운 98명의 환자를 대상으로 재현해 보기로 결정했고, 교란요인을 보정(adjust)하기 위해 회귀모형을 사용하였다(Manwani et al., 2006). 먼저 우리는 물질 남용과 ADM에 대해 단순 단변량 비교를 시행해 보았는데, 그 결과 두 가지가 전혀 연관이 없음을 알게 되었다. ADM은 물질사용장애 (Substance use disorder, SUD)를 가진 피험자의 20.7%, SUD가 아닌 피험자의 21.4%에서 발생했다. 상대위험도(Relative risk, RR)는 거의 정확하게 null 값(1)이었으며 신뢰구간(confidence intervals, CIs)은 null 주변으로 대칭적이었다(RR=0.97, 95% CIs 0.64~1.48). 다시 말해 효과가 전혀 나타나지 않았던 것이다. 만약 우리의 (정확하게 설계된) 연구결과를 이전의 연구와 같은 식으로 보고했다면, 동일하게 설계된 연구 내에서 두 가지의 상충하는 결과가 존재했을 것이다. 이는 관찰 연구에서 꽤 흔하게 나타나는 현상인데, 관찰적 연구에는 모든 부분에서 교란편견으로 가득 차 있기 때문이다. 우리의 연구는 다른 많은 연구자들이 그러하듯이 이 단계에서 발표가 가능한 상태였으며, 아마도 그랬다면 정신의학 문헌들에 혼란스러운 결과 하나를 추가하는 것에 지나지 않았을 것이다. 그러나 우리가 다변량 회귀분석을 시행하고 다수의 여러 변수에 대한 물질 남용의 영향을 조절한 결과, 우리는 물질 남용과 ADM 간의 관계를 찾아냈을 뿐만 아니라 약 3배 정도의 오즈비 (odds ratio, OR=3.09, 95% CIs 0.92~10.40)라는 효과크기마저 발견해냈다. 넓은 신뢰구간 때문에 95%의 확실성으로는 귀무가설(null hypothesis, NH)을 기각할 수 없었지만, 그것들이 높은 정도로 가능성 있는 긍정적 효과(highly possible positive effect) 쪽으로 쏠려 있다는 것은 분명하게 알 수 있었다.

효과 조정(Effect modification, EM)

교란편견을 구별하는 데 중요한 개념이 EM이다. 이는 EM과 교란편견 모두가 노출(혹은 치료)과 결과 사이의 관계에 영향을 줄 수 있다는 점에서 교란과도 관련되어 있다. 그 차이는 정말로 개념적인 것이다. 교란편견의 경우에는 노출과 결과는 서로 전혀 관련이 없다. 만약 둘 사이에 어떤 관련이 존재한다면, 이는 단지 교란요인을 경유했기 때문이다. 이와는 달리 교란편견에서는 교란요인이 어떤 결과를 일으킨다. 노출은 전혀 그 결과를 일으키지 않는다. 교란요인은 노출과 결과 간의 인과관계 위에 존재하지 않는다. 다른 말로 하면, 노출이 교란요인이라는 중재를 통해서 해당 결과를 일으키는 것이 아니라는 말이다. 전형적인 예를 들어보겠다. 수많은 역학 연구를 통해 커피와 암 사이에 상관성이 발견되었지만, 사실 이는 흡연이라는 교란효과 때문이었다. 커피를 마시는 사람들은 동시에 흡연을 하고 있는 경우가 많은데, 완벽하고 전적으로 암을 일으키는 것은 바로 담배다. 커피 그 자체는 암의 위험을 증가시키지 않는다. 이것이 바로 교란편견이다.

암의 위험이 남성 흡연자보다 여성 흡연자에게서 더 높다고 가정해 보자. 이것은 더 이상 교란편견이 아니고 EM에 관한 예이다. 여성이 생물학적으로 담배의 해로운 효과에 취약하다는 것과 같은 식으로 성별과 흡연 간에 어떠한 상호 작용이 있다고 하자(실제로 그런 것은 아니다). 그러나 여성이라는 그 자체가 암을 일으킨다고 믿을 이유는 없고, 반대로 남성의 경우에도 마찬가지인 것이다. 성별 그 자체는 암을 일으키지 않는다. 성별은 교란요인이 아니다. 그것은 단지 노출, 즉 흡연을 할 경우 암의 위험도를 조절한다.

그림 2.1과 그림 4.1을 비교해 보면, 교란편견과 EM 사이의 차이점을 알 수 있을 것이다.

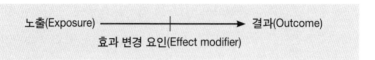

그림 4.1 효과 변경(Effect modification, EM)

어떤 변수가 노출과 결과 사이의 관계에 영향을 미칠 때, 제3의 변수가 직접적으로 그 결과를 일으키지만 그 노출에 의해 발생하지는 않은 것인지(이는 교란요인이다), 혹은 제3의 변수가 그 결과를 일으키지 않으면서 그 노출의 효과를 변경시키는 것처럼 보이는 것인지(이는 EM이다)에 대해 개념적으로 평가해볼 필요가 있다. 둘 중 어떤 경우에 대해서도, 다른 변수들을 평가하는 것은 매우 중요하다. 이렇게 함으로써 우리는 노출과 결과 간의 관계에 대해서 더욱 타당하게 이해할 수 있게 된다. 달리 말하면, (단변량 분석에서처럼) 단순 일대일 비교로는 관찰된 것 가운데 정말로 일어나고 있는 것들에 대해 타당하게 알 수 있는 방법이 없다. 교란편견과 EM은 모두 흔하게 일어나는 것들이므로, 통계 분석 과정에서 항상 주의 깊게 평가되어야 한다.

측정편견

비록 교란편견보다는 덜 중요하지만, 그래도 중요한 다른 종류의 편견으로 측정편견이 있다. 이것은 조사자나 피험자가 그 결과를 타당하게 측정하였는지, 또는 평가하였는지 여부에 대한 것이다. 여기서는 (통증 같은) 주관적인 결과의 경우 피험자나 조사자가 연구되고 있는 것에 대해 찬성하는지에 따라 편향될 수 있다는 것이 근본이 되는 생각이다. (사망률 같은) 보다 객관적인 결과에 대해서는 측정편견이 발생할 가능성이 더 적다. 맹검[단일맹검(single blinding)-피험자만이 모름, 이중맹검-피험자와 조사자 둘 다 모름]은 바로 측정편견을 최소화하기 위해 사용되는 방법이다.

많은 임상의들은 맹검과 무작위화를 혼동한다. 논문 저자들이 그들의 연구가 무작위화를 했는지 여부에 관해 언급하지 않은 상태에서 '맹검 연구'라고 기술하는 일도 드물지 않다. 사실 맹검은 항상 무작위화와 함께 이루어진다(어떤 치료를 제공할 때 이중맹검이면서 동시에 비무작위로 배정하는 것은 불가능하다). 그러나 그것은 다른 방식으로는 작동하지 않는다. 우리는 어떤 연구를 무작위화만 시키고 맹검은 하지 않을 수 있으며(open randomized study), 이는 타당한 방법이다. 그러므로 맹검이란 선택 사항인 것이다. 맹검은 연구에 따라서 할 수도 안 할 수도 있다. 하지만 무작위 배정은 필수적인 것이다. 무작위화를 시켰다는 것은 편견을 최소화시켰다는 의미이다.

만약 우리가 환자와 피험자에게 정말로 자신의 주관적인 의견에 근거하여 결과에 영향을 끼칠 수 없는 죽음이나 뇌졸중과 같은 '단단한(hard)' 결과를 대상으로 하는 경우라면, 맹검은 RCT의 핵심적인 요소는 아니다. 반면에, 대부분의 정신의학 연구는 증상 척도 상의 변화와 같은 '유연한(soft)' 결과들을 대상으로 하기 때문에, 맹검이 중요하다.

연구자에게는 연구에서 무작위화(5장 참조), 그리고 맹검이 성공적으로 수행되었는지 여부를 보여주어야 할 의무가 있다. 이것은 연구자와 피험자가 환자들이 어떤 치료(예를 들어 시험약 대 위약)를 받았는지에 대해 추측해보면 알 수 있다(이는 대개 연구의 말미에 이루어진다). 만약 추측의 결과가 무작위적이었다면, 연구자는 맹검이 성공적이었다고 결론지을 수 있다. 만약 추측 결과와 실제로 환자가 받고 있는 치료가 일치한다면, 거기에는 잠재적인 측정편견이 존재하고 있을 가능성이가 있다.

이 문제에 대해서는 연구된 바가 많지 않다. 불안 장애에서 alprazolam과 위약을 비교한 이중맹검 RCT에서 연구자들은 치료 8주차에 이르렀을 때 129명의 환자와 연구자들을 대상으로 배정받은 치료가 무엇인지에 대해 평가해보았다(Basoglu et al., 1997). 조사자들은 alprazolam군 중 82%, 위약군 중 78%에 해당하는 피험자들을 올바르게 추측해냈다. 환자들 역시 후향적인 방법을 통해서 각각 73% 대 70% 정도로 자신이 복용한 약을 맞춰냈다. 이런 추측이 정확할 수 있었던 주요 요인은 바로 부작용의 존재였다. 치료 반응을 통해서는 맹검으로 가려진 치료를 올바르게 추측할 수 없었다.

만약 이 연구결과가 맞다면, 맹검 연구는 실제로는 20~30% 정도에서만 맹검이 이루어졌을 것이라고 생각할 수 있다. 환자들과 연구자들은 자신들의 추정을 통해 적어도 어느 정도는 결과를 편향시킬 수 있다. 이 맹검을 벗어난 효과(unblinded effect)는 부작용이 심한 약에 대한 연구에서 가장 크게 나타날 것이다.

이에 대한 최근의 예가 급성 양극성 우울증에 대한 quetiapine RCT이다(이 연구를 통해 FDA의 적응증을 받았다). 이 약은 하루 300mg 이상의 용량에서 효과가 있음이 밝혀졌는데, 전체 환자의 절반 정도에서 진정 효과가 나타났다(Calabrese et al., 2005). 이 약이 위약보다 진정을 보이는 비율이 훨씬 높았기 때문에 이 연구의 맹검은 성공하지 못했을 가능성이 크다.

또한 측정편견은 부작용에 주목하지 않는 경우에도 나타날 수 있다. 예를 들면, 세로토닌 재흡수 억제제(serotonin reuptake inhibitor, SRI)가 처음 개발되었을 초기의 임상 연구에서는 성기능 평가를 위한 척도가 포함되지 않았다. 그 부작용은 잘 측정될 수 없었고, 따라서 적게 보고되었다(사람들은 성기능에 대해 말하기를 꺼려했다). 이후 경험적으로 초기의 RCT 등에서 보고된 것보다 훨씬 더 많은 성기능 장애가 확인되었다. 그리고 명확한 성기능 척도를 사용한 이후의 RCT에 의해 입증되었다.

측정편견은 때때로 오분류편견(misclassification bias)이라 불리기도 하며, 특히 결과들이 부정확하게 평가된 관찰 연구에서 그렇다. 예를 들어, 우리가 항우울제가 조증을 유발하는지에 대해 의무기록을 조사해서 알아보겠다고 하면, 과거에 환자를 진료할 당시 조증 증상을 체계적이지 않게 평가했을 경우(아직도 임상 실제에서는 조증에 대한 척도를 잘 사용하지 않는다), 의무기록에는 조증 증상에 대한 기록이 형편없이 되어 있을 것이다(그 기록지는 뒤죽박죽인 간략한 메모 정도 수준일 것이다). 그러한 자료를 사용할 경우 가벼운 수준의 경조증 또는 조증 삽화의 발생 여부는 알아보기가 쉽지 않을 것이고, 그 삽화는 존재하지 않았던 것으로 간주될 가능성이 높다. 이런 분류편견의 정확한 범위는 참으로 알기 어렵다.

Chapter

5 무작위화

실험에서 관찰한다는 것은 사전에 주의 깊게 계획한 다음 경험하는 것이라고 할 수 있다.
– Ronald Fisher (Fisher, 1971 [1935]; p. 8)

교란의 문제를 해결하는 가장 효과적인 연구설계 방법은 무작위화이다. 이것은 간단한 말이지만, 현대 의학에 있어 가장 혁명적이면서 심오한 발견이기 때문에 조심스럽게 언급하고자 한다. 나는 지난 세기 동안의 모든 의학적인 발견들 — 페니실린, 심장 이식, 신장 이식, 면역 억제, 유전자 치료 등을 포함한 그 모든 특별한 발견들 — 조차도 이 무작위화라는 혁명적인 개념에 비하면 중요하지 않다고 말하고 싶다. 왜냐하면 무작위화를 하지 않았다면, 모든 의학적 발견들은 존재하지 않았을 것이기 때문이다. 우리로 하여금 거짓으로부터 진실을, 거짓된 주장으로부터 진정 획기적인 것을 구별할 수 있게 해주는 것이 바로 무작위화의 위력이다.

계산하기

앞서 언급했던 대로 의학 통계의 기초는 1840년대 파리에서 Pierre Louis가 실시한 획기적인 연구였다. 그는 폐렴을 앓고 있는 환자 70명을 대상으로 사혈 시행 횟수를 계산해서 환자들 가운데 사혈을 받은 환자들이 그렇지 않은 환자들보다 더 조기에 사망한다는 것을 밝혀냈다. 사혈에 대한 잘못된 생각이나 페니실린이 가지고 있는 이득과 같은 몇몇 기본적인 사실들은 단지 약간의 환자들만 계산해 보아도 충분히 쉽게 확립될 수가 있었다. 그러나 대부분의 의학적 효과들은 사혈의 해로움이나 페니실린의 효능과 같이 엄청난 것은 아니다. 이렇게 70명의 환자만으로 이득(benefit)이나 위해(harm)를 보여 줄 수 있는 경우 '효과크기가 크다(large effect size)'라고 말한다. 대부분의 의학적 효과의 크기는 그보다 작은데, 대체로 중간(medium)이거나 작다(small). 그럴 경우에는 교란편견이라는 '잡음(noise)'에 의해서 의학적 효과들이 묻혀 사라져버릴 수도 있다. 다른 요인들로 인해 진짜 효과가 애매해지거나 효과가 없을 때에도 효과가 있는 듯이 만들 수 있는 것이다.

우리는 어떻게 교란편견이라는 노이즈로부터 진짜 효과를 구별해낼 수 있을까? 이 질문에 대한 답이 바로 무작위화다.

최초의 RCT: 쿠알라룸푸르 정신병원 연구

잠시 멈춰서 역사를 살펴보자. Ronald Fisher는 무작위화 개념의 창시자로 일컬어진다. 1920년대에 Fisher는 농작물 연구를 설계하면서 특정 밭에는 무작위적으로 특정 종류의 씨앗을 심고, 나머지 밭에는 다른 씨앗을 심었다. 1948년 Austin Bradford Hill은 폐렴에 대한 streptomycin의 연구를 하였는데, 이는 사람을 대상으로 한 최초의 RCT로 인정받고 있다. 곧바로 1950년대에는 다른 질환들에 대해 다수의 RCT가 시행되었으며, 정신의학 영역에서는 1952년 lithium

연구와 1954년 chlorpromazine 연구가 처음으로 시행된 RCT였다. 이것이 공식적인 역사이다. Fisher와 Hill은 분명히 무작위화의 개념을 처음 정식으로 개발했고, 통계와 과학의 개념적 중요성을 인식시켰다고 할 수 있다. 그러나 정신병원과 관련된 숨겨진 역사 하나가 있다.

1860년대 후반 미국의 철학자이자 물리학자인 Charles Sanders Peirce는 과학적 연구에서 처음으로 무작위화를 적용시켰고, 이를 발표했다(Stigler, 1986). 그러나 Peirce는 그러한 혁신을 이어나가지는 않았던 것 같다. 통계적 개념은 수십 년이 지나간 후에야 의학적 의식 속에 자리잡게 되었고, 그리고 나서 무작위화의 개념이 나타나기 시작한 것으로 보인다.

1905년 말레이시아 쿠알라룸푸르의 어느 큰 정신병원에서 William Fletcher라는 의사는 일부에서 주장하는 것처럼 각기병(beriberi)의 원인이 백미가 아니라는 그의 믿음을 증명하기 위해 실험을 해보기로 결심했다(Fletcher, 1907). 그가 이 연구를 정신병원에서 시행하기로 결정한 이유는 그 곳에서 환자들의 식사와 환경을 완벽하게 통제할 수 있었기 때문이었다. 그는 (환자들이 아닌) 정부의 승인을 얻었다. 모든 환자들을 줄 세우고 나서, 백미 혹은 현미를 연이어 배정했다. 일 년 동안 두 군은 쌀의 종류만 제외하고는 동일한 식사를 제공받았다. Fletcher는 최초의 RCT를 수행하였고, 이는 정신과 환자들을 대상으로 해서 (약물 치료가 아닌) 식이 평가를 한 것이었다. 게다가 RCT 결과는 그의 가설을 입증해주기보다는 오히려 그것을 부정하는 것이었다. Fletcher는 백미군에서는 120명 중 24명(20%)에서, 현미군에서는 123명 중 단지 2명(1.6%)에서만 각기병이 발생한 것을 발견하였다. 또한 백미군 120명 중 18명(15%)이 각기병으로 사망했지만, 현미군에서는 사망자가 없었다(Silverman, 1998). 당시는 Fisher가 아직 p-값을 만들지 못했던 때였다. 만약 Fletcher가 p-값으로 접근했다면, 그의 결과가 우연으로 인해 만들어졌을 가능성이 1000분의 1 미만(p<0.001)임을 알았을 것이다. 사실 그는 20%와 2% 사이의 차이는 문제될 만큼 큰 차이라는 것을 알고 있었다.

아마도 틀림없이, Fletcher는 현대 의학 연구의 가장 강력한 방법인 통계학을 정확히 적용하지는 못했을 것이다. 백미를 먹은 모든 환자에서 각기병이 발생한 것은 아니었기 때문에 절대적인 효과크기는 충분히 크지 않고, 따라서 명백한 연관성이 있다고 하기는 어렵다. 그렇지만 비교 위험도는 실제로 꽤 컸다(현대적인 방법을 적용했을 때 비교 위험도는 12.3으로, 이는 흡연과 폐암의 연관성보다 약간 더 크며, 95% 신뢰구간은 3.0에서 50.9로서 이는 거의 3배 이상의 효과크기를 나타낸다). 무작위화를 시행함으로써 노이즈를 없애고 실제 효과가 드러나도록 한 것이다. 또한 동시에 Fletcher는 그 방법이 가진 위력, 다시 말해 잘못된 임상적 관찰로부터 우리를 바로 잡아주는 능력을 발견해 냈다.

진보와 보수, 금발 머리와 갈색 머리를 무작위화하기

그렇다면 우리는 어떻게 무작위화를 할 수 있을까?

우리는 환자를 치료군과 대조군(예: 위약 또는 그 외의 치료)에 무작위 배정함으로써 연구를 수행할 수 있다. 당신은 약을 받고, 당신은 위약을 받고, 당신은 약을 받고, 당신은 위약을 받고, 이런 식으로 계속 한다. 충분히 많은 사람이 무작위화되고 나면, 우리는 약물군과 위약군의 두 집단에서 위약이나 약물을 받게 되는 실험적 선택 이외에는 모든 변수가 동일하다고 확신할 수 있다. 두 집단에서 남성과 여성의 수, 노인과 젊은이의 수, 그리고 질환의 심각도가 심한 사람의 수와 덜한 사람의 수가 동일해질 것이다. '알려진' 모든 잠재적 교란요인들은 두 집단에서 동일해질 것이며, 그러므로 이러한 요인들로 인해 효과가 달라져서 결과가 변경되지 않을 것이다. 그러나 좀더 살펴보자. 지난 한 세기 동안 머리카락 색깔, 소속 정당, 혹은 아침에 어떻게 바지를 입는가와 같은 명백하게 터무니없는 무언가가 결과에 영향을 미치는 것으로 판명되었다고 가정해보자. 두 집단의 금발 머리와 갈색 머리의 수가 동일해지고, 진보당원과 보수당원의 수 역시 동일해질 것이며(우리는 어느 집단이 더욱 나쁜 결과를 나타낼 것이라고 예단하지 않을 것이다), 바지를 입을 때 오른쪽 다리를 먼저 넣는 사람과 왼쪽 다리를 먼저 넣는 사람의 수 또한 동일해질 것이다. 다시 말해 '알려지지 않은' 모든 가능한 잠재적 교란요인들 또한 두 집단에서 동일해질 것이다.

이것이 바로 무작위화의 힘이다. 모든 잠재적인 교란요인들 ─ 알려지거나 알려지지 않은 ─ 은 두 군 간에 반드시 동일해져야 한다. 그래야 그 결과는 언제나 타당할 것이고, 액면대로 받아들여질 수 있게 된다(여기서 상아탑 EBM의 신자들은 '아멘'이라고 외치고 싶어질 것이다. 12장 참조)

이것은 명백히 이상적인 상황을 가정한 것이다. 무작위화 이외의 설계상 여러 요인들로 인해 RCT는 타당성을 잃거나 감소될 수 있다(8장 참조). 그러나 만일 RCT의 모든 다른 측면들이 잘 디자인 된다면, 무작위화의 영향은 의학 세계에 있어 절대적인 진실에 최대한 가까운 무언가를 제공할 수 있을 만한 정도가 될 것이다.

무작위화의 성공을 측정하기

이 모든 주장들은 RCT가 잘 디자인 되었는지 여부에 달린 것이다. 가장 중대한 문제는 무작위화가 '성공적'일 필요가 있다는 것이다. 이는 우리가 측정할 수 있는 거의 모든 변수들이 두 집단 간에 사실상 동일하다고 말할 수 있을 만큼 최선을 다했다는 것을 의미한다. 이것은 대개 전체 표본 중에 두 가지 (혹은 그 이상의) 무작위화된 하위 집단들의 임상적, 인구학적 특성을 비교하는 표로 제시된다[보통 논문에서 첫 번째 표로 제시되므로 '표 1(Table One)'이라고 일컫는다].

무작위화가 성공적인지 여부를 구별하기 위해 가장 중요한 것이 표본크기(sample size)다. 이것이 단연코 가장 중요한 요소이고, 이는 이해하기 쉬운 것이다. 심지어 하나의 개념으로서 무작위화가 발전되기 전에도, 19세기에 통계학을 창시한 Quetelet는 교란편견과 표본크기의 관련성에 대하여 발견한 바 있다. 그는 1835년에 다음과 같이 기술했다. "관찰되는 개체의 수가 많아질수록 개체의 신체적 혹은 도덕적 특성들은 점점 더 사라지게 될 것이다. 이는 일반적인 사실들이 우세해지도록 만든다. 이것에 의해서 사회는 존재하고 유지되는 것이다."(Stigler, 1986; p. 172)

만약에 내가 동전을 두 번 던진다면, 앞면-앞면, 또는 뒷면-뒷면이 나오는 경우가 다소 빈번하게 나온다는 것을 알게 될 것이다. 만약 앞면이 50%, 뒷면이 50%에 가까워지도록 하기 위해서는 내가 동전을 많이 던져야만 한다. 그렇지만 얼마나 많아야만 '많은' 것일까? 이것이 바로 표본크기에 대한 물음이다. 어떠한 연구에서 합리적으로 집단 간의 교란변수를 동일하도록 만들기 위해서는 얼마나 큰 연구여야만 할까? 이 질문에 대한 대답은 충분히 커야 한다는 것이다. 그러나 모든 연구들이 반드시 큰 규모여야만 한다거나 규모가 크면 클수록 항상 더 좋다는 의미는 아니다. 그런 태도는 윤리적인 문제를 야기할 수 있다. 왜냐하면 적은 수의 사람으로 의문에 대한 대답을 구할 수 있는데도 불구하고 많은 사람들을 불필요하게 연구의 위험에 노출시킬 수 있기 때문이다. '연구는 필요한 정도로만 크면 된다.' 더 클 필요도, 더 작을 필요도 없다.

바꾸어 말하면, 우리는 무작위화를 통해 환자들을 두 집단으로 나누었음에도 불구하고 두 집단 간의 교란요인들이 동일하지 않은 연구를 원하지 않는다. 이런 현상은 우연히 일어날 수도 있다. 우리는 단지 무작위화만을 시행했을 뿐이며, 이렇게 했다고 해서 교란요인 측면에서 두 집단이 동일해지는 것은 아니다. 그러나 많은 환자를 무작위화할수록, 교란요인 측면에서 두 집단이 동일해질 가능성은 더욱 높아질 것이다. 여기서 질문이 생긴다. 도대체 얼마만큼 많아야 하는 걸까?

중심 극한 정리

이 질문에 대해 임상적인 방법과 수학적인 방법, 두 가지로 대답을 해보겠다.

임상적으로는, 정신의학 연구에만 국한하여 생각해보면, (우울 증상 척도 점수의 호전과 같은) 주관적인 변수들은 대개 중간 정도(medium)의 효과크기를 갖고 있다. 따라서 두 집단 간의 효과크기 차이를 찾아내기 위해서는 통상적으로 한 집단에 최소한 25명의 환자가 필요하다. (그래도 교란요인이 여전히 결과에 영향을 끼칠 수 있긴 하다.)

수학적으로는 '중심 극한 정리(central limit theorem)'라는 개념을 빌어 설명한다. 이 말은 수학적으로 '만일 당신이 하나의 평균(average)을 갖고 있다면, 그것은 정규분포(normal distribution)를 따른다'라는 것을 의미한다. 다시 말해, 만일 당신이 다수의 관찰들로부터 평균을 구했다면, 그 평균은 관찰의 수(즉, 표본의 크기)가 어느 정도보다 많아진 다음부터 정규 분포를 따르게 된다는 의미이다. 다시 동전 던지기 이야기로 돌아가면, (동전을 오직 두 번만 던져서 나온) 관찰 결과가 앞면 50%, 뒷면 50%라는 상식적인 평균과 같이 나올 가능성은 낮다. 그 표본은 정규 분포를 따르지 않을 것이다. 반면에 동전을 1000번 던져서 얻은 1000개의 관찰들은 대부분 50%에 가까운 앞면과 50%에 가까운 뒷면이 나오는 정규 분포를 따르게 될 것이다. 둘 중 어느 한 방향으로 극단적으로 치우쳐지는 (즉, 대부분이 윗면만 나오거나 대부분이 뒷면만 나오는) 경우는 드물 것이다. 따라서 중심 극한 정리는 이렇게 요약될 수 있다. 동전을 얼마나 많은 횟수로 던져야지 나오는 결과가 (앞면과 뒷면이 50% 정도로 나타나고, 양 극단으로 치우칠 빈도까지 동일한) 정규 분포를 따를 수 있을까? 이에 대한 답은 대략적으로 n=50으로 보인다.

그러므로 임상적으로든지 수학적으로든지 간에, 대규모 RCT와 소규모 RCT를 나누는 지점을 환자 50명 정도라고 할 수 있다(표 3.1에 이 수치에 대한 근거가 제시되어 있다).

소규모 RCT 해석하기

만약 표본크기가 너무 작은 경우(n<50), RCT를 만들려면 어떻게 해야 할까? 즉, 만약 누군가가 10명, 20명, 혹은 30명의 환자들로 이중맹검 위약대조 RCT를 수행했을 때, 우리는 무엇을 보아야 하는 걸까?

내 견해로는, 기본적으로 교란요인이 두 집단 간에 동일하지 않을 가능성이 매우 높기 때문에, 소규모 RCT는 관찰 연구로 간주해야 한다고 본다. 이것은 통상의 관찰 연구만큼은 편향되지는 않았을 것이므로 그보다는 조금 더 낫겠지만, 그러나 여전히 편향된 상태이다. 이런 이유로 소규모 RCT에서 나온 결과는 곧이곧대로 받아들여질 수 없다.

심지어 표 1에서 소규모 RCT에서 몇몇 측정된 변수들이 두 집단 간에 동일하다고 제시되었다고 할지라도, 측정되지 않은 교란요인들이 결과에 영향을 미칠 가능성은 여전히 존재한다.

또한 소규모 연구이기 때문에, 이 RCT는 회귀모형과 같은 교란편견을 줄이기 위한 통계 분석으로도 적절히 평가되기 어렵다(6장 참조). 소규모 RCT의 결과들은 단순히 그 자체에 국한되어야 한다. 왜냐하면 그 결과가 타당한 것도 타당하지 않은 것도 아니고, 잠재적으로 의미가 있을 수도 있겠지만, 마찬가지로 잠재적으로 의미가 없을 수도 있기 때문이다.

소규모 RCT에 관한 두 가지 사례

여기에 아마도 유용할 수도 있겠지만, 마찬가지로 큰 의미가 없을 수도 있는 소규모 RCT에 관한 사례를 들어보고자 한다. 항우울제 중 하나인 세로토닌 재흡수 억제제(serotonin reuptake inhibitor, SRI)가 2형 양극성장애에 대해 효과적임을 증명하고자 한 연구이다(Parker et al. 2006). 연구자들은 3개월 동안 9명의 환자들을 대상으로 기분안정제 사용 없이 단독 citalopram 대 위약 비교 시험을 하였다. 그 후 다시 3개월 동안 각 집단에 속한 사람들은 다른 집단의 사람들이 받았던 약물을 받게 되었다(switch). 그리고 나서 또다시 3개월 동안은 최초의 약물로 교체하여 복용하는 연구가 지속되었다. 이런 약물 교체는 교차 설계(crossover design)를 반영하는 것이지만, 우리의 논의 주제와 가장 관련 있는 부분은 연구 초기에 어느 한 치료에 4명의 환자를, 그리고 나머지 다른 치료에 5명의 환자를 '무작위'로 배정한 것이다. 명백하게도 이 숫자는 대부분의 가능성이 있는 교란요인들에 대해서 두 집단을 동일하게 만드는데 요구되는 반복 횟수에 미치지 못한다. 교차 설계 연구의 경우 환자들이 약물에서 위약으로 또는 그 반대로 성공적으로 서로 교체되었기 때문에, 어떤 의미에서는 환자가 자신에 대한 대조군의 역할을 함께 수행하게 된다. 따라서 이 연구는 단순 평행 설계 연구(simple parallel design study)로서 수행된 연구보다는 (예를 들어, 추가적인 처치 변경 없이 처음에 배정된 그대로 연구를 진행하는 것) 좀더 높은 근거를 가졌을지도 모르겠다. 그러나 교차를 했을지라도 이 정도 크기로는 다소 미화된 관측 연구에 속하는 정도라고 하겠다. 따라서 이 연구결과에서 약물이 나타낸 이득은 관찰 연구결과에 비해 약간 더 인상적인 정도일 뿐이었다.

또 다른 예를 보자. 내가 동료들과 함께 급성 양극성 우울증에서 항경련제인 divalproex의 효능을 평가하기 위해 시행했던 연구가 그것이다 (Ghaemi et al., 2007). 당시까지는 이 약물이 이 상황에 대해서는 임상적으로 그렇게 효과적이지 않다고 알려져 있었다. 총 19명의 환자들이 RCT에 참여했고(1/2은 약물군, 1/2은 위약군), 우리는 약물로 인한 이득이 있다는 것을 밝혀냈다. 이 연구는 통계적 검정력(statistical power)이 낮지 않았다. 다시 말해서 표본크기가 작았어도 통계적 검정력이 낮다고 연결되지 않았다. 그 이유는 우리의 연구결과가 양성이었기 때문이다. 통계적 검정력에 대한 논의는 연구결과가 음성인 경우에만 관련되어 있다(8장 참조). 그러나 만약 무작위화에 실패했다면 양성의 연구결과도 역시 작은 표본에 의한 편향이 발생할 수 있다. 그럼 그 연구는 여전히 가치가 있는 걸까?

핵심은 상아탑 EBM을 피하는 데 있다(12장 참조). 어느 누구도 어떤 연구를 (백만 명의 환자를 대상으로 삼중 맹검 위약대조여야 한다는 식의) 이상적인 설계와 비교해서는 안 되며, '이 연구가 우리의 현재 지식을 발전시킬 수 있는가?'라는 질문 하에 기존에 나와 있는 것 가운데 가장 높은 수준의 근거와 비교해야만 한다. 이 사례에 대해서는 이전에 단지 두 개의 소규모 RCT만이 존재했기 때문에(하나는 음성 결과로 발표되지 않았고, 다른 하나는 양성 결과로 발표되었다), 우리의 결과는 기껏해야 결론을 양성 쪽의 방향으로 몇 cm 정도만 밀어주는 정도였다.

누구도 확고한 인과관계를 추론할 수는 없지만(10장 참조), 우리의 연구는, 비록 제한점이 있는 방식이라 하더라도, 우리에게 지식을 더해 주었고, 우리로 하여금 이 약물이 이러한 조건에서 효과가 있는지 여부를 알기 위해 더 많은 연구를 수행할 수 있도록 해주었다(만일 음성으로 결과가 나왔다면, 이 주제에 대해 추가적으로 연구를 해야 한다는 근거를 이끌어내지 못했을 수도 있다).

'표 1'

나는 무작위화의 성공 여부를 무작위화된 두 군에 대해 임상적 변수와 인구통계학적 변수들을 비교한 '표 1'로 평가할 수 있다고 앞서 언급한 바 있다. 이러한 표를 구성하고 해석하기 위해서는 몇 가지 중요한 개념들이 필요하다. 우선 이 표에는 절대로 p-값을 담지 말아야 한다. 왜냐하면, 8장에서 설명하고 있는 것처럼 RCT는 두 집단 간에서의 남성이나 여성(혹은 공화당 대 민주당, 또는 많은 여러 잠재적 교란요인들)의 상대적인 빈도를 평가하려고 설계된 것이 아니고, 약물이 위약보다 더 효과적인가와 같은 몇 가지 의문에 답하기 위해서 설계된 것이기 때문이다. 즉, 이 연구의 설계는 가설을 검증하기 위한 것이지 100가지의 잠재적 교란변수들의 빈도를 검증하기 위한 것이 아니다. 만약 p-값이 표시되었다면, 그것들이 양성이라도 무의미하며(다중 비교에서 비롯된 위양성 결과이기 때문이다. 7장 참조), 그것들이 음성이라고 해도 무의미하다(표본이 너무 작아서 두 집단 간의 작은 차이를 찾아낼 수 없기 때문에 발행하는 위음성 결과이기 때문이다. 7장 참조). 그러므로 두 집단 간의 잠재적 교란요인을 구별하기 위해 표 1에 p-값을 표기할 이유가 전혀 없다. 그렇다면 p-값 없이도 우리는 두 집단에서 교란효과를 가할 수도 있는 변수들이 같은지 다른지에 대해 알 수 있을까? 만약에 51%의 남성과 49%의 여성으로 구성된 연구가 있다고 한다면, 그것은 교란효과를 나타낼 만큼 충분히 큰 차이일까? 52%의 남성과 48%의 여성의 경우라는 어떤가? 53% 대 47%는? 55%대 45%는? 무작위화가 실패했거나 혹은 무작위화를 시행했음에도 불구하고 어떤 변수에 대해 집단간 차이가 나타났을 것이라고 걱정해야만 하는 절단점은 어디에 있을까?

10%의 해법

통계는 임의적인 특징을 갖는다. 그래서 우리는 집단 간에 10%가 넘는 차이가 있으면, 잠재적인 교란효과가 존재할 수 있을 것이라고 본다(ten percent solution). 그러므로 50의 10%가 5%이므로, 55% 대 45%(median±5%)와 비슷한 정도의 성별 차이는 염려되는 수준일 것이다. 우리의 표본 중 어느 한 군의 25%에서 연구 중인 질병으로 입원한 과거력이 있다고 가정해보자. (이 경우에는 입원 과거력이 없는 경우보다 훨씬 심각한 상태일 것이다.) 만약 그 연구의 다른 군에서의 입원 과거력이 31%라면, 두 군 사이의 차이는 6%다. 그리고 우리는 두 군 사이에 차이가 심지어 3%(한 군에서 25%, 또 다른 군에서 31%에 대한 절대 비율의 10%를 적용하면 3%, 또는 두 군 모두 대략 30% 근처의 값이므로 이에 대해 10%를 적용하면 3%)라고 해도 염려가 될 것이다. 그러므로 우리는 두 군 간에 입원 과거력의 차이가 6%임을 분명히 염려하는 것이다(31%-25%=6%). 그런데 만일 우리가 실수로 p-값을 계산했더니 (통계적으로는 유의하지 않은) 0.22가 나왔다고 할지라도 걱정할 필요가 없다. 이 연구는 입원 과거력에 대한 두 집단 간의 차이를 검증하기 위해 설계된 것이 아니기 때문이다. 이 가설은 연구가 수행되기 이전부터 만들어진 것이 아니다. 그러므로 이러한 차이를 검증하기 위해 p-값이란 가설을 검증하는 것은 잘못된 것이다. 우리는 단지 이러한 변수들에 대한 두 집단 간의 절대적인 차이에 관심이 있다. 그리고 어느 변수에서 집단 간의 상대적 차이가 10%보다 크다면, 그 변수를 잠재적인 교란요인으로 보는 것이다.

잠재적인 교란요인을 가진 상태로 연구가 종료되었고, 결과가 나왔다고 가정해보자. 그렇다면 이제 우리는 무엇을 해야 할까? 표 1에 나타난 이런 불균형은 우리의 결과에 어떻게 영향을 주고 있을까?

RCT가 끝나고 난 다음에 확인된 잠재적 교란편견을 처리하는 방법에는 적어도 두 가지가 있다. 가장 보편적인 방법은 관측된 무작위화 결과를 단순히 보고하는 것으로써, 표 1에서 차이가 있다고 확인된 변수 Y(성별, 혹은 입원 과거력)가 잠재적 교란편견일지도 모른다고 기술하는 것이다. 그리고 이러한 점을 감안할 필요가 있다는 것을 시사하기 위해서, '이 결과는 타당하지 않을 위험성을 약간 가지고 있다'는 식으로 기술해 준다. 또 다른 접근 방식은 관측된 무작위화 결과들이 변하는지 여부를 알아보기 위해서 문제가 되는 변수들을 가지고 회귀모형을 수행하는 것이다(6장 참조). 다시 말해서, 마치 수행된 RCT가 관찰 연구였던 것처럼 RCT를 처리하고, 그에 맞게 (회귀모형으로) 그것을 분석할 수 있다. 그 결과 만약 무작위화 결과에서 변화가 미미하거나 없다면, 관측된 불균형은 사소한 것으로서, 연구 결과에 미치는 주목할 만한 교란효과가 없었다고 간주할 수 있다.

RCT라고 해서 모두 같은 것은 아니다

이번 장의 요점은 너무나도 많은 연구자들이 RCT를 수행한 다음 결과를 보고하는 선에서 그친다는 것이다. 그들은 무작위화가 성공적이었다고 넘겨짚어 버린다(연구가 소규모이거나, 표 1에 불균형이 관측되어 있는 경우에도 말이다). 연구자들은 무작위화가 성공했다고 넘겨짚어서는 안 된다. 그것을 증명해야만 한다. RCT라고 해서 모두 같은 것이 아니다. 독자들은 반드시 이 사실을 알아야만 한다. RCT는 당연히 다른 연구들에 비해 더 타당해야 하는 것이지만, RCT라고 해서 자동적으로 타당해지는 것은 아니다. 어떤 RCT를 잠재적으로 타당한 것으로 간주하기 이전에, 언제나 묻고 답해져야 하는 첫 번째 질문은 바로 무작위화의 성공 여부인 것이다.

6 회귀

숫자는 거짓말을 하지 않지만, 진실을 가리는 성향을 가지고 있다.

– Eric Temple Bell (Salsburg, 2001; p. 234)

관찰 연구에서 교란편견을 줄일 수 있는 최선의 방법은 층화나 회귀 (regression)이다.

층화

층화란 환자들이 잠재적인 교란요인을 가지고 있는지, 그렇지 않은 지를 알아보기 위한 방법이다. 독소가 암을 유발하는가에 대한 연구를 예로 들자면, 표본 내에 흡연자와 비흡연자가 몇 명인지 파악하는 것이 중요하다. 만약 독소가 흡연자와 비흡연자 집단에서 똑같은 발생률로 암을 유발한다면, 흡연은 이 결과를 설명하지 못한다고 할 수 있다. 이와 유사한 다른 예를 보자면, 양극성장애에서의 항우울제 치료에 관한 연구에서는 급속 순환형 집단과 비-급속 순환형 집단으로 나누어 결과를 평가할 수 있다. 만약 생존 곡선(survival curve)이 두 집단 모두에서 같은 결과로 나타난다면, 급속 순환형은 교란요인일 가능성이 낮을 것이다. 층화는 해석하기 쉽고 복잡한 통계를 요구하지 않는다는 장점이 있다. 단점은 오직 한 번에 한 가지 교란요인에 대해서만 검토할 수 있다는 것이다.

층화는 교란편견을 다루는 방법으로는 충분히 이용되지 않고 있다(Rothman and Greenland, 1998). 단순히 말해서, 만약 흡연과 같은 어떤 잠재적 교란변수에 대해 두 계층(strata)이 동일하다면, 그 변수는 그 연구결과를 교란시키는 것이 아니다. 게다가 어느 연구가 잠재적인 교란변수를 가진 사람을 전혀 혹은 거의 포함시키지 않는다면, 그 변수는 연구결과를 교란시키지 못한다. [이는 '제한(restriction)'이라는 것으로서, 층화와는 대조적인 개념이다.]

회귀와 비교했을 때 층화의 장점 가운데 한 가지는, 회귀모형은 데이터에 적용될 수 있는지 여부에 대한 추정이 필요하지만, 층화는 필요하지 않다는 점이다(부록 참고). 다중 교란요인들을 동시에 보정할 수 없다는 것은 핵심적인 취약점이지만, 간단한 방법으로 주요한 교란요인들을 포착할 수 있다는 것은 장점이다. 또한 개별적 요인들이 연구결과를 바꾸는지 여부를 검토함으로써 민감도 분석(sensitivity analysis)에도 사용될 수 있다.

회귀

다중 교란요인이 작용하는 사례를 한 번 생각해보자. 예를 들어, 급속 순환형 외에, 병의 심각도 차이, 성별, 연령, 심지어 치료 동맹이나 환자 순응도, 그 외 다른 요인들에 대해 관심을 가져보면 어떨까? 층화는 한 번에 하나 혹은 소수의 교란요인밖에 처리하지 못한다. 다중 교란요인을 처리하기 위해서는 회귀모형이라는 수학적인 모델을 사용해야만 한다.

임상의에게 생소할 수 있는 이러한 통계 용어에 친숙해지기 위해서는 회귀모형이 기본적으로는 임상의들이 직관적으로 하는 것과 똑같은 작업(정량화)을 한다는 사실에 주목하는 것이 좋겠다. 환자를 볼 때 임상의들은 환자에 대한 여러 가지 복잡한 사항들을 모두 염두에 둔다. 가령 어느 환자가 고령의 비만한 남성으로 내과적인 질환과 많은 부작용들을 수십 년간 앓아왔다고 해보자. 그리고 다른 환자는 젊고 마른 여성으로 과거 치료 병력이 없고 유병 기간도 짧다고 해보자. 이렇게 단순한 임상 상황에서조차도 숙련된 임상의들은 다양한 요인(나이, 성별, 유병기간, 과거 치료에 대한 반응, 체중)들을 종합적으로 고려해서 진단하고 치료한다. 회귀모형은 이러한 임상적 요인들이 결과에 미치는 영향을 간단하게 확인하고 정량화할 수 있게 해준다.

회귀에서의 핵심은 우리가 교란변수 중에 일부가 보정된(adjusted)된 실험적 효과를 측정할 수 있다는 점이다. 또한 그것은 우리가 다양한 예측인자들의 영향에 관한 크기를 우리 스스로 구할 수 있도록 해준다. 회귀모형이 가진 단점은 우리가 부정확하거나 부적절한 데이터를 가지고 있거나 또는 연구 수행 시점에서 알려지지 않은 잠재적 교란변수를 고려하지 않는다면, 회귀모형은 이 교란변수를 통제하거나 보정하지 않는다는 점이다. 이러한 후자의 문제들은 오직 무작위화에 의해서만 해결될 수 있다. 그러나 관찰 연구 상에서 회귀모형은, 비록 교란편견을 완전히 제거하지는 못한다고 해도 적어도 감소시킬 수는 있다.

상충하는 연구들

의학에서 상충하는 연구결과들이 존재하는 주된 이유는 많은 연구들이 관찰 연구이기 때문이다. 그리고 그 대다수는 교란편견을 확인하거나 수정하려는 노력을 하지 않는다. Hill이 말한 바와 같이 "환자와 그들 질병의 다양성으로 인해 환자들을 넓은 집단들로 분류하는 것이 어렵다. 따라서 치료 전과 후에서 비슷한 것은 비슷한 것과 비교하는 것이 보다 확실할 것이다"(Hill, 1971; p. 9). 관찰 연구에서 교란편견이 평가되지 않는다면, 비슷한 것은 비슷한 것과 비교되지 못할 때가 많고, 온갖 다양한 결과들이 보고되게 될 것이다.

교란요인 평가

두 집단 간의 차이가 교란편견을 반영하는지 여부에 대해 알기 위해서 우리는 두 집단을 어떻게 비교해야 할까? 기본적으로 두 가지 방법이 있다. 바로 p-값을 사용하는 것과 집단 간 차이의 크기를 단순 비교하는 것이다. 컴퓨터 시뮬레이션 모델을 통해 이 두 가지를 비교해 본 결과, 교란효과를 감지하기에는 후자(차이의 크기를 보는 접근법)가 더욱 민감한 것으로 보인다. p-값은 측정하기가 너무 엉성하다. p-값은 단지 집단 간의 주요한 차이를 포착하는 것일 뿐이다(만약 p-값을 사용한다면, 컴퓨터 시뮬레이션은 보다 높은 수준의 p-값을 설정해야 한다고 권장할 것이다. 예를 들어, p<0.20은 잠재적인 교란효과를 이끌어 낼 수 있는 정도의 차이를 가리킬 것이다). 그러나 하나의 표본에서 두 하위 집단은 어떤 요인에 대해 아마도 중간이나 작은 정도의 차이를 가지고 있는 경우가 대부분이다. 물론 그 인자가 결과에 대해 정말로 중요한 영향을 미쳤다면, 교란효과가 일어날 수도 있다. 컴퓨터 시뮬레

이선 결과, 집단 사이에 10% 정도 차이가 있으면 교란효과가 작용하고 있을 가능성을 상당히 잘 예측할 수 있다는 것이 밝혀졌다.

'보정된' 데이터의 의미

회귀모형의 기본적인 개념을 요약한다면, 모든 잠재적인 교란변수를 통제하고자 하는 것이다. 다시 말해, 우리는 모든 다른 변수들을 고정시켜둔 상태에서 우리가 관심 있는 변수(실험변수, experimental variable)로 인한 결과들을 검토할 것이다. 그래서 만약 우리가 항우울제가 조증을 유발하는지에 대해 알고자 한다면, 결과는 조증의 발생일 것이고 실험변수는 항우울제의 사용이 된다. 만약 다른 교란변수(나이, 성별, 유병기간, 우울증의 심각도 등)로 인한 효과를 제거하고자 한다면, 이 변수들을 회귀모형에 넣으면 된다. 회귀모형 방정식을 보면, 실험변수(항우울제의 사용)에 대한 정확한 결과를 내기 위해 다른 값들은 모두 계속 고정시킨 상태로 둔다는 것을 알 수 있다. 다른 교란변수들에 대한 평가 없이 항우울제 사용과 조증을 검토했다면, 그 결과는 보정되지 않은(unadjusted) 혹은 가공되지 않은(crude) 것이다. 다른 교란변수들까지 통제한 상태에서 항우울제 사용과 조증을 평가한 결과가 바로 보정된(adjusted) 것이다. 이 과정을 수행하는 또 다른 방식은 가공되지 않은 결과를 보정함으로써 실제, 혹은 모든 교란변수 효과가 제거된 RCT에서 나오는 결과에 가깝도록 만드는 것이다. 보정되지 않은 결과와 보정되지 않은 결과 사이에 큰 차이가 없다면, 모형에 포함된 변수들은 큰 교란효과를 갖고 있지 않은 것이다. 이 경우에는 그것이 만약 교란효과를 유발하고 있었을 어떤 변수를 찾아내는데 실패해서 회귀모형에서 보정되지 않은 경우만 아니라면, 가공되지 않은 결과가 그대로 타당하다고 할 수 있다.

회귀에 대한 개념적인 방어

일부 사람들은 보정이란 것을 좋아하지 않는다. 아마도 그것이 데이터에 손을 댄다는 이유 때문일 것이다. 결국 실제로 관찰된 '진짜' 결과가 수학적으로 조작되고 있다는 것이다. 이렇게 비판하는 것은 실제 세계에서 우리가 관찰한 것이 종종 실재하는 것이 아니라는 사실을 깨닫지 못했기 때문이다. 이것은 통계학의 기본에 해당하는 철학적인 개념으로, 이것이 진실이라는 것은 매우 간단하다. 태양은 내 손바닥 크기 만하게 보이지만, 사실 그것은 훨씬 더 큰 것이다. 나는 원자를 결코 본 적이 없지만, 이 단단한 탁자는 원자들로 구성되어 있다는 것이 명백하다. 그러하다고 보이는 것이 현실에 존재하는 전부는 아니다. 그것은 임상적인 관찰 속에서 존재하는 것이다. 만약 커피와 암, 두 가지만을 놓고 관찰한다면, 우리는 커피가 암을 유발한다고 생각하게 된다. 그러나 커피를 마시는 사람들은 대부분 담배를 피우고 있으며, 암의 진짜 원인은 흡연이다. 만약 우리가 흡연에 대해 고려하지 않는다면, 커피와 암에 대한 '실제적인' 관찰은 우리를 속이게 될 것이다.

이런 이유로 회귀모형에서의 보정은 더할 나위 없이 중요하지만, 만약 누군가가 교란인자를 '통제'하거나 '교정'한다는 것과 같은 용어들을 더 선호한다면, 그렇게 써도 된다. 어떤 변수에 대해 '보정된' 결과란 표현 대신 '통제된(controlled)' 혹은 '교정된(corrected)' 결과라고 표현해도 무방하다.

회귀 방정식

회귀모형에 내재되어 있는 수학적인 개념은 복잡한 것이다. 그러나 기초적인 수학식으로 결과가 보고되는 경우도 종종 있기 때문에 기본적인 정도는 이해하고 있는 것이 좋겠다.

만약 내가 (위에서 언급한) 실험 예측변수(predictor)와 어떤 결과 사이의 확률을 알고자 한다면, 이를 간단하게 아래와 같이 표현할 수 있다.

P (결과) = β (예측변수)

P (결과) = 결과에 대한 확률(probability)

β (예측변수) = 예측변수의 효과(effect)

β는 예측요인의 효과크기, 또는 예측변수가 결과에 미치는 영향의 정도에 관한 변수이다.

9장에서 설명하겠지만, 효과크기는 두 종류 즉, 절대적 효과크기와 상대적 효과크기로 나뉜다. 절대적 효과크기는 연구약과 위약 사이의 척도 점수 차이 같은 양을 뜻한다. 만약 연구약이 위약에 비해 척도 상에서 5점의 개선을 이끌어냈다면 이 두 치료 사이의 절대적 효과크기는 5이다. 그런데 많은 경우 효과크기는 상대적일 수 있다. 만약 위약의 개선 정도가 20%이고, 시험약의 개선 정도가 80%로 현저히 높다면, 상대적 효과크기는 80/20=4이다. 이런 것을 비교 위험도(relative risk)의 한 형태인 위험비(risk ratio)라고 부른다. 또 다른 종류의 비교 위험도는 오즈비이다. 이것은 위험비를 표현하는 또 다른 방식이다. 위험비가 확률(probability)인 반면에, 오즈비는 어떤 일이 발생할지에 대한 가능성(fair bet)을 측정하는 것이다. 오즈비와 위험비는 다른 것이다. 그리고 확률이 위험비를 증가시킬 때, 오즈비는 지수적으로 증가한다(9장 참조).

회귀모형을 통해 얻게 되는 상대적 효과크기는 위험비가 아니라 오즈비이며, 그러므로 우리는 큰 오즈비가 그 크기만큼의 절대적인 확률을 나타내는 것은 아님을 기억해야 한다. 회귀모형 방정식은 로그(logarithm)를 담고 있는데, 로그를 효과크기로 변환시키면 위험비가 아니고 오즈비가 나온다.

다변량 회귀

우리의 방정식으로 돌아가보자. 우리는 하나의 예측변수와 하나의 결과를 갖고 있다. 이것은 서로 직접적인 관계이며, 모든 잠재적인 교란변수들이 교정되지 않은 상태의 관계이다. 여러 연구들의 내용을 인용하면, 이것은 단변량(univariate) 분석이다. 단지 하나의 예측변수만이 평가된다. 우리는 두 가지 예측변수들에 관심이 있을 수도 있고, 혹은 우리의 실험변수 이외의 또 하나의 다른 변수를 위해 우리의 결과를 보정하고 싶을 수도 있다. 그럴 경우 우리의 방정식은 다음과 같아질 것이다.

$$P \, (결과) = \beta_1 \, (예측변수_1) + \beta_2 \, (예측변수_2)$$

여기서 예측변수1이 실험변수이고 예측변수2가 두 번째 변수인데, 이는 교란요인이 될 수도 있고, 그 자체로 결과에 대한 두 번째 예측변수일 수도 있다. 이 방정식이 이변량(bivariate) 분석이다.

때때로 연구자들은 해당 실험변수를 해당 종속변수와 비교하고, 단일 변수에 대해 교정할 때 하나씩 따로따로(한 변수, 그 다음에는 다른 변수를 구분해서) 수정하는 이변량 분석을 보고하기도 하는데, 이것은 다음과 같다.

$$P\,(결과) = \beta_1\,(예측변수_1) + \beta_2\,(예측변수_2)$$
$$P\,(결과) = \beta_1\,(예측변수_1) + \beta_3\,(예측변수_3)$$
$$P\,(결과) = \beta_1\,(예측변수_1) + \beta_4\,(예측변수_4)$$
$$P\,(결과) = \beta_1\,(예측변수_1) + \beta_5\,(예측변수_5)$$

이러한 이변량 분석의 문제점은 해당 예측변수를 하나하나씩 따로따로 교정할 뿐, 모든 변수를 함께 교정하지는 않는다는 점이다. 예를 들어 예측변수가 커피이고 결과가 암이라고 가정해 보자. 이 때 주요 교란인자는 담배이며, 이 효과는 젊은 흡연자보다 고령의 흡연자에서 주로 나타난다. 그렇다면 이 교란효과는 흡연과 나이라는 두 가지 변수와 관계된다. 만약 예측변수2가 흡연이고 예측변수3이 나이라고 한다면, 두 변수가 합쳐져서 생기는 결합 효과는 위와 같은 순차적인 이변량 방정식에서는 과소 평가될 것이다. 이 효과는 오직 모든 요인들을 한 모형 안에 포함시키는 다변량(multivariate) 분석에서만 확인할 수 있는데, 이 방정식은 다음과 같다.

$$P(결과) = \beta_1(예측변수_1) + \beta_2\,(예측변수_2) + \beta_3(예측변수_3) + \beta_4\,(예측변수_4) + \beta_5(예측변수_5)$$

다변량 분석의 또다른 장점은 그것이 나머지 다른 예측변수들에 대한 실험변수인 β_1(예측변수$_1$)의 효과크기를 교정할 뿐만 아니라, 모든 예측변수들을 서로에 대해 각각 교정해 준다는 점이다. 그러므로 만약 암에 미치는 흡연의 영향에 대한 효과크기 추정이 나이에 의해 교란된다면(고령에서 높고 젊은 연령에서 낮다), 다변량 분석은 흡연 변수에 대해 추정된 효과크기 가운데 나이에 대한 부분을 교정할 것이다.

회귀의 시각화

회귀모형이 수반하는 것들을 시각화해보면 그것을 더욱 잘 이해할 수 있을 것이다. 결과에 대한 확률[P(결과)]이 y축이고, 실험 예측변수의 보정된 효과크기(β값)는 x축이다.

이 과정을 그래프로 나타내면 그림 6.1과 같다.

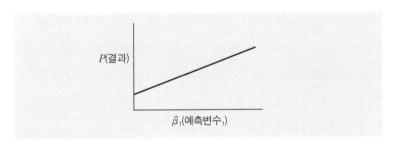

그림 6.1 결과 대 예측변수$_1$

이 직선의 기울기가 효과크기, 또는 β값으로써, 이것이 결과가 나타나는 확률을 다양하게 만든다.

20년간 우울증을 앓아온 35세의 어떤 환자를 대상으로 해서 항우울제의 효능을 평가하는 경우를 예로 들어보자(여기서 예측변수$_1$은 항우울제 사용이고 결과는 치료 반응 여부이다). 회귀식은 다음과 같을 것이다.

$$P(\text{결과}) = \beta_1(\text{항우울제 사용}) + \beta_2(\text{나이}) + \beta_3(\text{유병 기간})$$

이것은 다음과 같이 표현될 수 있을 것이다.

$$P(\text{결과}) = \beta_1(\text{항우울제 사용}) + \beta_2(35) + \beta_3(20)$$

만약 나이 55세, 유병기간 30년인 환자가 또 있다고 하면, 방정식은 다음과 같아진다.

$$P(\text{결과}) = \beta_1(\text{항우울제 사용}) + \beta_2(55) + \beta_3(30)$$

이 사례들에서 항우울제 사용의 효과를 계산한 것인 β_1은 환자마다 달라지는 나이와 유병기간의 변화에 대해 보정 혹은 수정될 것이다. 다시 말하면, β_1은 위의 두 방정식에서 변하지 않을 것이다. 그것은 마치 나이의 효과(β_2)와 유병 기간의 효과(β_3)에 대한 값이 모든 환자를 위한 평균량으로 계산되었거나, 모든 환자에서 일정하게 유지되는 것과 같다. 이렇게 하면 전체 방정식 안에서 초래되었을 수 있는 모든 차이들이 제거된다.

위에서 언급된 환자들은 그림 6.2처럼 시각화될 수 있을 것이다.

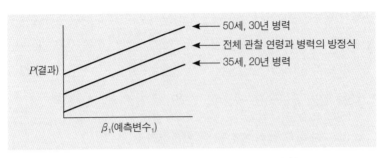

그림 6.2 결과 대 예측변수1, 다른 예측인자들(나이, 유병기간)에 대해 보정되었음

분명히 보이는 것은 직선의 기울기가 항상 같다는 것, 즉 실험 예측변수의 효과크기인 β_1(예측변수1)은 절대로 변하지 않는다는 것이다. 방정식에서 나타난 절대적인 결과의 변화는 단지 y 절편의 변화뿐이다. 이는 수학적으로 β_0로 표현되며, 임상적인 의미는 없지만 회귀모형 곡선의 시작점을 나타낸다. 그러므로 다변량 회귀모형의 방정식은 결국 다음과 같다.

$$P\,(\text{종속변수}) = \beta_0 + \beta_1(\text{독립변수1}) + \beta_2(\text{독립변수2}) + \beta_3(\text{독립변수3}) + \beta_4\,(\text{독립변수4}) + \beta_5\,(\text{독립변수5}) \cdots$$

변수들은 너무 많지 않도록

예측변수의 수가 너무 많아서는 안 된다. 연구자들은 어느 정도의 예측변수 또는 교란변수가 회귀모형 속에 포함될 것인지를 정할 필요가 있다. 이러한 선택의 과정은 주관적일 수도 있고 컴퓨터 모델의 힘을 빌릴 수도 있다. 어느 쪽이든지, 표본크기의 한계 때문에 어떤 결정이라도 내려져야만 한다. 수학적으로, 회귀모형에 변수가 많이 포함될수록 회귀분석의 통계적 검정력은 낮아진다. 이를 공선성

(collinearity)이라고 부르는데, 이는 (나이와 유병기간처럼) 변수들이 서로 연관되어져 있는 경우가 많을 것이기 때문에, 여러 가지 변수들이 실제로는 임상적으로 동일한 예측변수를 평가하고 있는 것일지도 모른다는 것이다. 이런 요인 말고도, 위에서 언급했듯이, 많은 것을 통계적으로 비교하다 보면 우연에 의한 결과가 도출될 위험이 항상 증가하게 된다(아래에서 강조한 것처럼, 아마도 이러한 것이 회귀모형의 주요 제한점일 것이다). 다시 말해 100명의 환자를 대상으로 한 연구에서 한 가지 실험변수가 어떤 결과에 강한 영향을 주었다고 하면, 이렇게 강력한 결과는 단변량 분석, 이변량 분석, 또는 변수가 5개인 다변량 분석에서조차도 똑같이 통계적으로 유의할 것이다. 하지만 만일 15개의 변수를 넣게 되면, p-값은 결국 0.05를 넘어서게 되고, 아무런 결과도 얻을 수 없게 된다. 그러므로 너무 많은 변수들을 하나의 회귀모형에 넣어서는 안 된다. 그렇다면 과연 얼마나 많아야 너무 많다고 할 수 있을까? 어느 변수를 포함시키고 어느 변수를 제외할지 결정하는 것은 복잡한 과정이다. 이 책의 부록에 어떻게 회귀모형을 수행할 수 있는지에 대한 자세한 사례를 수록해 놓았다. 여기서 나는 단지 회귀모형을 진행시키는 방법에 대한 세부적인 사항들이 블랙박스와 같이 보일 것이라고만 말해 두겠다. 사실 정말로 그렇게 보인다. 우리는 객관성에 의거해야 하며, 연구자의 역할이 무엇인가 자문해야 한다. 컴퓨터를 사용한 몇 가지 방법들 또한 이 과정을 표준화하는데 도움을 줄 것이다(부록 참조).

다시 효과변경으로

예측변수와 다른 변수들 사이의 상호 작용이 언제나 교란효과를 반영하는 것은 아니라는 것을 꼭 기억하기 바란다. 때로는 그것이 효과변경(effect modification)을 반영하는 것일 수도 있다. 4장에서 논의했듯이, 이 부분은 임상의가 되기 위해 유용하면서 반드시 필요한 것이다. 교란편견과 효과변경을 구분하기 위해서는, 연구 중인 상태와 변수들에 대해 먼저 이해할 필요가 있다. 교란편견에서 교란변수는 그 자체로 결과를 야기하는 원인이 된다. 하지만 효과변경에서 효과변경 인자는 결과를 야기하는 원인이 아니다(실험변수는 결과를 유발하지만, 이는 효과변경 인자와의 상호 작용을 통해서만 가능한 것이다). 숫자만 가지고는 이 이야기를 할 수 없다. 그 질병에 대해 생각해 보아야 한다.

4장에 나와 있는 의학 역학에서의 고전적인 사례들을 떠올려 보면 이러한 차이는 명백해진다. 효과변경의 예는 다음과 같다. 피임약을 복용중인 여성이 흡연하게 되면 혈전이 생길 가능성이 높아진다. 여성이라는 것이 혈전을 유발하는 것이 아니다. 피임약 자체가 큰 위험성을 갖고 있는 것도 아니다. 그러나 이 두 변수(여성과 피임약 복용)가 함께 모이게 되면, 흡연으로 인한 혈전 발생의 위험성을 크게 증가시킨다. 이와 대조되는 교란편견의 예는 다음과 같다. 커피가 암을 유발한다. 많은 역학적인 연구가 그렇다는 결과를 나타냈다. 물론 이것은 사실이 아니다. 왜냐하면 담배를 피우는 사람들이 주로 커피를 마시고, 암의 진정한 원인은 흡연(교란변수)이기 때문이다.

부록에서 논의하겠지만, 실험변수와 다른 변수 사이의 상호 작용은 교란편견이나 효과변경으로 해석될 수 있으며, 이는 어떤 정량적인 방법에 의거하는 것이 아니라 연구자의 지식에 의거하는 것이다.

RCT에서의 회귀

간단히 말해서, 지금까지 나는 회귀모형을 관찰 연구에만 적용하라고 강조해 왔다. 회귀모형은 RCT에서는 필요하지 않다. 왜냐하면 RCT에서는 교란편견이 연구 디자인(무작위화)을 통해서 이미 제거되어 있기 때문에, 데이터 분석(회귀모형)으로 제거할 필요가 없다.

일부에서는 이러한 구분을 너무 글자 그대로 받아들여서 회귀는 무조건 RCT가 아닌 연구에 적용해야 한다는 고정 관념을 만들어버린 것 같다. 사실 회귀모형은 민감도 분석의 메커니즘을 거친 RCT에서도 사용되어야 한다. 바꾸어 말한다면, RCT가 실제로 교란편견을 제거하는데 성공했는가? 만약 정말로 그랬다면, 회귀모형은 (관찰 연구에서와는 다르게) 실험변수와 결과 간의 관계에 대해 어떠한 발견들도 바꾸지 못할 것이다. 그러나 만약 회귀모형이 어떤 결과들을 바꾼다면, 교란편견이나 효과변경이 존재하고 있을 가능성이 있다. 이 경우 RCT는 좀더 조심스럽게 분석되어야 할 것이다.

이것은 말이 되는 것이다. 왜냐하면 비록 RCT가 무작위화를 통해 교란편견을 제거하기로 되어 있다고 하더라도, RCT 과정에서 정말로 교란편견이 성공적으로 제거되었는지에 대해 추정할 수 있는 사람은 아무도 없다. 어느 누구도 RCT에서 무작위화가 성공했을 것이라고 넘겨짚어서는 안 된다. 그것은 증명해야만 하는 것이다.

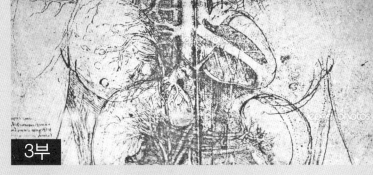

3부

우연

Chance

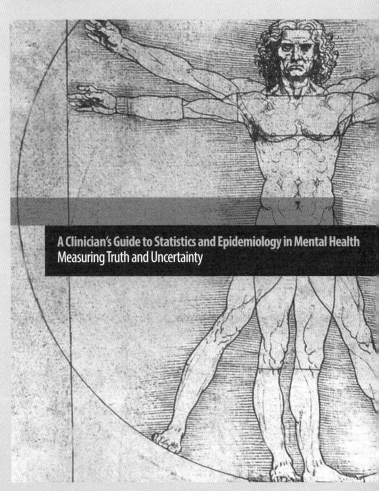

A Clinician's Guide to Statistics and Epidemiology in Mental Health
Measuring Truth and Uncertainty

가설-검정:
두려운 p-값과 통계적 유의성

P-값은 합리적인 사고를 하기 위한 수학적인 대안이다.

– Alvan Feinstein (Feinstein, 1977)

이제 우리는 p-값의 사용을 중단해야만 하는 걸까?

이런 주장을 담고 있는 통계학 서적은 언급할 가치도 없다고 생각할 사람도 있을 것이다. 그러나 사실 통계학에는 p-값[이는 가설-검정법(hypothesis-test methods)이다]보다 훨씬 더 나은 것이 존재하고 있다. 원래 통계학은 p-값과 별로 관련이 없다. 보다 정확하게 말하자면, p-값과 통계학 사이의 관계는 술과 사회성과의 관계와 비슷하다. 술이 너무 과할 경우에는 사회성을 망가뜨리게 되는 것이다.

배경

p-값의 개념은 Ronald Fisher가 시행한, 농사를 지을 때 농작물을 무작위화하는 연구에서 비롯되었다. 실제로 p-값은 귀납법에 관한 문제(the problem of induction, 10장 참고)라고 불리던 철학적인 문제를 해결하기 위해 통계적으로 접근해 본 것이다. 우리가 무엇인가를 관찰하고 있을 때, 우리는 관찰된 것이 실제로 벌어진 것이라고 100%

확신하지는 못한다. 관찰된 것에 대해서 다른 것들이 영향을 주었을 가능성(교란편견, 이것이 귀납법에서 아마 가장 중요한 오류의 근원일 것이다)과 사실은 우연히 발생한 것을 관찰하였을 가능성이 있다. 10장에서 더 논의하겠지만, 철학자 David Hume은 이 같은 귀납법의 확률론적 속성을 오래 동안 연구했다. 그의 말에 따르면, 우리는 매일 해가 뜨는 것을 본다. 날마다 해가 뜬다. 하지만 우리는 내일도 해가 다시 뜰 것이라고 완전히(절대적으로, 100%) 확신하지는 못한다. 내일도 해가 뜰 가능성은 아주 높기 때문에(아마 99.99%라고 말할 수 있을 것이다), 내일도 해가 뜰 것이라는 귀납적인 추론을 계속 할 수 있다. 그러나 이렇게 강력한 추론조차 그 일이 일어날 것임을 우리가 절대적으로 확신한다는 것과 동일한 의미는 아니다.

실용적인 차원에서 보면, 99.99%와 100% 간의 차이가 그렇게 중요하지는 않을 것이다(철학적인 차원에서는 문제가 될 수도 있다. 그리고 귀납법으로는 절대적인 인과관계를 추론할 수 없다는 Hume의 주장을 뒷받침하는 것은 매우 많다). 아마 99.98%도 충분히 100%에 가까운 것이기 때문에 그 사건이 우연히 발생했을 가능성인 0.02%의 확률은 문제되지 않을 것이다. 그럼 99.97%는 어떨까? 99.96%는? 99.0%는? 98%, 97%, 96%, 95%는? 아하! 이제 우리는 마법의 숫자에 도달했다. 적어도 이 숫자는 현대 의학에서 마법처럼 여겨지고 있는 숫자이다. 0.05라는 p-값, 그것은 관찰된 결과를 가지고 귀납적으로 추론할 때, 그 관찰 결과가 우연히 발생한 것이 아닐 가능성이 95%라는 것을 의미한다.

아마도 독자들은 95% 대 96%, 또는 94%, 또는 99% 라는 식의 절단점(cutoff point)이 다소 임의적이라는 것을 눈치챘을지 모르겠다.

사실 Fisher는 왜 0.06, 0.04 또는 0.01이 아니고, 0.05라는 p-값을 선호했는지에 대해서 그 어디에서도 밝힌 바가 없다. 짐작해 본다면, 숫자 5가 4나 6에 비해 보기에 더 좋기 때문이 아니었을까 한다.

David Salsburg라는 통계학자는 이 개념의 근원을 찾아내기 위해 Fisher의 논문과 저서를 모두 검토해 보았는데, Fisher가 오로지 단 한 개의 논문에서(흥미롭게도 그 논문은 정신과 의사들을 위한 것으로, 1929년 Proceedings of the Society for Psychical Research라는 저널에 실려 있다) p-값의 기준을 0.05(p=0.05)로 한다고 기술했다는 것을 발견해냈다. 그리고 그 논문에 의하면 Fisher의 그 결정은 임의적인 것이었다.

> 생물학적 방법들을 이용해서 생명체를 조사할 때 유의성(significance)에 대한 통계적인 검정은 필수적인 것이다. 통계적 검정의 기능은 우리가 연구하고자 하거나 찾아내기 위해서 노력 중인 바로 그 원인 때문이 아니라, 우리가 통제할 수 없는 많은 기타 환경들의 조합 때문에, 즉 우연한 발생에 대해 우리가 속는 것을 막아주는 것이다. 어떤 관찰이 우리가 찾고 있는 실제 원인이 없는 상황에서는 흔히 발생하지 않는다면, 그 관찰은 유의한 것으로 판단된다. 오늘날 일반적인 관습은 20번의 시도 가운데 우연히 어떤 결과가 발생한 경우가 1번 이상이 아니라면, 그 결과는 유의하다고 보는 것이다. 이것은 임의적인 것이지만, 실용적으로 쓰기에 편리한 유의 수준이다. 그러나 이 말이 20번의 시도마다 1번 정도는 속아도 된다고 허용했다는 의미는 아니다. 유의성 검정은 단지 연구자가 무엇을 무시해도 될 것인지, 다시 말해 유의한 결과가 나오지 않은 모든 실험에 대해서만 말해주는 것일 뿐이다.
>
> (Salsburg, 2001; p. 99)

p-값이 0.05에 가까운 다른 값이 아닌, 0.05여야 하는 과학적인 근거는 없다. 여기서 우리는 이토록 고도로 수학적이고 과학적인 학문인 통계학의 핵심적인 부분이 전혀 과학이나 수학에 근거하지 않고 있다는 것을 알게 된다. 인류의 다른 모든 노력들과 마찬가지로, 통계학도 부분적으로는 개념적 추정에 근거하고 있는 것이다. 통계학이 하나부터 열까지 모두 명확한 사실인 것은 아니다.

이미 19세기의 초창기 통계학자들은 통계적으로 비교할 때는 (비록 'p-값'을 사용하지 않았음에도) 우연의 영향이 작아야 한다는 개념을 설정한 바 있다. 그럼 대체 얼마나 작아야 하는 것일까? Bernoulli는 '틀림없이 확실함(moral certainty)'이라는 용어를 1:1000 이하의 가능성($p<0.001$)에 적용했으며, Edgeworth는 0.005의 p-값이 확신 수준(level of certainty)에 상응할 것이라고 제안했다(Stigler, 1986). 여기에서 우리는 현대보다 초기의 통계학자들이 훨씬 더 엄격한 기준을 제안했다는 것을 알 수 있다.

만약 우리가 어떻게 해서 0.05라는 기준이 나오게 된 것인지 알게 된다면, 우리는 아마도 더 너그러워질 것이며, 어떤 연구결과의 p-값이 0.05 또는 0.055인지 여부에 신경을 덜 쓰게 될 것이다. 나는 그동안 연구자들이 자료 분석 결과 p-값이 0.06이 나왔을 경우 황금의 임계값인 0.05로부터 0.01의 차이가 나기 때문에 연구의 영향력이 덜할 것이고, 논문을 발표하지 못하게 될 것이라며 진땀 흘리는 모습을 수도 없이 목격했다.

이것이 p-값의 신빙성을 떨어뜨리는 이유 중 하나다. p-값의 절단점은 임의로 정해진 것이다. 그러나 임의적이라는 것이 비논리적이라는 뜻은 아니다. 명백히 0.50보다 큰 p-값(우연일 가능성이 50%)

이라면, 그것이 정말로 우연히 관찰된 것임을 시사할 것이다. p-값 아래의 범위인 경우, 개념적으로 볼 때 작은 차이가 의미 있지는 않다. 이러한 이유 때문에, 우리는 마치 p-값이 오류를 물리치는 부적인 것처럼 숭배하고, 이 마법의 숫자를 찾으려고 노력하는 식으로 p-값을 다루어서는 안 된다. p-값은 합리적으로 사고하기 위한 '수학적 대안'이다. 그러므로 우리는 p-값이 무엇인지에 대해 해석을 하고, 그것이 의미가 있을 경우에 한해 p-값을 사용해야 한다. 우리는 p-값이 남용되지 않도록 조심해야 한다.

이러한 맥락에서, 이제 p-값이 무엇을 의미하는지 정의를 내려야겠다. p-값의 p는 확률(probability)을 의미한다. 그리고 p-값은 귀무가설이 참이라고 가정했을 때, 관찰된 데이터를 관찰할 확률(the probability of observing the observed data)로 정의될 수 있다. p-값은 실제의 수(real number)가 아니다. 그것은 실제의 확률을 반영하는 것이 아니라, 귀무조건(null condition)이 참일 것이라고 우연히 추정(알지 못하므로 추정하는 것이다)할 가능성을 의미한다. "그것은 가장 거짓일 조건 하에서 관찰과 연관되어 있는 이론적인 확률이다. 그것은 실제(reality)와는 무관하다. 그것은 있음직함(plausibility)에 대한 간접적인 측정이다"(Salsburg, 2001; p. 111). 그것은 어떤 사건에 대한 확률이 아니라, 어떤 사건에 대해서 우리가 확신(certainty)하는 것에 대한 확률이다. 이러한 의미에서, '통계학이란 우리가 모르는 것을 부인하기보다는 정량화 해보려는 것'이라는 Laplace의 개념은 정말로 중요한 표현이다(Menand, 2001). p-값은 실제를 입증하려는 시도라기보다는, 우리의 무지함을 정량화해보려는 시도이다.

그러므로 만약 우리가 통계적 유의성(statistical significance)의 정의

로서 p-값의 표준적인 절단점을 0.05나 그 미만으로 사용한다면, 그
것은 우리가 참인 귀무가설을 실수로 기각할 확률을 5%나 그 미만
으로 잡았다는 뜻이다.

몇 가지 중요한 오해들을 살펴보자.

1. p-값은 귀무가설이 참일 확률이 아니다.
2. p-값은 그 결과들이 우연히 일어날 확률이 아니다. 우리가 귀무
   가설을 참이라고 가정했을 때, 관찰된 결과가 실제로 그럴 경우일
   확률이다.

p-값의 핵심적인 사항은, 원래 Fisher에 의해 개발되었을 때와 마
찬가지로 특정 숫자에 있는 것이 아니라 희소성에 대한 개념, 즉 연
구자가 우연의 영향이 어느 정도일 것인지에 대해 조사해야만 한다
는 생각, 그리고 우연의 가능성이 적어질수록 결과는 더욱 명확하게
해석될 수 있다는 점이다. Salsburg는 다음과 같이 기술했다. "Fisher
의 책을 읽으면서, 그가 다음의 세 가지 결론들 가운데 하나를 도출
하기 위해 유의성 검정을 사용했다고 믿게 된다. 만약 p-값이 (대개
0.01 미만으로) 매우 작다면, 어떤 효과가 나타났다고 말할 것이다. 만
약 p-값이 (대개 0.20 이상으로) 크다면, 어떤 효과가 나타나더라도 너
무 작기 때문에 이 정도 크기의 실험으로는 효과를 발견해낼 수 없
을 것이라고 할 것이다. 만약 p-값이 그 사이에 있다면, 그 효과를
좀더 잘 검출하려면 다음 시험을 어떻게 설계해야 할지에 대해 논의
할 것이다."(Salsburg, 2001; p. 100)

어떻게 p-값으로 가설을 검정할 수 있을까

원래 1920년대에 Fisher는 오로지 통계적 유의성에 대한 것으로 p-값의 개념을 창안했다. 그러나 그 이후 20년 동안 p-값의 사용과 통계적 유의성에 대한 개념은 귀무가설을 기각하는 개념과 빠르게 결부되었다. 이러한 변화는 Fisher의 젊은 동료인 Egon Pearson(Fisher의 경쟁자였던 Karl Pearson의 아들)과 Jerzy Neyman의 공동 노력에 의한 것이었다. 그래서 오늘날 통계학의 주류로 자리잡고 있는, 가설을 검정하기 위한 접근법은 원래 Neyman-Pearson 접근법이라고 불렸다.

Neyman과 Pearson이 당면한 문제는 Fisher의 p-값이 개념적으로 빈약한 것처럼 보인다는 점이었다. 우리는 매우 작은 p-값이 의미하는 바를 알고 있다. 관찰된 결과가 우연히 일어날 가능성이 없다는 것이다. 그러나 어떤 결과가 유의하지 않다면 어떻게 되는가? "우리가 가설이 틀렸음을 입증하는데 실패한다면, 그 가설은 참이다"(Salsburg, 2001; p. 107)는 유의한가? 커다란 p-값은 우리가 결정할 수 없다는 것을 말해준다는 Fisher의 견해를 떠올려보자. 그는 유의하지 않은 결과가 나왔다고 해서 모든 가설이 증명되었다는 것은 아니라고 분명히 말했다. 우리는 차이가 존재한다는 것을 기각할 수는 있을 테지만, 그렇다고 해서 차이가 없다는 것이 증명되는 것은 아니다. Neyman과 Pearson은 이러한 생각을 좀더 분명하게 정립하고자 했다. 그들은 p-값을 통한 유의성 검정은 두 가지 구분되는 가설, 즉 차이가 없다는 귀무가설과 차이가 있다는 대립가설(alternative hypothesis, AH)이 존재하는 개념적인 구조 속에서 이뤄져야 할 필요가 있다고 결론지었다. 그들은 지금은 매우 흔하고 중요하게 사용되는 용어이자, 동시에 현대 의학 통계의 거대한 구조를 떠받치고 있는 개념적인 추정들을 소개했던 것이다. 그런 다음, 그들은 대립가설을 찾아낼 확률을 유의성 검정에서의 '검정력'이라고 정의했다. 이제 p-값은 귀무가설 검정을 위한 확률을 반영해야 할 뿐만 아니라, 대립가설 검정을 위한 확률도 제공해야 한다. 검정력이라는 개념은 이제 유의성 검정을 정의하는데 중심적인 개념이 되었으며, 덕분에 위양성(false positive)과 위음성(false negative)의 개념도 더욱 잘 정의될 수 있게 되었다(Salsburg, 2001).

Fisher가 관찰 상 우연 오차(chance error)의 확률을 정량화하기 위해 창안한 p-값에는 개념적 문제들이 있었고, 이 문제들에 대해 Neyman과 Pearson은 귀무가설, 대립가설, 그리고 검정력이라는 개념을 고안해서 해결하려고 했다. Fisher는 p-값 사용에서 위와 같은 개념들을 추가시킨 Neyman-Pearson 접근법을 달가워하지 않았다. p-값은 지금까지 신성시되어 왔다. 소위 가설-검정이라고 불리는 이러한 방법은 수요 공급 개념이 현대 경제학의 핵심인 것처럼, 현대 통계학의 핵심이다. 그러나 경제학의 수요 공급 개념이 모든 면에서 옳지는 않고 잘못된 점도 많은 것처럼, 가설-검정 역시 도움을 줄 때도 있지만, 혼란과 오류의 원천에 불과할 뿐인 경우도 있다. 솔직히 말해서 Fisher의 우려가 사실임이 증명된 것이다. [이것은 1970년대까지 생존했던 Neyman이 가설-검정을 스스로는 그다지 사용하지 않았다는 것과 무관하지 않다. 그리고 9장에서 언급되겠지만, 그는 자신이 창안한 또다른 개념인 신뢰구간(confidence intervals)을 훨씬 더 많이 사용했다.]

이러한 논쟁이 적절한 이유는 우리가 사용하는 이러한 통계학적 개념들이 그 자체로는 과학적 사실이 아니라는 것뿐만 아니라, 그것들이 하늘로부터 갑자기 떨어진 것이 아니라는 것을 우리가 깨달을 필요가 있기 때문이다. 그것들은 아직도 끝나지 않은 논쟁들 속에서 도출된 결과이다. 우리는 앞서 언급한 스토리가 오늘날 대부분의 기초 통계학 교과서의 첫머리에 나오는 내용임을 인식할 필요가 있다. 만약 우리가 어떻게 현재의 위치까지 오게 되었는지를 잘 이해하지 못한다면, 우리는 책의 첫 줄부터 그 다음의 모든 내용을 오해하게 될 수밖에 없을 것이다.

정의: 귀무가설이란 무엇인가?

오늘날 p-값의 정의가 귀무가설의 정의에 의존하고 있기 때문에 귀무가설의 정의에 대해 알아보자.

귀무가설은 p-값을 사용하기 위해 요구되는 세상의 본질에 대한 추정으로써, 세상에 존재하는 것들이 똑같고 서로 차이가 없으며, 세상에 존재하는 것들 간의 관계에 대한 귀납적인 추론이 틀렸다는 것이다. 이대로라면, 우리는 통계학이라는 세계의 중심에 위치하는 또 다른 추정을 목격하게 된다.

본질적으로 통계학은 사고 실험(thought experiment)에 기반하고 있다. 전혀 관심이 가지 않는 일들이 세상에서 벌어지고 있다고 상상해보라. 우리가 무언가를 봤다고 생각할 때마다, 어떤 사건이 세상에서 발생했다고 생각할 때마다, 그리고 어느 하나가 다른 하나를 유발했다고 생각할 때마다, 우리는 틀리게 될 것이다. 세상은 변하지 않고 보수적이며, 항상 부정적인 방향으로 향하는 경향이 있다. 어느 것도 발생하지 않았으며, 관찰된 차이도 실제가 아니며, 추론된 관계는 틀린 것이다. 이것이 바로 귀무가설의 세계이다. 우리는 왜 이러한 추정을 해야 하는 것일까? 왜 그 반대의 추정을 하지 않는 것인가? 나는 왜 귀무가설이 그 반대되는 사고 실험(아마도 귀납적 추론을 통해 우리에게 육안으로 보이는 모든 차이와 관계, 그리고 추론들을 받아들여야만 한다는 생각으로서 대립가설에 해당한다)보다 더 선호되는지에 대해 명쾌하게 개념적으로 설명해 놓은 통계학 문헌을 찾지는 못했다. 이 두 가지 대안을 비교해보면, 하나는 보수적(귀무가설)이고 다른 하나는 진보적(대립가설)임을 알 수 있다. 우리는 왜 과학에서 보수적이어야 하는가? 그에 대한 한 가지 설명은 과학적으로는 맞는 경우보다 틀린 경우가 더 많기 때문에 보수적으로 접근하는 것이 정당화된다는 것이다. 과학의 역사를 살펴보면 얼마나 많은 실수(과학적 주장)가 반복되었는지를 알게 된다. 과학적 이론을 검정하기 위한 수단으로서 수학적 기법(통계학)이 도입된 것이기 때문에, 이 경우에는 사람들이 제기하는 모든 생각들이나 관찰들을 보다 더 쉽게 확증하기 위해 통계학을 사용하는 것과는 달리, 모든 쓸데없는 것들과 모든 잘못들을 과학적 추측으로부터 제거하기 위한 방법으로 사용하는 것이 합리적일 것이다. 특히 의학과 관련해서 통계학이 작용하는 방식은 다음과 같다. 통계학은 영향력이 있기 때문에, 일단 통계학적으로 어떤 주장을 확증하게 되면 의사와 환자는 자신이 기존에 해오던 방식을 바꿀 가능성이 있다. 즉 어떤 약의 사용을 시작하거나 중단할 수 있고, 식단을 바꿀 수도 있으며, 어린이들에게 어떠한 방식의 치료를 새로 시작하게 될 것이다. 통계학의 결과가 이렇게 임상적으로 중요한 변화를 이끌어내기 때문에, 어떠한 주장이 참일 가능성이 매우 높을 경우에만 그것을 승인하는 식으로, 지나치다 싶을 만큼 조심해서 접근하게 된다.

단순하게 요약하긴 했지만 이러한 것들이 귀무가설 위주의 접근 방식에 대한 좋은 근거가 될 것이다. 내가 이렇게 말했다고 해서 귀무가설의 타당성이 줄어드는 것은 아니다. 사실 통계학자들이 가설-검정 통계의 기초인 귀무가설을 정당화시키기 위해 그렇게 많은 노력을 기울이지 않았다는 사실이 희한하다.

아마도 고전적인 설명은 Fisher에게 부탁해야 할 것 같다. 그는 다음과 같이 기술했다.

> 귀무가설은 절대로 증명되거나 확립될 수 없지만, 아마도 반증하는 것은 가능할 것이다. 모든 실험은 오직 그 사실들로 하여금 귀무가설을 반증시키도록 하는 기회를 부여하기 위해서 존재한다고 말할 수 있다.
>
> (Fisher, 1971[1935] p.16)

이처럼 Fisher는 귀무가설 추정에 대한 본질적으로 이론적인 특성을 인정했으며, 연구 개념에서 그것의 중심적인 역할에 대해 강조했다.

귀무가설에 대해서는 다음과 같은 비대칭적인 개념이 핵심이라 할 것이다. 우리는 그것들을 결코 증명할 수 없다. 아마도 반증은 할 수 있을 것이다. 그래서 "P는 귀무가설을 지지하는 것이 아니라, 그에 대립하는 근거를 나타내는 척도이다. 귀무가설을 기각하기에 근거가 불충분하다는 것이 그것을 받아들이기에 근거가 충분하다는 것을 의미하지는 않는다"(Blackwelder, 1982). 이러한 문제 때문에 귀무가설 검정에 가장 근접한 연구 설계인 비열등성(non-inferiority) 설계의 필요성이 제기되었다(8장). 통계학이 의존하고 있는 핵심 개념을 경험적으로 (또는 통계적으로) 검정할 수 없다는 것은 불편한 사실이다.

보수적 추정

우리는 연구결과들을 어떻게 해석할지에 대해 보수적인 자세를 취할 필요가 있다. 여기에는 앞서 예로 들었던 p-값의 절단점을 90%나 80%가 아닌 95%로 정한 것과 비슷한 근거가 있다.

그러나 보수적으로 추정할 경우 기회 비용을 지불해야 한다. 만약 생명을 구할 수 있는 치료법이 발견되었는데, 그것이 너무 작은 표본 크기로 연구되었기 때문에 p-값이 0.05에 이르지 못했고 0.11로 나온 상황을 가정해보자. 더 나아가 우리가 신이라고 가정해 보자. 신으로서 우리는 실제로 이 약이 매우 효과적이고 그 어떤 사용 가능한 치료보다도 훨씬 더 효과적이라는 것을 분명히 알고 있다. 그리고 신으로서 우리는 이 약이 어떤 질병을 치료할 수 있으며, 만약 이 약을 사용하지 않을 경우 매년 백만 명의 사람이 죽게 된다는 것을 알고 있다. 자, 그렇지만 신이 아닌 통계학자들은 다음의 방식으로 생각해야 한다. 먼저, 그 치료는 효과가 없다는 귀무가설이 참이라는 추정을 한다. (비록 신은 이것이 참이 아니라는 것을 알고 있겠지만, 인간들은 일단 그것이 참일 것이라고 추정하는 수밖에 없다.) 관찰된 치료 효과가 우연일 것이라는 가능성이 11%로 나왔다. 이는 우리가 귀무가설을 참인데도 잘못 기각하게 될 확률이 11%라는 뜻이다. 이 귀무가설을 잘못 기각할 가능성이 11%라는 것은 너무 높은 확률이기 때문에 인간들은 받아들일 수 없다. 그래서 인간들은 귀무가설을 계속 믿게 된다. 즉, 그 치료는 효과가 없는 것이라고 결론짓는다.

건조하게 생각해 보자. 우연히 잘못되게 나타난 이 6%(11%-5%)의 위험 증가로 인해 치료를 하지 않게 된다면, 이것은 생명을 놓고 볼 때 어느 정도의 가치가 있는 결정이라고 할 수 있을까? 지금 이것은 명백히 극단적인 상황이며, 우리가 마치 신처럼 절대적 진실을 알 수 있을 거라는 가정 역시 확실히 틀린 것이다. 그러나 철학에서 흔히 사용되는 이러한 사고 실험의 포인트는 우리 자신의 추정, 우리 자신의 직관, 그리고 그것들의 한계점들을 이끌어내는 것이다. 귀무가설 접근법의 문제는 그것이 실제 발견과 실제 차이, 그리고 효과적인 치료에 대해 자동적으로 반대하는 방향으로 치우쳐지도록['가중되도록(weighted)'이라는 말을 써도 된다] 되어 있다는 점이다. 실제 관찰들이 세상에서 중요한 차이를 만들어내는 경우에는, 귀무가설 접근이 너무 보수적인 것일 수도 있다.

우리는 이런 점을 또 다른 사고 실험에 또 다른 방식으로 적용해 볼 수 있다. 우리는 신이 아닌 인간에 불과하며, p-값에 대해 전혀 모르고 있다고 가정해 보자. 우리는 p-값에 대해 전혀 들은 적이 없고, 귀무가설을 기각시킬 수 있는 우연한 발견에 대한 95% 절단점이 있다는 전통조차 모른다고 해보자. 이 상태에서 끔찍한 질병이 발생했고, 기존의 치료 방법은 그렇게 효과적이지 않은데 새로운 치료법이 등장했다. 만약 내가 병에 걸린 당신에게 이 새로운 치료법이 매우 효과적인 것으로, 그 효과가 우연에 의한 것이 아닐 가능성이 89%라고 말한다면, 당신은 이 치료를 받을 것인가?

추정 이후의 추정

그래서 우리의 첫 번째 추정은 p-값이 0.05 수준에서는 어떤 결과가 우연히 일어난 것이 아닐 가능성이 있다는 것이다. 두 번째 추정은 만약 그 발견이 우연한 것이라는 확률 수준이 보이지 않는다면, 우리는 귀무가설을 받아들이고 관찰된 추론들을 기각하는 편에 서야 한다는 것이다. 이것은 통계학의 가설-검정에서 주된 두 가지의 추정이다. 여기에는 몇 가지 장점도 있지만, 동시에 약점도 있다. 가장 중요한 것은 (신의 계시처럼 여타 강력한 형태의 근거들 또한 그러하듯이) 아마도 이 추정들 자체가 과학적인 근거에 기반하고 있지 않다는 점이다. 그것들(두 가지 추정)은 인류에게 단순히 옳거나 그르다고 강요될 수 있다거나 강요되어야 하는 것들이 아니다. 그보다는 그것들이 단지 추정, 그 이상도 이하도 아니며, 만약 우리가 그것들로부터 일관성과 유용함을 발견해낸다면 그것들을 채택할 수 있고, 그렇지 않다면 기각할 수 있다고 생각해야 한다. 우리는 통계학의 개념에 대해 신중히 생각할 필요가 있다.

통계적 유의성

이제 우리는 의학 연구에서 정말 많이 사용되고 있는 이 용어[통계적 유의성(statistical significance)]에 대해 검토할 수 있게 되었다. 이것은 기본적으로 귀무가설이 기각될 수 있는 p-값의 절단점을 나타낸다. 불행히도 '유의성'이라는 단어는 통계학이 아닌 분야에서는 다르게 쓰인다. 그래서 통계적 결과는 연구자에 의해 불순한 목적으로 조작되기도 한다.

Salsburg는 Fisher가 통계학적으로 '유의하다'고 사용했던 이 단어가 지금과는 그 의미가 달랐다고 지적했다. "19세기 후반에 그 단어는 단순하게 계산에서 어떤 것이 나타났다는 것을 뜻했다. 그런데 20세기에 들어오면서 다른 의미가 더해지기 시작했고, 지금은 매우 중요한 어떤 것을 뜻하는 말이 되었다." (Salsburg, 2001; p. 98) 나는 이 용어의 원래 의미를 기억할 필요가 있다고 강조하고 싶다. 어떤 것이 통계적으로 유의하다는 말은 (예를 들어 그 약이 무엇인가를 하고 있다는 것처럼) 무엇인가가 일어났다는 뜻이다. 또한 이것은 (예를 들어 그 약이 강력한 무엇인가를 하고 있다는 식처럼) 중요한 무엇인가가 일어났음을 의미하는 것이 아니다. 이러한 후자의 의미에 대해서는 효과크기라는 개념이 요구된다(9장 참고).

그러나 아마도 통계적 유의성 개념에 관한 중요한 문제는 그것이 (p-값 범위가 0.05에서 1.0까지인) 광범위한 결과들에 대해 (통계적으로 유의하지 않다는) 단 하나의 의미만을 준다는 것이다. 그러므로 만약 우리가 연구의 통계적 유의성 여부에만 집중한다면, 아마도 우리는 p-값이 0.07인 치료법 X는 통계적으로 유의하지 않고, p-값이 0.94인 치료법 Y 또한 통계적으로 유의하지 않다고 말할 것이다. 그러나 전자의 경우 비우연적으로 발견(non-chance finding)했을 가능성이 93%이고, 후자의 경우는 6%라는 의미이다. 때때로 연구자들은 p-값이 0.05에 근접하지만 0.05보다는 큰 경우(주로 p-값이 0.05에서 0.1 사이에 속하는 경우에 해당한다)에 대해서 '경향성(trend)'이라는 또 다른 단어를 사용하기도 한다. 그러나 연구자들은 '통계적 경향성(statistical trend)'이 나타나면 보통 이에 대해 유감스러워하면서, 독자들이 '경향성'이라는 단어의 통계적 의미를 모를 것에 대비해서 그것은 통계적으로 유의하지는 않다는 식(예를 들어 '유의하지 않은 경향성' 또는 '통계적으로 유의하지 않은 통계적 경향성' 등)으로 보다 명료하게 설명하고 싶어한다. 나는 만약 연구자들이 경향성이라는 단어를 사용할 때 유감스럽지 않은 태도를 보였더라면, 그 단어의 개념을 사용하는 것에 대해 그다지 신경을 많이 쓰지 않았을 것이다. 그러나 통계적으로 유의하지 않다고 계속 언급하는 것이 오히려 통계적 경향성이란 말의 가치를 평가 절하시키게 된다. 또 다른 문제는 이런 식의 접근은 유의 수준을 0.05로 잡는 것이 임의적인 것이라는 사실을 다시 제기하게 될 뿐이라는 것이다. p-값이 0.11이라면 경향성조차도 보이지 않는 것으로, 결국 완전히 무의미한 것이다.

내 의견인데, p-값이 미치는 폐해는 충분히 크다. p-값을 모호한 개념('유의성', '경향성')이 더해진 의미로 받아들이게 되면 더욱 나빠진다. '통계적으로 유의하다'는 말은 혼란을 야기한다.

'통계적으로 유의하다'는 말과 관련된 또 다른 문제는 그것이 순전히 p-값에 국한된다는 점이다. 그것은 p-값이 아닌 것에 대해서는 의미가 없는 것이다. 그러나 '유의성'이라는 단어의 통상적인 의미는 대체로 어떤 것이 중요하다는 것이기 때문에, '통계적으로 유의하다'라는 말을 쓰면 마치 결과들이 중요하다는 것처럼 받아들여지고, 그 말을 사용하지 않을 경우에는 결과들이 중요하지 않은 것이라는 식으로 받아들여지는 경향이 있다. 8장에서 살펴보겠지만, p-값이 가진 고유한 한계 때문에 연구결과들은 위양성이 될 수도 있고 (그러므로 분명히 '통계적으로 유의해서' 중요했던 결과들이 실제로는 중요하지 않게 된다), 또는 위음성이 될 수도 있다(그러므로 분명히 '통계적으로 유의하지 않아서' 중요하지 않았던 결과들이 실제로는 중요해진다). 때로 임상의들은 '통계적으로 유의하다'는 말을 보완하기 위해 '임상적 유의성(clinical significance)'이라는 말을 대신 쓰면서 이 문제를 교묘하게 해결하려 한다. 이는 보다 정확한 용어인 '효과크기'와 비슷한 말인데 9장에서 논의할 것이다. 그러나 이런 표현은 자주 쓰이는 것은 아니며, 여러 종류의 '유의성'에 대해 중구난방으로 쓸수록 혼란만 더 가중될 뿐이다. 여기서 좌파의 끝없이 계속되는 언쟁과 좌파가 내린

'혁명'이라는 단어의 다양한 정의들을 떠올리는 사람이 있을지도 모르겠다. 아마도 George Orwell은 이런 문제에 대해 정확히 파악했던 것 같다. 언어는 사용되는 것보다 남용되는 것이 더욱 많고, 훨씬 쉽다. 그러므로 우리는 반드시 모호하고 추상적이지 않은 단어, 간단하고 분명한 단어를 사용하기 위해 노력해야 할 것이다.

p-값의 사용 범위

당연히 논의되어야 하는 p-값에 대한 또 다른 특징이 있다. p-값을 처음 고안한 Fisher에 따르면, p-값은 다른 종류의 과학 연구보다는 특히 의학 연구에, 그 중에서도 관찰 연구가 아니라, RCT에서만 사용되어져야 한다(Salsburg, 2001; pp. 302~303). 이러한 관점이 이상하게 보일 지도 모르겠다. 만약 이것이 사실이라면, 대부분의 의학 연구는 잘못된 것이 될 것이다. 그러나 Fisher의 말에 대해 내가 이해한 바가 맞다면, Fisher가 옳다. 독자들은 앞서 언급한 세 가지의 C가 떠오를 것이다. 첫 번째는 교란편견, 두 번째는 우연, 그리고 세 번째는 인과관계이다. 이 가운데 p-값은 우연을 평가한다. 만약 편견이 제거되지 않은 상태라면, p-값은 사용되어서는 안 된다. RCT는 편견을 제거하는 기능이 있으므로, 첫 번째의 C를 생략하고 두 번째인 우연을 평가할 수 있다. 이것이 바로 Fisher의 통찰력이었다. RCT 이외의 영역에서의 p-값을 사용하는 것을 'Fisher의 오류(Fisher's fallacy)'라고 부른다. 그리고 여전히 Fisher가 옳다. 만약 우리가 관찰 데이터에 대해 교란편견이나 여타의 편견을 (회귀모형을 사용하는 것처럼) 통계학적으로 줄이려는 노력 없이 좋든 싫든 간에 p-값을 사용한다면, 우리는 p-값을 잘못 사용하고 있는 것이다. 만약 우리의 데이터가 대규모로 편향되었다면, 우리는 우연이 가진 미세한 영향을 측정해 낼 수 없다. 이것이 사실 흡연이 폐암과 관련이 있다는 역학적 근거에 대해 Fisher가 비평할 수 있었던 과학적 토대가 되는 사실이다. RCT에만 p-값을 사용하는 경우, 또는 모든 종류의 연구에 대해 잘 평가해 보지 않은 상태로 p-값을 사용하는 경우, 그 모든 경우에 대해 Fisher는 옳았다. Fisher가 실수한 부분은 RCT가 아닌 연구에서 편견을 줄이기 위한 역학적 방법들의 유용함을 깨닫지 못한 것이었다. 회귀모형은 나중에야 만들어졌기 때문에 Fisher는 회귀모형을 모를 수밖에 없었지만, 이 통계적 방법들을 적용함으로써 우리는 비록 편견을 완전히 제거하지는 못할지라도 감소시킬 수 있었고, 따라서 세 가지 C 중에 첫 번째 장벽을 넘는데 크게 도움을 받았으며, 두 번째 장벽에서 우연을 평가하기 위해 p-값을 사용할 수 있게 되었다. 이것은 오늘날 대부분의 의학 연구의 바탕이 된 흡연과 암과의 관련성 논쟁에서 A. Bradford Hill이 한 주장이다(10장 참고). RCT는 수행이 매우 어려운 연구이다. 그러므로 역학적인 연구들을 시행하는 것이 유용한 대안이 될 수 있다. 이것이 EBM의 기저에 깔려 있는 기본적인 개념이다(12장 참고). 오래전의 Fisher는 이렇게 될 줄 예상할 수 없었을 것이고, RCT에만 집중한 나머지 다른 종류의 접근법 또한 중요하게 대두될 것이라는 것을 간과한 측면이 있다. 하지만 다음과 같은 그의 경고는 여전히 중요하다. 첫 번째로 중요한 것은 편견이다. 그것이 (RCT에 의해서건 회귀 같은 통계적 분석에 의해서건 간에) 제거되지 않는다면, p-값을 적용하는 것은 무의미하다. 그리고 정말로, 대부분의 논문들은 Fisher의 오류에 대해 자유롭지 못하고, p-값을 오용하고 있다.

가설-검정 논리의 결점

가설-검정 접근법은 전반적으로 또 다른 중요한 문제를 가지고 있다. 바로 잘못된 논리에 기반하고 있다는 것이다. 이에 대해 여기에서는 간략하게 언급하고, 상세한 것은 11장에서 논의하도록 하겠다. 유명한 통계학자인 Jacob Cohen은 이를 '일어나지 않을 것을 얻을 수 있다는 착각(illusion of attaining improbability)'이라고 불렀다. 이 말은 "귀무가설을 기각할 수 있을 정도의 유의 수준이 0.05라는 것은 그것이 옳을 가능성이 낮다는 광범위하게 받아들여지는 믿음"(Cohen, 1994)을 뜻한다. 이것의 논리는 아래와 같다.

만약 귀무가설이 옳다면, 이 데이터들이 발생할 확률은 매우 낮다.

이 데이터들이 발생했다.

그러므로 귀무가설이 옳을 확률은 매우 낮다.

(Pollard and Richardson, 1987)

Cohen은 이 논리가 확률을 포함하고 있는 것이므로 맞지 않는다는 것을 보여 주었다. 추상적인 데이터를 구체적인 데이터로 바꿔서 표현해 보면 명료해진다.

만약 어떤 사람이 미국인이라면, 그 사람은 아마도 국회의원이 아닐 것이다.

이 사람은 국회의원이다. 그러므로 이 사람은 아마도 미국인이 아닐 것이다.

(Pollard and Richardson, 1987)

통계학의 원로로서, 그리고 심리학 연구에 많은 노력을 기울였던 연구자로서, Cohen의 우려는 그동안 과소평가된 측면이 있다.

우리는 선생으로서, 논문 저자로서, 그리고 다른 측면에서는 양적 방법의 하수인으로서, 귀무가설 유의성 검정[null hypothesis significance testing(NHST). 나는 이것을 통계적 가설 추론 검정(statistical hypothesis inference testing)이라고 부르고 싶었다]을 무의미한 정도로까지 의례화(ritualization)시켜버린 것에 대한 책임이 있다. 나는 NHST가 심리학의 발전에 일조하지 못했을 뿐만 아니라, 오히려 심각하게 방해했다고 본다.

(Cohen, 1994)

기본적으로 귀무가설 유의성 검정의 가능성에 대한 잘못된 논리로 인해 우리는 길을 잃게 된다. 또 다른 측면에서 가설-검정 접근법은 잘못된 이분법을 설정하고 있다. 만약 p-값이 유의하다면, 가설을 받아들이고, 만약 유의하지 않다면, 가설을 기각한다. Cohen은 이러한 식으로 극도로 단순화된 접근법이 우리의 지식 발전을 저해시킨다고 주장했다. 왜냐하면 과학은 단순히 이런 식으로 작동하는 것이 아니기 때문이다. 어떠한 단 하나의 결과로도 하나의 과학적 가설을 입증 또는 반증할 수 없으며, 연구의 세세한 부분들에 의존하게 되면 개별적인 연구결과들에 의거해서 가설을 받아들이거나 기각하는 방향으로 기울어질 수 있다. 의사를 결정하는 방법은 결코 양자택일적인 것이 아니며, 오히려 점진적으로 이론을 지지하거나 반대하는 방향으로 접근해가는 것이다(과학 철학에 대한 부분은 11장에 논의하도록 하겠다).

가설-검정의 한계

요컨대, p-값과 통계적 유의성에 대한 개념은 (비록 적절히 사용되면 유용할 수 있겠지만) 통계학에 기초하고 있지 않은 추정들에 근거하고 있다. 다시 말해서, 이 개념들의 중요한 특징은 임의적이라는 것 그리고 단순히 우리가 복종을 맹세해야만 하는 절대적 진실이 아니고 논쟁의 여지를 안고 있다는 것이다. 심지어 가설-검정 접근 방식의 논리 형식조차도 논란의 여지가 있다(11장 참조).

임상의들은 이러한 현실로부터 자유로워져야 한다. 통계학은 숫자가 단독으로 지배하는 분야가 아니다. 의학과 인류의 다른 모든 노력처럼, 통계학 역시 추정과 믿음을 내포하고 있다. 그래서 우리는 통계학에 대해 겁을 먹거나 혹은 통계학을 평가절하하지 말아야 한다. 그런데 불행하게도 통계학에 대한 대부분의 설명들을 보면 통계학의 기본적 원리의 중심에 위치한 이 추정들을 무시하거나 숨기고 있다.

통계학 교과서에서는 Neyman-Pearson 공식을 설명하면서 가설-검정이 틀에 박힌 과정인 것처럼 기술하는 경향이 있다. 이 방법은 임의적인 요소들을 다수 가지고 있음에도 불구하고, 결코 바뀔 수 없는 것처럼 기술되어 있다. 이러한 다수의 임의적 요소들은 임상 연구에는 적절하지 않을 수도 있다. 일부 과학자들은 '올바른' 방법으로서 Neyman-Pearson 공식의 극단적으로 엄격한 버전을 소중히 모셔왔다. 만약 p-값의 절단값을 미리 고정시켜 놓지 않는다면, 아무 것도 받아들일 수가 없게 된다. 이것이 Fisher가 Neyman-Pearson 공식을 반대한 한 가지 이유다. 그는 p-값 사용과 유의성 검정이 엄격한 조건의 대상이 되어야 한다고 생각하지 않았다. … Fisher의 제안에 따르면 … p-값이 유의할 것인가에 관한 최종 결정은 그 상황에 달려있는 것이다.

(Salsburg, 2001; pp. 278~279)

Chapter

8 임상시험에서
가설-검정 통계의 사용

간단한 것을 복잡하게 만드는 것은 그렇게 어렵지 않지만, 복잡한 것을 간단하게 만드는 것은 어려운 문제다.

– Austin Bradford Hill (Hill, 1962; p. 8)

임상시험을 어떻게 설계할 것인가

나는 연구를 설계할 때 가장 먼저 해야 하는 것은 연구를 어떻게 분석할 것인지, 또는 그 결과들을 어떻게 제시할 것인지에 대해 계획하는 것이라고 배웠다. 심지어 어느 선생님은 연구를 수행하기 전에 그 연구에서 나올 결과물을 상상해보면서 보고서를 써보라고 말씀하시기도 했다. 연구를 수행하고 나서야 얻을 수 있는 실제적인 수치들이 없는 상황에서 먼저 보고서를 작성해 보는 이 환상적인 연습을 통해 우리는 연구를 설계하기 전에 어떤 종류의 분석과 수치들 그리고 질문들을 해결해야 할지에 대해 미리 생각해 볼 수 있게 된다. 가장 최악의 경우는 연구를 설계하고, 완료하고, 데이터를 분석하고, 논문을 쓰기 시작한 다음에서야 중요한 데이터가 미처 수집되지 못했다는 것을 깨닫게 되는 것이다.

임상시험: 얼마나 많은 질문에 대해 답할 수 있는가?

임상시험(clinical trial)은 사람을 대상으로 한 과학적 실험이다. 우리는 더 이상 Fisher가 한 것처럼 여러 토양에 무작위로 여러 종류의 씨앗을 흩뿌리는 연구를 하지 않는다. 임상시험은 씨앗이 아닌 사람을 대상으로 하는 의학 실험에 무작위화라는 통계적 방법을 적용하는 것이다.

임상시험에서 아마도 가장 중요한 특징은 하나의 질문에 대해 답할 수 있도록 설계된다는 것이다. 그러나 우리 인간은 임상시험을 통해 수백 가지의 질문에 답하고 싶어한다. 이것이 바로 임상시험의 강점이자 약점의 원천이 된다.

임상시험의 가치는 바로 하나의 질문에 대해 명확하게 (또는 이 귀납적인 세계에서 가능한 한 분명하게) 대답하는 이러한 능력에서 비롯되는 것이다. 예를 들면, '아스피린이 심장마비를 예방하는가?' 혹은 'streptomycin이 폐렴을 치유하는가?'와 같은 질문 말이다. 그리고 사실 우리는 이것들에 대한 대답이 알고 싶은 것이다. 그리고 이 각각에 대한 대답들이야말로 말할 나위 없이 인류의 건강에 황금과 같은 값어치가 있다.

이러한 하나의 질문에 대한 결과를 임상시험에서의 '일차 결과'라고 한다.

하지만 연구자, 의사, 그리고 환자들은 이것보다 더 많이 알고 싶어한다. 만약 아스피린이 심장마비를 예방한다면, 사망률도 낮췄을까? 뇌경색도 같이 예방했을까? 어떤 부작용이 발생했을까? 위장관 출혈이 유발되었을까? 만약 그렇다면, 얼마나 많은 사람들이 위장관 출혈 때문에 사망했을까? 이런 것들에 대해서도 우리는 궁금한 것이다.

어떤 면에서는 약의 부작용에 대해 알기 위해서 어쩔 수 없이 많은 질문을 하게 되는 것 같다. 하지만 부분적으로는, 우리가 궁금한 것은 아니지만, 다른 잠재적인 약의 효과들에 대해 가능한 한 많이 알기 위해서이기도 하다.

때로는 경제적인 이유 때문에 많은 질문을 하기도 한다. 임상시험에는 돈이 많이 든다. 연구비는 제약 회사나 정부에서 나오는데 이들은 자신들의 투자에서 최대한의 결과를 뽑고 싶어할 것이다. 하나의 질문에 대한 답을 얻기 위해 1,000만 달러를 쓰는 것이 현실적으로 가능할까? 그렇다면 5개 정도는 더 대답할 수 없을까? 만일 50개의 질문에 답을 했다면, 투자는 훨씬 더 성공한 것처럼 보일 것이다. 돈이 드는 사업이라는 측면에서 어쩔 수 없긴 하지만, 과학적인 측면으로 보면 질문을 많이 할수록 제대로 대답할 수 있는 것은 적어지게 된다.

위양성과 위음성

임상시험은 일차적으로 교란편견을 제거한 타당한 데이터를 제공할 목적으로 설계된다. 편견 문제를 통과하고 나면, 그 다음에는 우연의 문제에 직면하게 된다.

우연이 개입하게 되면, 위양성(false positive)과 위음성(false negative)이라는 두 가지 방향으로 결과가 잘못 나올 수 있다.

위양성은 p-값이 남용될 때 발생한다. 너무 많은 p-값들을 평가한다면, 실제 값은 부정확해진다는 것이다. 우연으로 인해 부풀려지는 오류로 인해 우연적으로 양성 결과(chance positive finding)가 나타나게 될 가능성이 높아진다.

위음성은 p-값이 비정상적으로 높을 때 발생하는데, 이는 데이터가 과다한 변동성(variability)을 보이기 때문이다. 이 말은 결과의 변동을 제한할 수 있을 만큼 환자의 수가 충분하지 않다는 뜻이다. 변동성이 커질수록 p-값도 커진다. 만일 표본크기가 너무 작다면, 데이터 변동성이 커지게 된다. 이 말은 데이터의 정확성이 낮고, p-값이 부풀려진다는 의미다. 따라서 그 결과는 통계적으로 무가치하다고 간주될 것이다.

위양성 오류는 1종 오류(type I error) 또는 알파 오류(α error)라고 불린다. 위음성 오류는 2종 오류(type II error) 또는 베타 오류(β error)로 불린다. 그리고 변동성을 제한하고 데이터의 정확성을 높임으로써 위음성 결과를 피할 수 있는 능력을 통계적 검정력이라고 한다.

임상시험에서 이 두 가지 오류를 모두 피하기 위해서는 일차 결과를 한 가지로 설정해야 할 필요가 있다. 모든 계란을 한 바구니에 담고 나서, 하나의 분석에 대한 p-값은 액면 그대로 받아들여져야만 하고, 다중 비교에 의해 왜곡되어서는 안 된다. 더욱이 일차 결과를 한 가지로 정한다면, 표본크기는 충분히 커져 데이터의 변동성을 제한할 것이고, 연구의 정확성을 높이며, 어떠한 효과크기가 구해지더라도 그것의 통계적 유의성이 타당할 수 있도록 임상 연구가 설계될 수 있다.

하나의 일차 결과를 신중하게 선택하였는가, 그 일차 결과를 평가하기 위해 주의 깊게 연구를 설계하였는가, 어느 정도의 표본크기를 가졌는가에 따라 임상시험의 성공 여부가 갈리게 된다.

일차 결과

대개 척도 점수와 같은 어떤 종류의 측정 결과가 일차 결과가 된다. 측정 결과는 다양한 방식으로 표시될 수 있다. 예를 들면 위약 대 시험약 사용 시험에서 우울 증상 척도 점수의 실제 수치 변화로 표시될 수도 있고, 각 군에서 반응자(responder)의 비율(%)로 표시될 수도 있다[보통 우울 증상 척도 점수상 50% 이상의 개선이 있을 경우 반응(response)을 보였다고 정의한다]. 일반적으로는 두 집단 간의 실제 점수 변화를 비교하는 첫 번째 방식이 이용된다. 이러한 실제 점수 변화는 연속 척도(1,2,3,4점…)이며, 범주 척도가 아니다(반응 대 비반응). 연속 척도에는 강점이 있다. 연속 척도는 데이터가 많으면서 변동성은 적기 때문에 통계적 검정력이 더욱 높다. 그러므로 p-값이 낮을 가능성이 높다. 이것이 정신의학이나 심리학 연구에서 대부분의 일차 결과가 연속 척도로 표시되는 주된 이유다.

한편, 범주적 평가를 하게 되면 결과를 직관적으로 이해하기가 쉽다. 그렇기 때문에 임상시험은 우울 증상의 변화를 주로 숫자(연속적인 변화)로 기술한 다음, 반응자의 백분율을 이차 결과로 보고하는 식으로 설계되는 경우가 일반적이다. 일차 결과와 이차 결과 모두가 각각 구분되어 진행되긴 하지만, 연구자의 선택이 중요하다. 두 가지가 똑같이 일차 결과가 될 수는 없기 때문이다. 일차 결과는 하나의 결과이자 유일한 하나의 결과다. 나머지는 이차 결과가 된다.

이차 결과

임상시험에서 하나의 질문보다 많이 대답하고 싶어하는 것은 자연스러운 일이다. 그러나 연구자는 어떤 질문이 이차 결과에 대한 것인지를 명확히 하고, 일차 결과와 이차 결과를 구분할 필요가 있다. 그리고 이차 결과는, 양성이던 음성이건 간에 똑같이, 일차 결과보다도 더욱 조심스럽게 해석될 필요가 있다.

그러나 범주적인 반응율과 같은 이차 결과가 통계적으로 유의한 이점을 보이고 있는 반면, 우울 척도 점수의 연속적인 변화와 같은 일차 결과는 그렇지 않은 연구들이 드물지 않다. 그러면 연구자는 논문과 초록 곳곳에서 범주적인 반응에 대해 강조하고 싶어질 것이다.

예를 들면, 항우울제 치료에 저항성을 보이는 단극성 우울증 환자(n=97)에게 risperidone과 위약을 추가하고 나서 비교한 연구(Keitner et al., 1996)의 초록은 다음과 같다. "두 군의 환자들은 시간이 지남에 따라 유의하게 호전되었다. Risperidon군에서 위약군에 비해 관해(remission)에 대한 오즈가 유의하게 더 높았다(OR = 3.33, P =0.011). 4주 동안의 치료 종료 후, 위약군의 24%가 관해된 것에 비해(CMH(1) = 6.48, p=0.11), risperidone군에서는 52%가 관해(MADRS<10)되었지만, 두 집단은 비슷하게 수렴하고 있었다. 짐작컨대, RCT에서 대개 일차 결과로 사용되는 연속적 척도 점수는 시험약과 위약 간에 차이가 없었을 것이다. 모호한 초록이다. 우리는 어느 것이 일차 결과이고 어느 것이 이차 결과인지 분명히 알려주는 설명을 찾기가 힘들다. 이러한 것들을 명확히 밝히지 않는다면, 일차 결과는 음성으로 나왔지만, 시험약의 효과가 양성인 것처럼 보이도록 하기 위해 양성인 이차 결과를 강조하는 식으로 연구가 발표되는 불행한 결과가 초래된다.

이차 결과가 위양성일 수 있는 것은 말할 것도 없으며, 위음성인 경우도 흔하다. 사실 이차 분석은 본질적으로 검정력이 낮은 것으로 간주되어야 한다. 어떤 분석에 따르면, 한 개의 일차 결과가 분석되고 난 다음에 다시 한 개의 이차 결과를 위해서는 20% 이상, 두 개의 이차 결과를 위해서는 30% 이상 커진 샘플 사이즈가 필요한 것으로 나타났다(Leon, 2004).

사후 분석과 하위군 효과

이제 우리는 하위군 효과(subgroup effect)라는 골치 아픈 문제를 마주하게 되었다. 아마도 이 부분에서 통계학자와 임상의의 목적이 정반대로 갈릴 것이다. 통계학자는 가급적 타당하고 가급적 우연과 관련이 없는 결과를 얻길 원한다. 그렇게 만들기 위해 연구 질문을 더욱더 분명하게 (모든 기타 요인들을 통제하는 것처럼) 분리시킬 것을 요구한다. 그러고 나면 연구 질문에 직접적으로 대답할 수 있게 된다. 하지만 임상의는 (인종, 성별, 나이, 사회적 수준, 병력 등의) 다양한 특징을 가지고 있는 개인인 환자를 치료하길 바란다. 이렇게 다양한 특징을 가진 특정한 환자를 치료하는 것이 바로 임상의의 관심사이고 질문거리인 것이다. 통계학자는 하나의 질문에 대해 평균적인 환자에 대한 하나의 대답을 얻고자 한다. 반대로 임상의는 다양한 특징을 가지고 있는 특정 환자에 대한 대답을 원한다. 통계학자는 다음과 같은 질문을 던질 것이다. 평균적인 우울증 환자에게 항우울제 X는 위약보다 좋을까? 임상의는 다음과 같은 질문을 던질 것이다. 간질환이 있는 90세의 흑인 남성 우울증 환자에게서 항우울제 X는 위약보다 좋을까? 물질 남용 진단이 있는 20세의 백인 여성 우울증 환자에게서 항우울제 X는 위약보다 좋을까? 만약 평균적인 환자가 정말 존재한다면, 우리는 여러 인종이 복합되어 있고 동시에 다양한 공존 질환을 함께 가지고 있는 중년인 사람을 상상해야만 할 것이다. 그리고 이 두 사람 중 어느 누구도 '평균적인' 환자가 아니다.

다시 말해서, 만약 임상시험의 일차 결과가 '평균적인' 환자에서 '평균적인' 결과를 말해주는 것이라면, 이러한 결과를 특정한 환자에게도 적용할 수 있을까 하는 의문이 제기될 것이다. 이에 대한 가장 흔한 해결책은 그것이 좋건 나쁘건 간에 하위군을 나눠서 분석을 수행하는 것이다. 위에 언급된 예에 대해서라면, 남자 대 여자, 백인 대 흑인, 노인 대 젊은이 등에 대한 항우울제의 반응을 살펴볼 수 있다. 그런데 유감스럽게도 이 분석은 보통 p-값을 가지고 진행되기 때문에, 앞서 말한 바와 같이 위양성과 위음성의 위험 모두를 초래하게 된다.

p-값의 인플레이션

강조하고 또 강조해도 중요한 점이기 때문에 한 번 더 간단히 반복해서 말하자면, 위양성의 위험은 p-값의 크기를 잘못 적용한 상태에서 분석을 반복하는데 있다. 0.05라는 p-값이 의미하는 것은 하나의 분석에 한해 관찰된 결과가 우연히 일어났을 가능성이 5%라는 것이다. 만약 10개의 분석이 수행되었고, 그 중에 하나에서 0.05의 p-값이 나왔다면, 그 결과가 우연에 의한 것일 가능성은 5%가 아니다. 이 경우에는 오히려 40%에 가깝다. 이것이 p-값에 대한 전반적인 개념이다. 만약 분석이 여러 번 반복된다면, 내 동료인 Eric Smith가 수행한 컴퓨터 시뮬레이션에서 나온 것처럼 위양성의 가능성은 계속 높아진다(표 8.1).

표 8.1 검정 횟수에 따른 위양성의 증가

검정된 가설의 수	0.05 수준에서 검정된 1종 오류
1	0.05
2	0.0975
3	0.14
5	0.23
10	0.40
15	0.54
20	0.64
30	0.785
50	0.92
75	0.979
100	0.999

α값을 0.05로 해서 검정된 모든 가설들의 경우, 귀무가설이 우연에 의해 기각될 가능성은 1/20이다. 하지만 한 번의 검사로 두 가지 가설 중 최소한 하나의 시험이 통과될 확률을 구하기 위해서는 단지 1/20*1/20을 해서는 안 된다. 그 대신 귀무가설이 기각되지 않을 가능성을 곱해야 하며, 이는 바로 19/20*19/20(이항 분포 형식)이다. 이를 확장해보면 핵심적인 공식은 n을 분석 횟수로 놓으면 19n/20n이 될 것이다. 그리고 귀무가설을 잘못 기각할 1종 오류를 범할 가능성을 구하는 공식은 1-19n/20n이 될 것이다.

– Eric G. Smith, MD, MPH(Personal Communication 2008)에게 감사하며.

우리가 귀무가설이 참일 것이라고 추정하는, 즉 그 당시 차이가 관찰된 것이 우연이었을 가능성을 5%로 설정한 0.05의 p-값을 기꺼이 받아들인다고 생각해보자. (귀무가설을 기각하는) 양성 결과를 부정확하게 받아들일 위양성 확률은 1회의 비교에서 5%가 될 것이며, 2회에서 10%, 5회에서 23%, 그리고 10회에서는 40%가 될 것이다. 이 말은, 만약 RCT에서 일차 결과는 음성이었지만 네 개의 이차 결과 중 하나가 0.05의 p-값을 기준으로 했을 때 양성으로 나왔다면, 이때의 p-값은 5%가 아니라 실제로는 23%라는 것이다. 그리고 이 정도로 높은 우연의 가능성은 받아들여지지 못했을 것이다. 하지만 임상이나 연구자들은 이런 점을 잘 고려하지 않는다. Bonferroni correction과 같은 방법을 통해 다중 비교를 교정할 수도 있을 것이다. 이 방법은 전반적으로 p-값을 0.05 수준으로 유지하기 위해서 비교 횟수로 p-값을 나누는 과정을 거친다. 5회의 비교를 했다면, 0.05/5인 0.01이 인정될만한 수준의 p-값이다. 또 하나의 방법은 해당 결과를 그저 단순하게 받아들이는 것이지만, 분석이 많이 수행될수록 양성으로 나온 결과에 대한 중요성은 떨어진다는 것을 해석할 때 잘 고려해야 할 것이다.

이것이 RCT를 설계할 때 그 연구가 적절한 검정력[0.80이나 0.90 수준(검정력 = 1-2종 오류)]을 갖기 위해서는, 일차 결과를 하나나 소수로 정해야 한다는 말의 근거다. 대개는 주요 효능에 대해 1개의 결과를, 이차 효능이나 부작용에 대해 1~2개의 결과를 내도록 설계된다. 조사할 효과나 부작용은 사전(a priori, 연구 수행 전을 말하며, 일차 결과와 이차 결과에 대해 항상 그렇다) 혹은 사후(post hoc, 연구 수행 후를 말하며, 어떤 가설을 확정하기 위한 것은 아니고 탐색적으로 조사되는 것이다)에 정해지게 된다.

임상 사례 양극성장애에서 olanzapine의 예방 효과

양극성장애에서의 기분삽화 예방을 위해 일반적으로 처방하는 기분안정제(divalproex 혹은 lithum)에 olanzapine을 병용하는 RCT(Tohen et al., 2004)

의 고찰을 보면, 기분안정제 단독 치료보다 '기분안정제 + olanzapine' 병용 치료가 재발 예방에 더 좋다는 결과를 양성 결과로서 제시하고 있다. 하지만 이 양성 결과는 일차 결과가 아니라 이차 결과였다. 이 연구의 프로토콜은 우선 급성 조증 환자를 대상으로 divalproex 또는 lithum에 olanzapine을 병용하고 나서 그 후 여기에 반응을 보인 모든 환자를 무작위적으로 'olanzapine + 기분안정제' 병용군 또는 '위약 + 기분안정제(기분안정제 단독군)'에 배정하는 식으로 설계되었다. 이 연구의 일차 결과는 급성 조증 치료를 위해 우선 'olanzapine + 기분안정제' 병용치료에 반응(조증 척도 점수 상 50% 이상의 증상 호전)하는 환자들에게서 (조증이나 우울 삽화의 DSM-IV 진단기준을 충족시키는) 새로운 기분삽화가 발생하기까지 걸리는 기간을 보는 것이었다. 그런데 일차 결과상으로는 'olanzapine + 기분안정제'로 지속 치료한 군과 '위약 + 기분안정제'로 변경(switch)한 군 간에 차이가 없었다. 즉, 이 연구의 일차 결과는 음성이었다. 여러 이차 결과 중 한 가지가 양성으로 나왔는데, 이것이 바로 급성 조증에서 'olanzapine + 기분안정제' 병용 치료 후 완전 관해(조증 척도 점수 7점 미만, 거의 증상 없음)에 도달했던 환자들 중에서 증상이 악화(조증 증상의 증가나 새로운 우울 증상의 재발을 말하며, 반드시 완전한 조증 혹은 우울 삽화의 진단기준을 충족할 필요는 없음)되기까지 걸리는 시간에 대한 것이었다. 결과를 보면, 'olanzapine + 기분안정제' 병용 치료군이 기분안정제 단독 치료군보다 증상 재발에 걸리는 기간이 더 길었다(p=0.023). 이 p-값은 이 결과에서 양성 소견이 진정 우연으로 나타났는지에 대해 정확한 대답을 주지 못한다. 논문에는 얼마나 많은 이차 분석이 사전에 수행되었는지 명확하게 기술되어 있지 않지만, 하나의 일차 분석과 두 개의 이차 분석이 수행되었다는 점으로 미루어 볼 때, 표 8.1에 나와 있는 것처럼 0.05 수준의 1종 오류는 사실상 0.14과 같다. 따라서 드러난 0.023의 p-값은 통상적으로 유의성을 가지는 절단점인 0.05보다 실제로는 큰 것이라고 해야 한다. 요컨대, 다중 비교를 하면 위양성 소견이 부풀려져 나오므로, 양성인 이차 결과가 있을지라도 그것은 일차 결과보다 덜 중요하게 간주되어져야 한다.

별자리와 하위군 분석

이제 하위군 분석이 가지고 있는 위양성의 위험성에 대한 고전적인 연구를 언급해야만 하겠다. 이 연구는 별자리와 심혈관계 결과와의 관련성을 본 것이다. 부정맥약(ISIS-2)에 대한 이 유명한 연구의 연구자는 점성술에 나오는 별자리를 놓고 하위군 분석을 해보기로 결정했다(Sleight, 2000). (이 논문의 제목은 다음과 같다. "임상시험에서의 하위군 분석: 재미있게 보시되 믿지는 마세요!") 이 임상시험은 약 17,000명의 환자가 참여했을 정도로 큰 규모였기 때문에 분석을 많이 할 경우 우연에 의해 양성 결과가 도출될 수 있을 것이라고 예상했다. 이 연구의 일차 결과는 aspirin과 streptokinase의 심근경색 예방효과를 비교하는 것이었는데, 결과는 aspirin을 지지하는 것으로 나왔다. 그리고 별자리에 의한 하위군 분석에서, '쌍둥이자리와 저울자리에서 태어난 환자들은 사망률에 미치는 aspirin의 부작용을 약간 더 경험(9% 상승, SD 13; NS)한 반면, 그 외 다른 별자리에 태어난 환자들의 경우 aspirin의 부작용을 현저히 적게 경험(28% 감소, SD 5; p<0.00001)하는 이득이 있는 것'으로 나타났다.

별자리에 무언가 비밀이 숨겨져 있는 것일지도 모르겠지만, 하위군 분석은 신중하게 접근되어야만 한다.

하지만 양성으로 나온 하위군 결과만을 내재된 오류로 간주하지는 않는다. 위음성의 위험도 위양성의 위험만큼 중요한 것이다. 사실 어느 집단에서 다른 집단보다 2배 더 크거나 또는 더 빈번할 수도 있겠지만 p-값이 0.05보다 크게 나온다면 종종 '차이 없음(no difference)'으로 불리게 된다. 하지만 만약 사건의 전반적인 빈도수가 적다면(부작용이 그럴 것이다), 하위군 분석의 통계적 검정력은 제한적일 것이며, p-값은 0.05를 넘어서게 될 것이다. 표본의 크기가 통계적 검정력에 어떻게 영향을 준다고 생각하는가? 하위군 분석의 경우, 표본들이 더 작은 집단으로 잘게 나뉘게 되면 그 결과 검정력은 눈에 띄게 감소한다는 점에 주목해야 한다.

따라서 하위군 분석은 위양성과 위음성 모두에 해당한다. 그럼에도 불구하고 임상의들은 질문을 던지고 싶을 것이다. 일부 원칙적인 통계학자들은 하위군 분석을 수행하지 말 것을 권유한다. 하지만 유감스럽게도, 우리는 살아있는 환자들을 위해 최선의 답을 구해야만 한다. 설령 그 답이 우연의 가능성을 넘어서서 확실하지 않다고 하더라도 말이다. 그러므로 통계학자들이 제시하는, 하위군 분석의 위험을 완화시킬 수 있는 몇 가지 방법들에 대해 살펴보겠다.

하위군 분석을 정당화하기

흔히 사용되는 방법으로 두 가지가 있다.

1. 분석의 횟수로 p-값을 나눈다. 이 방식은 통계적 유의성 수준을 새롭게 제공할 것이다. 'Bonferroni correction'이라고 불리는 것으로서, 만약 열 개의 분석이 수행되었다면 모든 단일한 분석에 대한 유의성의 기준은 0.05/10 = 0.005가 된다. 5%가 아니라 0.5%라는 더 높은 임계값을 쓴다면 우연에 의해 일어났을 가능성이 거의 없는 결과를 말할 수 있을 것이다. 이 방식은 p-값에 씩

워진 올가미를 최대한 단단히 조인다. 그런 다음에도 이것을 통과하는 것은 진실일 것이다. 그러나 실제로는 진실이지만 통과하지 못하게 되는 경우도 많다. Tukey 검정과 같이 보다 자유로운 대안들도 있다. 그러나 이러한 모든 접근법들은 유의 수준을 추측하는 방식이고, 유의 수준은 너무 엄격해질 수도 너무 자유로워질 수도 있다.

2. 연구 전에(사후가 아니라 사전에) 하위군 분석을 어떻게 할지 미리 정해놓는 것이다. 사후분석의 문제점은 연구자가 얼마나 많은 하위군 분석을 수행했는지를 밝히지 않는 것이다. 그렇기 때문에, 만약 하위군 분석 X에서 p-값이 0.04였다고 적혀 있을 때, 우리는 이 하위군 분석이 5개 중의 하나인지 500개 중에 하나인지 모른다. 위에서 설명한 것처럼 p-값을 해석하는 방향은 여러 하위군 분석을 수행한 횟수인 분모에 따라 큰 차이가 발생한다. 사전에, 즉 모든 데이터 분석을 하기 전에 우리가 하위군 분석을 수행할 계획이라고 기술한다면, 독자의 의심은 사라질 수 있을 것이다. 하지만 사전에 고지했다고 할지라도 25개의 하위군 분석을 수행했다면, 위에서 언급한 것처럼 p-값은 여전히 부풀려지게 되어 있고, 위양성의 결과가 도출될 것이다.

최고 수준의 통계적 기준을 적용한다고 알려져 있고, 가장 널리 읽혀지고 있는 의학 저널인 New England Journal of Medicine(NEJM)에 실린 최근의 리뷰 논문에 의하면 NEJM에 게재된 95개의 RCT 중 61%가 하위군 분석을 수행했다(Wang et. al., 2007). 하위군 분석을 수행한 이 RCT 가운데 43%는 사전 혹은 사후 중 언제 수행했는지 명확하게 밝혀놓지 않았고, 67%는 5개 이상의 하위군 분석을 시행했다. 가장 엄격한 저널에서조차도 하위군 분석 가운데 약 절반은 명확히 보고하지 않았거나 엄격하게 수행되지 않았다는 것이다.

또한 하위군 분석이 결과에 영향을 미칠 가능성이 있는 특징들을 하나씩 검사한다는 점 때문에 하위군 분석이 약화된다는 점이 지적되기도 한다. 따라서 약물 반응을 성별에 대해 비교하고, 그 다음에 인종에 대해 비교하고, 그 다음에 사회 경제적 수준에 대해 비교하는 식으로 비교해 나간다. 6장에서 언급했듯이, 이는 다변량 분석과 대조적인 단변량 통계 비교와 동등한 것이다. 이것의 문제는 여성의 약물 반응이 남성과 다르지 않은 것으로 나올 수 있으나, 백인 여성은 흑인 남성과 다르다거나 또는 백인 노인 여성은 흑인 젊은 남성과 다를 수 있다는 점이다. 다시 말해서 다수의 임상적 특징은 함께 뭉쳐질 수 있으며, 단독으로서가 아니라 집단으로서 결과에 영향을 줄 수 있다. 이러한 가능성들은 전형적인 하위군 효과 분석에서는 포착되지 않는다. 그러므로 RCT가 완료된 후 잠재적 하위군 효과를 찾기 위해 다변량 회귀모형을 수행할 것이 권고되기도 한다(Kent and Hayward, 2007). 임상적으로 적절한 경우라도 이러한 접근법은 결국 위양성 및 위음성의 위험에 여전히 노출된다.

요약하자면, 임상시험은 질문에 대해 대답을 구하기 위해 설계된 것으로, 특히 일차 질문에 대한 대답을 구해야 한다. 추가적인 질문들에 대해서 대답할 때는 일반적인 가설-검정 통계에서의 신뢰 수준이 감소될 것이다. 뒤에 설명하겠지만, 나는 이러한 제한점들로 인해 가설-검정 통계의 사용이 부적절해질 것이며, 애써 하위군을 살펴보려고 하기보다는 기술통계학적인 방법으로 방향을 돌려야 한다는 견해에 동의한다.

검정력 분석

대부분의 저자는 하위군 분석을 할 때 위양성 위험에 대해 초점을 맞춘다. 하지만 위음성 위험도 똑같이 중요하다. 이것은 우리에게 통계적 검정력에 대한 의문을 가져온다. 통계적 검정력이란 연구가 질문에 대한 결과를 찾아낼 수 있는 능력으로 정의할 수 있다. 다르게 말하면, 연구를 통해 두 집단 간의 차이가 통계적으로 유의하다고 말할 수 있는 가능성이 어느 정도인가 하는 것이다.

검정력은 세 가지 요인에 의하여 좌우되는데, 그 중에 두 가지는 표본크기와 데이터의 변동성(variability of data)이다. 대부분의 저자는 표본크기에 초점을 맞추면서, 데이터의 변동성은 적절하다고 간주할 뿐이다. 사실 이 두 요소는 함께 움직인다. 표본크기가 클수록 정보의 변동성은 작아진다. 표본의 크기가 작을수록 정보의 변동성은 커진다. 큰 표본의 장점은 연구 안에 더욱 많은 대상자를 포함할 수 있기 때문에 결과가 더욱 일관성 있게 된다는 것이다. 즉, 데이터들이 같은 결과 쪽을 가리키는 경향을 갖게 된다. 그러므로 데이터 내에서의 변동성이 더욱 작아진다. 데이터의 변동성에 대한 전형적인 측정법이 바로 표준편차이다.

세 번째 요소는 효과크기이다. 이는 간과되는 경우가 많다. 효과크기가 클수록 검정력은 커진다. 효과크기가 작을수록 검정력은 작아진다. 그러나 치료 효과가 너무나 크고 분명하다면 심지어 작은 표본이라 하더라도 연구대상자들이 일관적으로 같은 결과를 보이는 경향을 보이게 되고, 그로 인해 데이터의 변동성 또한 작아질 것이다. 다시 말해서, 표본크기가 작은 경우라고 하더라도 효과크기가 크고 표준편차가 작기만 한다면 통계적 검정력은 좋을 것이다.

이와 대조적으로, 검정력이 매우 낮은 연구는 효과크기가 작을 것이며, 데이터의 변동성이 크고(표준편차가 크고), 표본크기가 작을 것이다. 우리는 약물 부작용에 대한 시나리오 안에서 작은 표본크기에 대한 상황을 자주 목격하게 된다. 아래를 보라.

통계적 검정력 계산에 사용되는 등식은 다음과 같은 세 가지 변수 간의 관계를 반영한다.

통계적 검정력(β라고 한다, 아래를 보라) = 효과크기 * 표본크기 / 표준편차

따라서 분자가 클수록(표본크기가 클수록, 효과크기가 클수록) 또는 분모가 작을수록(표준편차가 작을수록) 통계적 검정력이 커진다.

통계적 검정력에 사용되는 수학적 개념은 'β'이다. β 오류(β error, type II error)는 위음성 위험을 반영한다. 이와 대조적인 'α' 오류(α error, type I error)가 위양성 위험을 반영하는 것과 마찬가지다(앞서 논의한 p-값의 개념을 참조하라). β는 대립가설이 참(귀무가설이 거짓이고, 연구상에서 실제로 차이가 존재한다는 의미)임에도 불구하고, 대립가설을 기각(실제는 양성이지만 음성인 것으로 잘못 판정, 위음성)할 확률을 나타낸다. 이에 비해 α 오류 혹은 p-값은 귀무가설이 참임에도 불구하고 귀무가설을 기각(실제는 음성이지만 양성인 것으로 잘못 판정, 위양성)할 확률을 의미한다.

앞서 논의한대로, 위양성 위험 또는 α 오류의 기준은 다소 임의적으로 5%로 설정되어 있다(p 또는 α = 0.05). 이는 우리가 관찰한 데이터가 우연히 일어났을 염려가 없다는 확신을 95% 이상 가진다

면, 귀무가설을 실수로 기각하는 것도 허용할 수 있다는 뜻이다. α 오류와 같은 방식인 β 오류의 기준은 80%로 설정되어 있다(β = 0.80). 이는 우리가 관찰한 데이터가 우연히 일어났을 염려가 없다는 확신을 80% 이상 가진다면, 대립가설을 실수로 기각하는 것도 허용할 수 있다는 뜻이다. 유념해야 할 점은 통상적인 통계적 관행상 20%의 위음성 위험은 기꺼이 허용하지만, 위양성 위험은 단지 5% 만 허용한다는 사실이다. 다시 말해서, 데이터에 실제로 차이가 존재한다(귀무가설을 기각한다)고 말하려면, 데이터에 실제로 차이가 없다(대립가설을 기각한다)고 말하는 것보다 기준치를 높게 가져간다. 이는 통계적 표준이 위양성 소견보다 위음성 소견 쪽으로 더욱 치우쳐 있다는 뜻이기도 하다. 왜 그럴까? 실제적인 이유는 없다.

다만 다음과 같이 추정해볼 수 있겠다. 의학 통계에서는 차이가 없다(치료의 효과가 없다)고 말할 때, 위해가 적다. 차이가 없다(효과가 없다)고 했다가 틀리는 경우보다는, 차이가 있다(효과가 있다)고 했다가 틀리는 경우가 더욱 문제가 된다. 왜냐하면 잘못된 치료를 할 경우 효과보다 부작용들이 큰 것과 같은 위해를 줄 수 있기 때문이다. 잘못된 치료를 하는 것의 위해가 옳은 치료를 하는 것의 이득을 상회한다는 개념이다.

검정력 분석의 주관성

많은 통계학자들이 검정력 분석을 수행해야 한다고 떠들썩하게 강조하고 있지만, 사실 많은 연구들은 그런 평가를 충분히 하지 않고 있다. 관습적으로 행해지는 검정력 분석은 다소 주관적인 작업으로서, 일종의 정량적인 눈속임 같은 측면이 있다. 예를 들면, 저자가 시험약 X는 우울 증상 척도상 위약보다 25% 더 우수하다는 점을 보여주려고 한다고 가정해보자. 표준적인 검정력 계산식을 사용하려면, 필요한 표본 크기를 구하기 위해 두 가지 — 시험약과 위약의 가설상의 차이(효과크기), 예상되는 표준편차(데이터의 변동성) — 를 알아야 한다. 허용되는 β 오류의 기준은 80%, 시험약과 위약의 기대되는 효과크기 차이는 25%인 경우, 표준편차를 어떻게 측정하느냐에 따라 상당히 다른 결과를 얻게 된다. 여기서 우리는 추정치를 절대값으로 변환시킬 필요가 있다. 시험약을 복용한 결과 우울 증상 척도가 10점이 개선되었다고 가정해보자. 25%의 효과크기 차이를 가정했기 때문에 위약은 7.5점 개선시켰을 것이고, 두 집단의 평균의 차이는 2.5점(10-7.5)일 것이다. 표준편차는 보통 다음과 같이 평가되고 있다. 만약 표준편차가 실제 평균과 동일하다면 명백한 (그러나 허용 가능한 정도의) 변동성이 있는 것이다. 만약 표준편차가 실제 평균보다 작다면 변동성은 크지 않다. 만약 표준편차가 실제 평균보다 크다면 과도한 변동성이 있는 것이다. 따라서 만약 시험약을 복용한 집단에서 척도 점수가 평균 7.5점의 변화가 있다고 한다면 좋은 표준편차는 약 5가 될 것이고(변동성이 크지 않았다, 대부분의 환자가 유사한 반응을 보였다는 의미), 허용 가능하지만 다소 성가신 표준편차는 7.5가 될 것이며, 너무 과도한 변동성을 의미하는 표준편차는 10 이상일 것이다. 검정력 분석에서 표준편차를 다르게 넣으면 서로 다른 결과들이 산출된다. 인터넷 상의 표본 크기 계산기(http://www.stat.ubc.ca/~rollin/stats/ssize/n2.html, 나는 이 사이트를 이용하는데 2008년 8월 22일 현재 접속 가능했다)로 쉽게 계산할 수 있다. 그 결과, SD=5의 경우 필요한 표본 크기는 126명이었고, SD=7.5의 경우 284명이었으며, SD=10에서는 504명으로 크게 증가한다. 자, 그럼 우리는 어느 정도의 표준편차를 골라야 할까? 제한적 데이터를 가졌거나 또는 연구에 투자한 에이전시나 회사를 설득해야 하는 경우라면, 저자는 가장 작은 숫자를 만들기 위해 노력할 것이고, 낮은 표준편차를 선택함으로써 그렇게 할 수 있을 것이다. 그런데 조사한 데이터가 낮은 변동성을 도출할 것이라고 사전에 미리 아는 것이 과연 가능할까? 아니다. 그럴 수도 있고 그렇지 않을 수도 있는 것이다. 환자마다 반응이 꽤 다르다고 드러날 수도 있는데, 만약 표준편차가 크다면, 그 연구는 검증력이 낮다고 밝혀질 것이다. 누군가는 이 문제를 의례적으로 중간 정도 범위의 표준편차(이 예에서 7.5와 같이)를 선택해서 해결하려 할 것이다. 큰 표준편차가 나올 경우와 같은 최악의 시나리오에 대비한 계획을 가진 연구자는 사실상 거의 없다. 큰 표준편차가 나온다면 연구 규모가 실현 불가능할 정도로 커져야 하겠지만, 어떤 경우, 이를테면 최악의 시나리오에 비해서는 변동성이 덜하다고 나온 경우라면, 좋은 검정력을 갖게 될 수도 있다.

이런 사례로부터 알 수 있는 것은, 검정력 분석에는 짐작에 근거한 많은 추정들이 쓰이고 있으며, 분석 과정은 단순히 '사실'이나 하드 데이터(hard data: 객관적 임상시험 결과 수치로 얻어지는 데이터)에 근거하지 않고 있다는 것이다.

부작용

p-값이라는 숫자를 제한해야 할 당위성 가운데 하나는, 임상시험이나 관찰 연구의 결과를 평가할 때 일어나는 흔한 오류가 집단 사이(예: 시험약 복용군 대 위약 복용군)의 p-값이 다른지 여부에 근거해서

부작용을 평가하는 것이다. 그러나 대부분의 임상 연구는 부작용을 평가하는 데 검정력이 부족하며, 특히 부작용이 드문 경우 더욱 그렇다. 부작용에 대해 유의성을 검정하는 것은 부적절하다. 왜냐하면 이 방법을 별개로 사용하게 되면, 위음성 위험 소견이 너무 높아지기 때문이다.

부작용을 p-값과 유의성 검정을 근거로 해석해서는 안 된다. 왜냐하면 위음성 오류(2종 오류)의 위험이 너무 높기 때문이다. 부작용은 검정되어야 할 가설의 대상이 아니라, 단순히 보고되어야 할 관찰 소견이다. 통계적으로 타당한 접근 방식은 95%의 신뢰구간으로 효과크기(예: 백분율)를 보고하는 것이다(신뢰구간이란 측정된 관찰들의 반복연구에 따른 기대 범위를 뜻한다).

이런 이슈들은 어떤 약이 조증을 발생시킬 위험이 있는지 여부에 대해 질문한 연구에서 드러나게 되었다. 예를 들어 lamotrigine의 경우, 여러 임상시험들을 리뷰한 결과 위약과의 차이가 밝혀지지 못했다(표 8.2).

표 8.2 치료 도중 발생한 기분 삽화: 현재까지의 모든 통제된 연구들

	라모트리진* (n=379)	위약** (n=314)	검정통계량	상대위험도	95% 신뢰구간
경조증 삽화	2.1%	1.9%	χ^2=0.01, p=0.93	1.10	0.39-3.15
조증 삽화	1.3%	0.3%	χ^2=1.01, p=0.32	4.14	0.49-35.27
혼재성 삽화	0.3%	0.3%	χ^2=0.33, p=0.56	0.83	0.05-13.19
합계	3.7%	2.5%	χ^2=0.41, p=0.52	1.45	0.62-3.41

* 양극성장애, n=232, 우울증,n=147

** 양극성장애, n=166, 우울증, n=148

출처: Ghaemi, S. N. et al.(2003)

원래 이 연구들은 그런 차이를 찾아낼 목적으로 설계된 것이 아니었다. 정말로 lamotrigine이 위약보다 위험성이 높지 않을 수도 있지만, 순수한 조증 삽화의 전체적인 위험(1.3%)은 위약(0.3%)보다 4배 높았다(relative risk = 4.14, 95% CI 0.49-35.27). 사실 순수한 조증 삽화에서 이러한 관찰된 차이를 '통계적(예를 들어 '유의성 가설-검정' 과정을 거쳐)'으로 찾아내는데 요구되는 표본 크기는 (2종 오류 수준이 0.80이고, 중도 탈락이 없으며, 순응도가 완벽하고, 두 군의 크기가 같다는 통계적 추정 하에서) 각 군당 거의 1,500명의 환자들이 필요하고, 그런 두 군을 비교하는 연구를 통해 비로소 그 차이 여부를 알아낼 수 있게 될 것이다.

또 다른 예를 들어보겠다. 만약 우리가 2개월 동안의 관찰 기간 동안 자연적인 조증 전환 비율이 5%라고 하고, 두 집단 간에 '임상적'으로 의미 있는 최소한의 차이를 lamotrigine 군에서 조증으로 전환된 비율의 두 배 가량인 10%라고 한다면, 이러한 '임상적'으로 의미 있는 차이를 '통계적'으로 검정하기 위한 연구에 필요한 표본 크기는 1,000명 이상이어야 한다(이는 중도 탈락이 없으며 순응도가 완벽하고 두 집단의 크기가 같다는 통계적 추정 하에서 그렇다). 오직 이러한 표본 상에서만, 0.05보다 크다고 보고된 p-값이 급성 조증을 유발하는 데에서 lamotrigine과 위약이 임상적으로 동등하다는 것을 나타내는 것이다. 여기 모인 데이터는 693명이 들어간 것으로서 필요한 표본의 절반을 다소 넘기는 하지만, 중도 탈락이 없으며 순응도가 완벽하고 두 집단의 크기가 같다는 통계적 가정을 충족시키려면 이보다 훨씬 더 많은 표본이 요구된다.

방법론상에서의 요점은, 연구에서 가설-검정을 위해 설계되지 않은 부분에 대해서는, 어느 누구도 차이가 없다고 추정할 수 없다는 것이다.

중도 탈락의 문제와 사전의도기준(intent to treat, ITT) 분석

환자가 RCT 참여에 동의했다고 하더라도, 그들이 정말 연구 종료 시점까지 남아있을 것인가는 누구도 예상할 수 없다. 인간은 인간이다. 마음을 바꿀 수도 있고, 이사를 갈 수도 있으며, 단지 약속을 지키는 것에 피곤해졌을 수도 있다. 부작용을 겪었을 수도 있고, 더 이상 나아지지 않는다는 이유로 치료를 중단했을 수 있다. 이유야 어찌되었건 간에, 환자가 RCT를 완료하지 못한 경우 결과를 해석할 때 중대한 문제가 발생하게 된다. 이에 대한 해결책은 일반적으로 ITT 분석을 하는 것이다.

이것이 의미하는 바는 연구 시작 시점에서 무작위화를 거쳐 전체 표본에 대한 잠재적 교란요인을 동일하게 만들었다는 것이다. 이 상태에서 연구 종료 시점에 전체 표본을 분석한다면 교란편견은 없을 것이다. 그러나 [중도 탈락을 최종 분석에서 제외시키는 완료자 분석(completer analysis)의 경우처럼] 표본 중 일부가 연구 종료 시점에서 분석되지 않는다면, 우리는 연구 종료시점의 두 집단이 여전히 모든 잠재적 교란요인이 동일한지 여부를 확신할 수 없게 된다. 만약 일부 환자가 효능이 더 적거나 부작용이 더 많다는 이유로 어느 치료군에서 중도 탈락하였다면, 이러한 비무작위적인 중도 탈락은 연구의 궁극적인 결과를 편향시킬 것이다. 그렇기 때문에 일반적으로 ITT를 사용한다. 연구를 설계하는 관점에서, 연구에 참여한 환자들이 연구 종료 시점까지 남아있던 남아있지 않던지 간에, 전체 연구 기간 동안 모든 환자를 치료할 의향(intend to treat)을 가지고 있었기 때문에, 우리는 이것을 ITT라고 부른다. 통계 분석의 관점에서, ITT 분석은 탈락전 가장 마지막에 획득한 데이터를 이후에도 계속 기입하는 방식(last observation carried forward, LOCF)과 관련되어 있다. 이는 이용 가능한 가장 최근의 데이터를 가져와서 그것이 연구의 종료 시점의 결과인 것처럼 간주하는 것이다. LOCF 방식의 문제점은 환자의 마지막 결과값이 연구 종료 시점까지 좋아지지도 나빠지지도 않은 채 똑같은 상태를 유지하고 있을 것이라는, 말 그대로 명백한 추정이라는 점이다. 이런 문제점은 단기 연구의 경우에는 유지 연구일 경우보다 덜할 것이다. 그럼에도 불구하고, LOCF와 완료자 분석이 모두 이러한 추정들로 이루어졌다는 사실과 이 중 어느 한 가지도 편견을 완벽히 제거할 수 없다는 사실을 깨달을 필요가 있다.

ITT 분석은 상당수의 통계 방법들처럼(그리고 대부분의 인생사 역시 그렇다) 완벽하지는 않지만 우리가 가진 것 중에서는 가장 좋은 방식이다. 다른 방식들에 비해 편견을 줄일 수 있다. 이것은 사람은 동물이 아니라는 사실을 다루기 위한 하나의 수단이다. 아마도 RCT에서 완벽하게 환경을 통제하는 것은 불가능할 것이다. 우리는 치료에 대해 환자를 무작위화할 수는 있을 것이다. 그러나 우리가 스탈린주의자가 아닌 한, 환자들에게 치료에 계속 참여하도록 강요할 수 없다. 이 분석법을 개발한 Richard Peto라는 통계학자는 이 분석의 가치와 한계를 모두 알고 있었다. Salsburg가 요약한 바에 따르면, "이 접근법은 처음 봤을 때에는 어리석은 것처럼 보일지도 모른다. 누군가는 실험적 치료가 실패했을 경우 표준적 치료로 변경된 환자들을 대상으로 해서, 표준적 치료와 시험적 치료를 비교하는 시나리오를 쓸 수 있다. 그래서 만약 시험적 치료가 무가치한 것이었다면, 실험적 치료에 무작위화된 모든 또는 대부분의 환자들은 표준적 치료로 변경될 것이며, 이 경우 분석을 하면 두 치료가 똑같다고 나올 것이다. Richard Peto가 분명히 밝혔듯이 ITT 분석은 두 치료의 효과가 동등하다는 것을 밝히기 위한 목적으로 사용하는 것이 아니다. 오직 두 치료가 효과 면에서 '차이가 있는지 여부'를 밝히는 목적으로만 사용될 수 있다" (Salsburg, 2001; p. 277). 다시 말해서, ITT 분석 후에 남아 있게 되는 편견은 시험약에 불리한 쪽으로 작용해야만 한다. 그러므로 ITT 분석을 통해 나타나는 모든 이익들은 부풀려진 것이 아닐 가능성이 높다.

심지어 최고의 RCT에도 잠재적인 편견은 일부 존재한다는 사실은 우리가 모든 RCT의 결과를 타당한 것으로 완벽하게 확신할 수 없다는 것을 의미한다. 보다 확실하게 인과관계를 증명하기 위해서는 다수의 RCT를 통해서 반복 검증하는 것이 요구된다.

일반화 가능성

임상시험을 효율적으로 수행하기 위해 앞에서 언급한 것처럼 노력하면, 연구의 일반화 가능성(generalizability)은 줄어드는 대신 타당도(validity)는 증가하게 된다. 이에 대한 표현으로 외적 타당도(external calidity) 대 내적 타당도(internal validity)라는 용어를 사용하는 사람도 있다.

교란편견과 우연이라는 장애물을 뛰어넘고 나면, 이제 독자들은 연구결과가 타당하다는 결론을 내렸을 것이다. 마지막으로 남은 단계는 타당한 결과의 범위를 평가하는 것이다. 즉, 이제 우리는 일반화 가능성이라는 주제로 넘어왔다. 이것은 타당성과는 아주 다른 것이다. 일반화 가능성(외적 타당도라고 부르기도 하며, 내적 타당도와는 대립되는 개념이다)에 대한 질문은 다음과 같다. 이 결과가 옳다면, 누구에게 이것을 적용할 것인가? 다시 말하면, 누가 표본 속에 있었는가? 보다 직접적으로 말한다면, 임상의는 자신의 환자들 중 누가 이 연구에서 얻은 결과에 의해 영향을 받게 될 것인지를 알기 위해서 자신의 환자들을 연구 표본 속의 환자와 비교하고자 할 것이다. 타당도는 다소 상대적인 개념이다. 예를 들어, 연구자들은 한 집단 내의 환자들이 다른 집단보다 더 좋아졌다는 관찰을 한다. 그러나 일반화 가능성은 절대적인 개념이다. 얼마나 많은 환자가 더 좋아졌는가? 그리고 좋아진 환자들은 누구인가? 이 질문에 대답하기 위해서는 논문에서 방법 부분을 주의 깊게 살펴보아야 한다. 연구의 '포함 기준(inclusion criteria)과 배제 기준(exclusion criteria)'을 알아야 하기 때문이다.

　일반화 가능성에 대해 논의하는 방식 가운데 하나는 임상시험에 참여한 환자 표본에 대한 결과에 대해서는 효능(efficacy)이라는 용어를, 실제 현실에서 더 많은 환자에 대한 결과에 대해서는 효과(effectiveness)라는 용어를 사용하는 것이다. 임상시험에 참여하지 않은 사람들로부터 획득한 일반화 가능한 데이터의 필요성을 부분적으로 강조하기 위한 하나의 영역으로써 개발된 것을 '서비스 연구(service research)'라고 부른다.

　만일 환자가 무작위화, 맹검, 위약, 척도, 기타 등등의 일련의 연구 과정을 모두 거쳐야만 한다면, 이 모든 불편함을 감수하면서도 연구 참여에 동의하는 사람은 아마도 소수일 것이다. 일부 연구들을 통해 위약의 사용이 자동적으로 많은 환자를 배제시킨다는 사실이 밝혀졌다. 조현병 환자의 약 절반 가량은 연구에 위약이 사용된다면 연구에 참여하지 않을 거라고 대답했다(Roberts et al., 2002; Hummer et al., 2003). 거기에 다른 요구 사항들(무작위화, 잦은 방문, 맹검 등에 대한 동의)마저 더해진다면, 주요 정신 질환을 가진 환자의 대다수가 대부분의 RCT 참여를 거절할 것이라고 예상할 수 있다. 그러면 우리가 모든 연구의 배제 기준에 항상 들어가 있는 (엄격한 경우가 많은) 내용들을 추가하게 되면(흔한 예로, 현재 물질을 남용 중이거나 약속된 방문을 잘 지키지 않는 비순응 환자들은 배제하는 것 같은 경우가 있을 것이다), 우리는 가장 타당한 데이터를 제공하고 대부분의 치료를 결정하는 데 기본이 되는 RCT 결과가 환자 전체가 아니라 커다란 파이의 일부에 불과한 작은 조각에 속한 환자에게서 나오게 된다는 사실을 짐작할 수 있을 것이다. 노인 우울증에 대한 항우울제 연구의 경우, (대부분의 경우 공존 정신 질환이나 공존 신체 질환을 배제하는 기준을 갖고 있기 때문에) 188명의 중증 우울증 노인 환자들 가운데 단지 4.2%만이 연구에 참여할 수 있었다(Yastrubetskaya et al., 1997). 또 다른 연구에서는 임상 실제 상황에서 단극성 주요우울삽화로 진단되었던 293명의 환자에게 대부분의 항우울제 임상시험에서 배제 기준으로 두고 있는 사항들(다른 정신 질환과 물질 남용, 자살 사고의 공존)을 적용해 보았더니, 임상시험에 참여할 수 있는 환자가 단지 14%에 불과하다는 것을 밝혀냈다(Zimmerman et al., 2002). 약 절반 정도의 환자가 단순히 위약이나 맹검을 이유로 연구에 참여하는 것을 거절한다는 것까지 고려하면, 결국 전체 환자 가운데 10% 미만의 환자만이 최종적으로 항우울제 RCT에 참여했을 것이라는 추정이 가능하다.

아마 이 10%라는 숫자는 타당한 추정치일 것이다. 모든 주요 정신 질환에 대해서, 적절한 진단을 받은 환자의 약 10% 정도가 RCT에 참가할 자격이 있으면서 동시에 참가에 동의할 것이다. 임상시험 세계에서의 추정은 10%를 놓고 수행된 연구결과를 나머지 90%에 대해서도 일반화할 수 있다는 것이다. 이것은 사실일 수도 사실이 아닐 수도 있지만, 이 문제를 증명하거나 반박할 수 있는 확실한 방법은 없다. 여기서 우리는 통계의 한계를 받아들일 수밖에 없으며, 데이터에 대해 (단순히 거부하거나 혹은 생각 없이 받아들이지 말고) 현명하게 판단해야 하는 것이다.

임상 사례   양극성장애 유지 치료 연구

일반화 가능성이 중요한 문제로 대두되는 상황이 있다. 그 좋은 사례가 양극성장애 유지 치료 연구이다. 여기에는 예방과 재발 방지에 대한 두 가지 기본적인 연구 디자인이 주로 사용된다. 예방 연구 디자인에서는 '관심 있는 모든 사람'이 연구에 포함된다. 다시 말해서, 얼마나 호전되었는지 상관없이 모든 정상 기분 상태의 환자들은 시험약, 위약 또는 대조군으로 무작위 할당될 자격이 있다. 재발 방지 연구 디자인에서는 오직 급성기에 시험약에 반응을 보였던 환자들만이 연구가 시작되는 시기인 유지 치료 단계로 들어갈 자격이 있다. 시험약에 반응을 보였던 환자들은 이제 시험약 유지 혹은 위약이나 대조군으로의 변경 중에 하나로 무작위적으로 할당된다. 이 두 종류의 연구는 같은 종류의 환자를 대상으로 한 연구가 명백히 아니다.

여기에 하나의 예가 있다. 예방 연구 디자인이 사용된 유일한 연구인 divalproex 유지 치료 연구인데(Bowden et al., 2000), 시험약과 lithium과 위약 간의 차이를 밝히는데 실패했다. 실패한 이유는 부분적으로 위약 비율이 부풀려졌을 수도 있는 예방 연구 디자인 때문이다. 예를 들어, 만약 어느 환자가 자연 경과상 10년 동안 정상 기분을 유지했다면 이 연구에 참여할 수가 있었다. 이 환자가 연구 참여 후 위약군에 할당된다면 그는 매우 오랫동안 잘 지내온 자연 경과로 미루어 볼 때 아마도 이후의 몇 년 역시 정상 기분을 유지할 가능성이 높을 것이다. 반면에 재발 방지 연구 디자인은 시험약의 효과크기를 강화시킬 것이다. 왜냐하면 연구에 남아있는 환자들은 이미 시험약에 대한 반응이 좋아서 선택된 사람들이기 때문이다. divalproex 유지치료 연구의 2차 분석에서, 연구에 들어가기 전부터 divalproex에 반응했던 사람(재발 방지 연구 디자인)은 위약과 비교했을 때 divalproex의 결과가 더 좋았다. 그러나 이 분석은 이차 분석이기 때문에 확실한 것은 아니다. divalproex 유지 치료 연구와는 달리, 이후의 lamotrigine과 olanzapine을 사용한 연구들은 모두 재발 방지 연구 디자인을 사용했다(Gyulai et al., 2003). 그래서 오직 lamotrigine 또는 olanzapine에 반응한 환자들만 연구에 참여했다. 그러므로 이 연구에서의 긍정적인 결과를 통해 이 약들이 divalproex의 효능이 더 크다고 할 수는 없다. 디자인이 서로 다른 연구들이기 때문이다.

재발 방지 연구 디자인이 가지고 있는 문제는 그것이 금단 증후군의 영향을 받을 가능성을 안고 있다는 것이다. 위약군에 할당된 환자들은 사실 얼마 동안 시험약에 빠르게 반응한 이후 시험약이 (대체로 갑자기) 중단된 사람들이다. 이러한 종류의 결과는 최근에 실시된 olanzapine 대 위약 유지 치료 연구에서도 나타났을 수 있다. 이 유지 치료 연구는 처음 참여한 모든 환자들 중에서도 급성 조증에 대해 최소 2주 동안의 olanzapine 치료에 반응을 보인 사람들만 참여가 가능했다(Tohen et al., 2000). 이 연구에서 위약군의 재발률은 매우 높았는데, 이는 연구 시작 이후 거의 첫 1~2개월 이내에 국한되어 나타났다. 이것은 연구약에 빠른 효능을 보인 이후 약을 끊음으로써 발생한 금단성 재발(withdrawal relapse)로 볼 수 있다. olanzapine과 위약의 차이는 대부분 급성 삽화에서 회복된 뒤 2개월 이내 발생한 재발과 관련이 있었다. 그리고 이것은 지속기(continuation phase)에서의 효능을 의미하는 것이지, 6개월 이상으로 정의되는 유지기(maintenance phase)에서의 효능을 의미하는 것은 아니다(Ghaemi, 2007).

최근 lamotrigine을 가지고 시행한 다수의 유지기 재발 방지 연구들을 보면, 대조약으로 lithium을 사용하고 있다. 이 연구들은 lithium의 효능을 평가하기 위해 설계되지 않았고 그에 대한 검정력이 있지도 않기 때문에, 이 연구를 가지고는 lithium의 효능에 대해 명확한 결론을 내릴 수 없다. 게다가 lamotrigine에 반응하는 사람들을 표본으로 선택했기 때문에, 표본으로 선택되지 않은 인구에 대해서 lithium과 lamotrigine을 놓고 동일한 비교를 할 수 없다. 이 연구는 사실 lamotrigine에 반응을 보인 환자의 유지 치료를 위해서 lamotrigine 처방을 지속하는 것보다 lithium을 사용하는 경우에 반응이 어떠한지에 관해 비교한 것이다. 따라서 이러한 연구들을 가지고 우울 삽화를 방지하는데 lithium보다 lamotrigine이 반드시 더 효과적이라고 말할 수는 없다 (Goodwin et al., 2004).

일반화 가능성의 문제를 안고 있는 또 다른 예는 급성 조증 치료에 있어서 '비정형 항정신병약물 + 표준 기분안정제'의 병합 치료를 기분안정제 단독 치료와 비교하는 연구이다. 이러한 연구들은 항상 병합 치료가 더 좋다는 경향을 나타내 보이지만, 중요한 것은 참여한 환자 대다수가 연구 초기에 기분안정제 단독 치료에 반응하지 않아 치료에 실패한다는 점이다. 따라서 이 연구는 이미 실패한 치료(기분안정제 단독 치료)와 새로운 치료(병합 치료) 간의 비교가 된다. 조증에서 risperidone을 사용한 어느 연구(Sachs et al., 2002)에서는, 참여자의 약 1/3이 이전에 기분안정제 치료를 받은 적이 없었으며, 따라서 기분안정제에 반응을 보이지 않은 사람들이 선택되지 않았다. 이 환자들은 어떠한 치료도 받지 않은 채로 연구에 들어왔다. 그런 다음, 그들은 기분안정제 단독 치료(환자와 의사의 선호도에 의해 lithium, valproate 또는 carbamazepine이 선택됨) 혹은 '기분안정제 + risperidone' 병합 치료에 무작위 배정되었다. 그리고 기분안정제 단독 치료에 이미 실패한 적이 있는 환자가 미리 선택되지 않는다면, risperidone의 이득이 훨씬 적다는 결과가 나왔다. 요약하면, '항정신병약물 + 기분안정제' 병합 요법을 지지하는 경향을 보이는 이러한 연구들은 단지 기분안정제 단독 치료에 실패한 환자들에 한해서만 일반화될 수 있을 것이다. 자주 들어온 바와는 다르게, 우리는 이 두 계열의 약물들을 이용한 병합 치료가 기분안정제 단독 치료보다 일반적으로 더 효과적인 것이라고 결론지을 수 없다.

균형의 필요성

여기 숫자는 단독으로 존재하는 것이 아니며, 통계에는 단순 계산보다는 개념이 필요하다는 것을 보여주는 또 하나의 지적이 있다. 커다란 인구 집단에 대해 알려면 표본을 추출해서 보는 방법밖에 없다. 그러므로 우리는 표본들에서 나온 결과를 일반화시킬 수 있을 만한 가능성을 낮추는 모든 고유한 특징들에 유념하면서 그 결과들을 받아들여야만 한다. 다시 말해 균형 감각이 요구된다. "연구자는 평가되어야 하는 중재에 참여한 참가자들에 대해 오직 제한적인 범위로만 서술할 수 있기 때문에, 어떤 연구결과를 인구 집단에 적용하기 위해서는 항상 신념을 통해 연결할 수밖에 없다. 하지만 그런 와중에서도 우리는 이치에 맞지 않는 광범위한 일반화와 누군가의 주장에 대한 지나친 보수적 태도 사이에서 균형을 유지하도록 노력해야 한다."(Friedman et al., 1998; p. 38)

위약

많은 사람들은 위약 사용이 임상시험의 가장 중요한 부분이라고 생각한다. 이러한 관점은 잘못된 것이다. 그보다는, 지금쯤은 이미 분명하게 알게 되었겠지만, 무작위화가 가장 중요한 요소이다. 위약 사용은 보통 맹검과 함께 한다. 비록 위약 없이 기존약(active control)들을 가지고 수행하는 이중맹검 연구도 있기는 하지만 말이다. 그러나 무작위화를 사용한 연구들은 위약을 사용하지 않는다고 하더라도 완벽하게 타당하다. 따라서 위약은 임상시험의 필요 조건이 아니다. 필요 조건은 바로 무작위화다.

위약을 사용하는 이론적 근거는 질병의 자연 경과를 통제하기 위한 것이다. 그것은 이용 가능한 적극적 치료가 없어서도 아니며, 우리가 연구약의 효과크기를 최대화시켜보고 싶어서도 아니다(비록 이러한 부분이 중요할지라도 말이다). 가장 중요한 것은 대부분의 정신 질환은 자연적으로 (적어도 짧은 기간 내에) 호전된다는 사실을 인식하는 것이며, 약제를 사용하는 것이 병의 자연경과를 넘어서는 충분한 이득을 주기 때문에 위험을 무릅쓸 만하다는 것을 보여주기 위해 위약이 필요한 것이다.

위약에 대해 흔히 하는 오해가 있다. 이것은 위약이 주는 이득이 비특이적인 정신사회적 지지 요소 또는 잠재적인 특정한 생물학적 작용으로 구성되어 있을 것이라는, 다시 말해 고유하게 존재하는 '위약 효과(placebo effect)'와 관련되어 있다는 것이다(Shepherd, 1993). 하지만 이러한 생각은 종종 자연(또는 신)의 영향, 즉 자연적인 회복 과정을 고려하지 않은 것이다. 이러한 자연적인 호전 경과가 바로 위약 효과의 본질이다. 그것이 비특이적인 정신사회적 지지 요소에 의해 강화될 수는 있겠지만 말이다.

연구에 대한 비전문가들, 특히 정신치료자들은 위약 효과가 지지적 정신치료와 약간의 관련이 있을 것이라고 추정하기도 한다. 그렇지만 위약 효과가 대단한 정도의 효과인지에 대해서는 전혀 분명하지 않다. 위약군과 비치료군 — 즉, 위약뿐 아니라 아무런 약을 받지 않은 환자군 — 에 대한 RCT를 검토한 최근 논문에 의하면, 위약군과 비치료군은 차이가 없는 것으로 나타났다(Hrobjartsson and Gotzshe, 2001).

따라서 위약 효과에 대한 우리의 많은 추정들은 예비적인 차원의 것으로 볼 필요가 있다. 현재로서는 위약 효과란 치료받지 않은 질병의 자연적인 호전 경과를 나타내는 것으로 보아야겠다.

이 논의를 항우울제에 관한 RCT에 적용해보자. 출간되지 않은 음성 연구들까지 포함한 FDA 데이터베이스를 사용한 대규모 메타 분석(17장 참고)에 따르면, 모든 RCT를 메타 분석할 경우 위약을 넘어서는 시험약의 이득의 효과크기는 매우 작았다(Kirsch et al., 2008). 그런데 우리는 사과와 오렌지와 같은 여러 다른 종류의 연구들을 모으고 나서 (마치 RCT에서 하는 것처럼) 그 데이터를 직설적으로 해석하는 식의 접근 방식은 더 이상 타당하지 않다는 것을 명심해야 한다(13장 참고). 더 정확히 말하면, 어떤 RCT는 심한 우울증 환자를 대상으로 하지만 어떤 RCT는 가벼운 우울증 환자까지 포함시키고 있다. 이렇게 서로 다른 RCT들을 하나로 모은 다음 도출되는 결론은 심한 우울증 환자에 대해서는 일반화시켜 적용할 수가 없다. 심한 우울증 환자군에서는 위약을 넘어서는 항우울제 이득의 효과크기가 더욱 크게 나타난다(Kirsch et al., 2008). 이는 심각한 우울증 환자에서는 위약 효과가 작게 나타난다는 것이며, 가벼운 우울증에 비해 질병의 자연 경과가 더욱 심할 것이라는 가능성은 반영하는 것이다(이런 점으로 인해 최근의 항우울제 RCT에서는 경도 우울증 환자를 배제

하는 경향이 있다. 경도 우울증 환자에서는 위약과 시험약의 효과 차이가 크지 않아 전체적으로 음성 결과가 도출될 가능성이 높아지기 때문이기도 하다).

효과가 입증된 치료의 이용이 가능하다면 절대로 위약을 사용해서는 안 된다고 비판하는 사람들도 많다. 왜냐하면 효과가 입증된 치료를 사용하지 않는 것을 비윤리적이라고 보기 때문이다. 새로운 치료를 기존에 효과가 입증된 치료와 비교하는 것에 대해 논쟁거리가 되는 것은, 두 집단 간의 효과크기가 작을 것이기 때문에, RCT를 통해 더 많은 사람들이 잠재적으로 효과가 없고 해로운 시험약에 노출될 것이라는 점이다(Moncrieff et al., 1998). 만일 더 적은 수의 사람들이 참여한 위약을 사용하는 RCT에서 시험약이 해롭거나 비효과적이라고 밝혀진다면, 위험에 노출되는 사람들은 더 적어질 것이다 (Emanuel and Miller, 2001).

요약

RCT는 의학에 대변혁을 일으켰다. 그러나 한계점들 역시 많이 존재하고 있다. 이것이 상아탑 EBM에서 그러하듯이 RCT가 그 자체만으로 충분하다고 보지 않은 하나의 이유다. 하지만 그렇다고 해서 그것들이 불필요하다고 평가 절하할 정도는 아니다(12장 참고). 다시 한 번 강조하지만, 우리에게 가장 중요한 것은 바로 지식이다. 그러므로 우리는 RCT를 적절하게 평가할 필요가 있다. RCT를 평가함으로써 임상의는 그에 대한 잘못된 해석을 피하면서 자신이 필요로 하는 중요한 지식을 얻어낼 수 있게 된다.

Chapter

9 더 좋은 대안: 효과추정

올바른 질문에 대해 대체로 정확하게 대답하는 것이 잘못된 질문에 정확하게 대답하는 것보다 낫다.

– John Tukey (Salsburg, 2001; p. 231)

우리는 통계에 대해 지나친 욕심을 가져서는 안 된다. 대부분의 경우, 최고의 통계는 그저 기술하는 것(description)이며, 이는 종종 효과추정(effect estimation)이라고 불린다.

효과추정 접근법은 효과크기와 정확성(또는 데이터 변동성)이라는 요소를 벗어나, 가설–검정 접근법보다 더욱 분명히, 더 많은 정보를 제공한다. 효과추정 접근법의 주된 장점은 귀무가설과 대립가설 같은 기존의 가설들을 요구하지 않는다는 점이다. 그러므로 우리는 위양성이나 위음성 결과가 나올지 모른다는 위험을 무릅쓰지 않아도 된다.

가설–검정의 대안으로 사용될 수 있는 효과추정을 가장 잘 이해하는 방법은 고전적 개념인 2×2 표를 제대로 이해하는 것이다(표 9.1). 여기 노출군(치료받은 집단)과 비노출군 두 집단이 있다. 그렇다면, 우리는 예 또는 아니오 (반응 또는 무반응, 질병 또는 비질병) 두 종류의 결과를 얻게 될 것이다.

표 9.1 역학에서의 2×2 표

	결과: 예	결과: 아니오	
노출: 예	a	b	a+b
노출: 아니오	c	d	c+d
	a+c	b+d	

우울증의 약물 치료를 예로 들어보자. 이 경우 효과크기(effect size)는 그저 약물 치료에 반응한 사람들의 비율로 보아도 된다. 호전을 보인 사람 (a+c)/치료받은 사람수 (a+b).

효과크기를 비교 위험도(relative risk)로 볼 수도 있다. 치료받은 후 호전될 가능성은 a/a+b가 될 것이며, 치료를 받지 않았을 경우 호전될 가능성은 c/c+d가 될 것이다. 따라서 치료받은 후 호전될 상대적 가능성은 (a/a+b)/(c/c+d)가 될 것이다. 이것을 위험비(risk ratio, RR)라고 부른다.

비교 위험도를 측정하는 방법 중 또 다른 하나는 오즈비로서, 이것은 수학적으로 ad/bc와 같다. OR은 RR과 관련되어 있지만 같은 것은 아니다. 오즈(odds)는 가능성을 측정하는데 사용되며, 아마 카지노에서 가장 많이 사용될 것이다(카지노에 가면 '돈을 딸 odds가 얼마이다'라는 식의 말을 흔히 듣게 되는데, odds를 승산이라고 번역하기도 한다−역자 주). 가능성의 범위는 0%로부터 50−50%(둘 중 하나란 말), 그리고 절대적으로 확실한 100%까지라고 이야기할 수 있다. odds는 어떤 사건이 일어날 가능성을 p라고 한다면, p/(1−p)라고 정의된다. 그러므로 가능성이 50%(50 대 50)라면 odds는 0.5/(1−0.5) = 1 이다. 이것은 종종 '1 대 1'로 표현된다. 만약 틀림없이 일어날 정도의 가능성이라면 즉 100%라면 odds는 무한대가 된다. 1/(1-1) = 1/0 = 무한대.

OR은 RR과 같지는 않지만 비슷하다. 이 두 가지 개념을 굳이 구분하는 이유는 회귀모형을 쓸 때 수학적으로 OR이 더 유용하기 때문이다. 만약 회귀모형을 사용하지 않는 경우라면 RR이 보다 직관적으로 이해하기 쉬운 방법일 것이다.

효과크기

통계적으로 효과추정을 할 때는 RR과 같이 효과크기를 나타내는 수치를 사용한다. 효과크기, 다시 말해 효과에 대한 실제적인 측정치는 수치로 표시된다. 이것은 어떤 수치라도 가능하다. 퍼센트일 수도 있고(예, 68%의 환자가 반응을 보인 환자였다), 실제 수치일 수도 있으며(예, 우울 증상 척도 점수의 평균은 12.4였다), 비교 위험도 수치인 RR이나 OR일 수도 있다(이렇게 표시하는 경우가 가장 흔하다).

많은 사람들이 효과크기라는 용어를 특별한 종류의 효과추정인 '표준화된 효과크기(standardized effect size)'라는 의미로 사용한다. 이를 Cohen's d라고 부르는데, 위에서 설명한 (평균치와 같은) 실제의 효과크기를 표준편차(변동성에 대한 측정값)로 나눈 값으로, 0에서 1 혹은 그보다 더 큰 범위를 갖게 된다. 이 값은 의미를 가지고 있지만 우리가 이 개념에 익숙하지 않다면 의미가 없을 것이다. 일반적으로 Cohen's d 값이 0.4보다 작으면 작은 효과크기(small effect size), 0.4~0.7은 중간의 효과크기(medium effect size), 0.7보다 크면 큰 효과크기(large effect size)라고 본다. Cohen's d는 표본들의 변동성을 교정한 것이므로 효과를 측정하는데 유용하지만, 가끔은 실제의 순수한 효과크기에 비해 해석이 어려울 때가 있다. 예를 들어 우리가

Hamilton 우울 증상 척도 점수의 평균치(심한 우울의 경우 보통 20을 초과함)가 치료받고 난 후 0.5로 되었다고 하자(0은 무증상을 의미함). 이때는 굳이 이 값을 표준편차로 나눠서 Cohen's d가 1보다 크다는 것을 보여주지 않아도 효과크기가 크다는 것을 알 수 있다. 그럼에도 불구하고, Cohen's d는 결과에 대해 (정신 증상 척도와 같은) 연속적인 측정값을 사용하는 연구에서 특히 유용하고, 실험적인 심리학 연구에서도 흔히 채택된다.

비교적 최신의, 그리고 임상적으로 더 적절하면서도 중요한 효과 추정치로는 한 명의 환자가 이로운 효과(치료 효과)를 보았을 때 치료에 노출되었던 환자 수(number needed to treat, NNT)와 한 명의 환자가 해로운 효과(부작용)를 보았을 때 치료에 노출되었던 환자 수(number needed to harm, NNH)가 있다. 이 개념은 임상적으로 유용한 방식으로 효과추정을 하려는 것이다. 환자의 60%가 시험약에 반응했고, 40%는 위약에 반응했다고 가정해보자. 효과크기는 RR=60%/40%=1.5라고 할 수 있다. 또 다른 방식의 효과크기는 두 집단 간의 차이를 60%-40%=20%이라고 표현하는 것으로, 이를 절대 위험 감소(absolute risk reduction, ARR)라고 부른다. NNT는 ARR의 역수, 즉 1/ARR이고 이 경우에는 1/0.2=5이다. 즉, 시험약과 위약 간의 20%의 차이에 대해서, 우리는 임상적으로 한 명에게 치료적인 효과를 보려면, 5명의 환자를 치료해야 할 필요가 있다고 결론지을 수 있다. 그렇다면 NNT에 대한 기준 역시 필요할 것이다. 일반적으로 NNT가 5 이하인 경우 효과크기가 매우 큰 수준(very large effect size), 5~10은 큰 수준(large effect size), 10~20은 중간 수준(moderate effect size), 20 초과인 경우 작은 수준(small effect size), 50 초과는 매우 작은 수준(very small effect size)으로 본다. NNT가 작을수록 그 치료는 효과적인 것이다.

하지만 주의해야 한다. NNT와 같은 것은 일종의 추상적인 분류로서 정확한 것이 아니다. NNT 그 자체로서는 효과크기가 크건 작건 간에 그것을 완벽하게 반영하지 못한다. 예를 들어 aspirin이 심장마비를 예방하는 NNT는 130이고, cyclosporine이 장기이식 거부반응을 예방하는 NNT는 6.3이다(Kraemer and Kupfer, 2006). 그런데 어느 문헌에 따르면 정신치료의 NNT는 3.1이다. 그러나 aspirin은 대중적으로 널리 추천되고 있고, cyclosporine은 장기이식 문제의 돌파구로 여겨지고 있으며, 정신치료는 보통의 효과가 있다고 여겨지고 있다. 이러한 해석에 대해서, 정신치료를 받고 기분이 나아지는 '가벼운' 결과와는 반대로 심장마비라는 '심각한' 결과가 aspirin의 큰 NNT를 정당화시키기 때문이라고 설명할 수 있을 것이다. 또한 정신치료는 비싸고 시간이 걸리는 반면에(cyclosporine 역시 비싸고 많은 부작용과 연관되어 있다), aspirin은 저렴하고 구하기 쉽다.

그러므로 NNT란 효과크기는 치료를 했을 경우 무엇이 예방될 것인지, 그리고 치료로 인한 비용과 위험성들을 모두 고려하면서 해석되어야 한다.

NNT의 반대는 부작용에 대한 판단을 내릴 때 사용하는 NNH이다. NNT에서와 같이, NNH에서도 비슷한 점들을 고려해야 하며 계산 방식도 비슷하다. 즉, 항정신병약물을 복용한 사람들의 20%에서 정좌불능증이 유발되지만 위약에서는 5%에서만 나타난다면, 이 경우 ARR은 20%-5%=15%가 되고, NNH는 1/0.15 = 6.7이 될 것이다.

신뢰구간의 의미

7장에 설명한 가설-검정 통계의 기본 구조를 만든 Jerzy Neyman은 1934년도에 효과추정이라는 대안적 방식을 신뢰구간이라는 개념과 함께 발전시켰다.

신뢰구간의 근거는 통계와 모든 의학 연구가 가능성을 다루고 있다는 사실로부터 출발한다. 우리가 시험약 Y의 반응률이 45.9%라고 관찰했다고 하자. 그렇다면 실제값이 45.9%일까? 45.6%나 46.3%는 아닐까? 우리는 관찰한 값에 대해 얼마나 신뢰할 수 있는 걸까? 전통적인 통계학의 관점에서는 우리가 발견하고자 하는 실제값이 존재한다고 보았다(모든 것을 다 알고 있는 신이 존재하고, 신은 시험약 Y의 실제 반응률이 46.1%임을 알고 있다고 하자). 우리가 관찰한 값은 통계량(a statistic), 즉 실제값에 대한 추정치이다. Fisher는 통계량이란 단어를 "관찰된 측정으로부터 나와서 분포의 모수를 추정하는 값"으로 정의했다(Salsburg, 2001; p. 89). 하지만 우리는 우리의 통계량이 얼마나 타당한 것인지, 얼마나 실제값을 잘 반영하는 것인지에 대해 감을 잡아야 한다. Neyman에 의해 처음으로 만들어졌을 당시의 신뢰구간 개념은 그 자체만으로는 확률이 아니었으며, p-값의 또 다른 변형 또한 아니었다. Neyman은 신뢰구간을 우리의 관찰값이 얼마나 실제에 근접한 건지 알 수 있도록 도와주는 개념이라고 생각했다. Salsburg를 인용해보자. "우리는 신뢰구간을 결론이라는 측면에서 보지 말고, 하나의 과정으로 봐야 한다. 긴 안목으로 보면. 항상 95% 신뢰구간으로 계산하는 통계학자는 모수라는 참값이 매번 95% 구간 내에 존재한다는 것을 알게 될 것이다. Neyman에게는 신뢰구간과 연관된 가능성이란 우리가 정확한가에 대한 가능성이 아니었다는 점에 주목하자. 신뢰구간은 통계학자가 자신의 방법을 오랫동안 사용했을 때, 정확하게 기술할 빈도이다. 신뢰구간은 현재의 추정치가 얼마나 '정확'한지에 대해서는 아무것도 말해주지 못한다."(Salsburg, 2001: p. 123)

그러므로 다음과 같이 기술할 수 있다. 신뢰구간은 효과크기에 대한 정말 그럴 수 있는 값(plausible value)들의 범위이다. 다른 말로 표현하자면, 모든 시도 중에 95%의 확률로 실제 효과크기가 포착될 가능성이다. 또 다른 말로 표현하자면, 만약 연구를 계속 반복한다면, 관찰된 결과들이 매번 95% 신뢰구간 안에 존재할 것이라는 의미다. 신뢰구간의 공식적인 정의는 "주어진 확률 수준으로 표본 자료를 계산하여, 미지의 모수가 존재하리라고 추정되는 구간(Dawson and Trapp, 2001: p.335)"이다.

신뢰구간은 평균과 표준편차 또는 변이도(variability)를 이용해서 이론적으로 계산된다. 다음과 같이 기술할 수 있다. 평균에 대한 신뢰구간은 '관찰된 평균값 ± 신뢰 계수(confident coefficient) × 평균의 변이도'(Dawson and Trapp, 2001). 신뢰구간은 p-값 계산에 쓰였던 것과 유사한 수학 공식을 사용한다(양 극단은 정규 분포 상에서 평균에서 1.96 표준편차만큼 떨어진 값임). 즉, 95% 신뢰구간은 p = 0.05와 동등하다. 이것이 바로 신뢰구간이 p-값과 동일한 정보를 주는 이유가 된다. 하지만 신뢰구간은 동시에 더 많은 정보, 다시 말해 정규 분포에서 계산된 것과 비교한 관찰값의 확률까지 알려준다.

신뢰구간은 진짜 모수를 찾아낼 확률이 아니다. 신뢰구간은 당신이 95% 확률로 해당 변수의 참값을 찾아낼 것이란 의미가 아니다. 참값은 찾아질 수도 있고 아닐 수도 있다. 우리는 참값이 정말로 신

뢰구간 안에 있을지는 알지 못한다. 신뢰구간은 조사를 반복할 때
나타날 수 있는 가능성을 반영하는 것이다.

　신뢰구간을 가설-검정과 연결지을 수 있는 또 다른 방법은 다음
과 같다. 가설-검정은 관찰된 자료가 귀무가설과 일치하는지에 대
해 알려준다. 신뢰구간은 어떤 가설이 자료와 일치하는지에 대해 알
려준다. 달리 표현하자면, p-값은 당신에게 예 또는 아니오 식의 대
답을 준다. 그 자료가 우연에 의해 관찰되었을 가능성(p > 0.05)이 높
은가(우리가 귀무가설을 우연히 실수로 기각할 가능성이 높은가)? 대답은
예 또는 아니오 중 하나일 것이다.

　신뢰 구간은 당신에게 이보다 더 많은 정보를 준다. (p-값은 알려주
지 못하는) 실제 효과크기를 알려주고 (p-값은 알려 주지 못하는) 정밀
한 추정치(만약 우리가 연구를 반복하게 되면, 관찰된 자료가 다르게 나오는
경우가 얼마나 될까?)에 대해 알려준다. p=0.05가 주는 정보는 95% 신
뢰구간이 주는 정보와 똑같기 때문에, 신뢰구간이 사용되는 경우에
는 p-값을 제시할 필요가 없다(그러나 연구자들은 독자가 신뢰구간을 이
해하지 못할 것이라고 생각하기 때문에, 언제나 p-값을 제시해 놓는다). 바꿔
말하면, 신뢰구간은 우리가 p-값으로 알아낼 수 있는 모든 정보를 포
함하여, 그 이상을 알려준다. 이런 이유로, 우리는 모두 신뢰구간을
사용해야 하고 p-값은 휴지통에 던져버려야 한다(Lang et al., 1998).

임상 사례　항우울제와 자살 논쟁

통계에서 가설-검정은 오용되고 있고 효과추정은 충분히 이용되고 있지 않
는데, 그 예를 항우울제가 자살을 초래하는지 여부에 대한 논쟁 속에서 찾
아볼 수 있다.

두 가지의 상반된 관점이 대두되었다. 정신의학 반대론자들은 항우울제를 위험한 살인자라고 보았으며, 정신의학 전문가들은 자살 경향성과 연관된 주장이 전혀 타당하지 않다고 하면서 단단히 방어 태세를 굳혔다. 전자에 속한 극단적인 주장들은 항우울제를 사용한 후 초조, 우울의 악화, 자살이 발생했던 특정한 사례를 강조했다. 이런 사례들은 무시될 수는 없겠지만, 가장 약한 종류의 근거에 해당한다. 후자 편에 선 극단적 주장의 예는 American College of Neuropsychopharmacology(ACNP)의 Task Force가 발행한 보고서였다(American College of Neuropsychopharmacology, 2004. 표 9.2).

표 9.2 항우울제의 자살 경향성 위험도에 대한 American College of Neuropsychopharmacology (ACNP)의 고찰

자살 행동 또는 자살 사고를 가진 젊은 성인의 비율						
약	총 환자수	자살로 인한 사망	항우울제군	위약군	P-값	통계적 유의성
Citalopram	418	0	8.9%	7.3%	0.5	유의하지 않음
Fluoxetine	458	0	3.6%	3.8%	0.9	유의하지 않음
Paroxetine	669	0	3.7%	2.5%	0.4	유의하지 않음
Sertraline	376	0	2.7%	1.1%	0.3	유의하지 않음
Venlafaxine	334	0	2.0%	0%	0.25	유의하지 않음
		Total:	2.40%	1.42%	RR= 1.65	95% CI [1.07, 2.55]

ACNP 보고서에서는 합계된 전체 퍼센트, RR과 CI에 대해 기술한 마지막 줄이 없어서 내가 직접 계산했다.

출처: American College of Neuropsychopharmacology (2004).

각각의 세로토닌 재흡수 억제제를 가지고 독립적으로 수행된 여러 연구들을 모으고, 개별 약제들이 자살 시도와 통계적 유의성이 없다는 것을 보여준 다음, ACNP 태스크포스는 항우울제와 자살을 연결지을 만한 근거가 없다고 주장했다. 여기에 참여한 유명한 사람들 가운데 최소한 일부는 놀랍게도 통계적 검정력의 개념을 알지 못했고, 귀무가설이 틀렸다는 것을 입증하는데 실패했다는 것이 귀무가설이 옳다고 증명되는 것과 동일하지 않다는 자명한 이치(7장 참고)에 대해 무지했다. 또한 그들은 문헌 고찰에 대한 '투표 계산' 방식의 약점을 알지 못했다(13장 참고).

FDA는 같은 자료를 메타 분석을 통해 더 적절하게 분석했는데, 그 결과 통계적 유의성뿐만 아니라, 세로토닌 재흡수 억제제가 위약에 비해 자살 경향성(자살 사고 또는 자살 시도의 증가) 위험을 약 2배 정도 증가시킨다는 걱정스러울 정도의 효과크기마저 드러났다(RR = 1.95, 95% CI: 1.28, 2.98). 하지만 이 주제에 대해서는 비교 위험도보다는 NNH의 개념을 사용한 절대 위험도의 맥락에서 이해되어야 할 필요가 있다. 위약과 항우울제의 절대 위험도 차이는 0.1%였다. 이것이 실제 위험도이지만, NNH로 바꿔보면(NNH = 1/0.01 = 100), 이는 명백하게 절대적으로 작은 값이다. 즉, 항우울제로 1,000명의 환자들이 치료받을 때마다, 그 중의 한 명은 항우울제를 원인으로 자살 시도를 할 수 있다. 이제 우리는 내가 한 방식처럼, 추정되는 이익과 위험을 비교할 수 있을 것이다(2005년 ACNP 태스크포스는 USFDA의 분석에 사용된 데이터를 재분석하여 항우울제의 평균적인 NNH를 402로 계산했다-역자 주).

바로 이런 방법이 양 극단, 엄청나게 해롭다거나 전혀 해롭지 않다고 주장하는 것을 피하면서 가설-검정을 오용하지도 않는 적절한 방식이다. 기술 통계를 통해 진실을 말해주는 것이다. 진실은 해로움이 존재하긴 하지만, 작다는 것이다. 이제 그 다음 순서를 의학의 예술, 즉 Osler가 말한 확률을 서로 견주어 보는 예술이 이어받게 된다. 항우울제로 얻을 수 있는 이득과, 비록 작지만 실제로 존재하는 항우울제의 위험 중에 무엇이 더 중요한지를 비교하고 검토하는 것이다.

TADS 연구

이차 결과로 특히 자살 경향성을 조사하기 위해 대규모 RCT가 (FDA 데이터베이스와는 다른 방식으로) 계획되었고, 미국립정신보건원(NIMH)의 후원 하에 Treatment of Adolescent Depression Study(TADS)가 진행되었다(March et al., 2004). 이 연구에는 제약회사의 후원이 전혀 없었음에도 불구하고, 가설-검정법에 지나치게 의존한 나머지 fluoxetine의 자살 위험을 과소평가했다.

  이 연구는 479명의 청소년들을 fluoxetine 단독치료군, 인지행동치료 단독치료군, fluoxetine + 인지행동치료 병합치료군, 그리고 아무 치료도 받지 않은 군으로 요인 설계(factorial design)한 이중맹검 RCT였다. 치료에 대한 반응률은 후향적으로 각각 61% 대 43% 대 71% 대 35%였고, 이 차이는 통계적으로 유의했다. 임상적으로 중요한 자살 행동은 연구 시작 시점에서 29%에서 존재했다(이는 이전의 연구들에 비해 높은 편인데, 평가 결과를 보다 많이 제공해주는 것이므로 좋은 것이다). 자살 사고의 악화나 자살 시도는 '자살과 관련된 부작용'이라는 이차 결과로 정의하였다. 성공한 자살은 12주의 치료 기간 동안 한 건도 없었으나, 7건의 자살 시도가 있었으며, 그 중 6건은

fluoxetine군에서 발생했다. 연구자들은 네 집단 모두에서 자살에 대해 호전되었다고 기술했지만, fluoxetine군에서 나타난 악화에 대해서는 언급하지 않았다. 논문은 24명(5.0%)에서 자살 관련 부작용이 나타났다고 했지만, RR과 CI를 포함한 결과들은 보고하지 않았다. 그래서 내가 직접 그 데이터를 분석한 결과, 자살 경향성이 악화되었다는 것을 확인했다. fluoxetine의 경우 RR = 1.77 [0.76, 4.15], CBT의 경우, RR = 0.85 [0.37, 1.94]였다. 논문에서는 자살 경향성에 대하여 CBT가 예방적 효과를 가질 수 있는지에 대해 추측했지만, 신뢰구간이 너무 넓기 때문에 이득이 확실하다고 추정하기는 어렵다. 이와는 대조적으로, fluoxetine군에서 나타난 자살 위험 증가는 뚜렷했고, 신뢰구간을 근거로 판단했을 때 CBT의 그것보다 더욱 가능성이 높아 보이지만, 상세하게 논의되지 않았다. 낮은 자살 시도율(7명, 1.6%)은 보고되었지만, fluoxetine군에서 압도적으로 많다는 것은 보고되지 않았다. 효과추정법을 사용해서 보면, fluoxetine군의 자살 시도 위험은 RR = 6.19 [0.75, 51.0]였다. 빈도가 낮으므로 이 정도의 위험은 통계적으로 유의하지는 않다. 그러나 이 연구에서 가설−검정법을 사용한 것은 부적절했다. 효과추정법을 통해서 보면 fluoxetine군에서 6배 큰 위험이 나타났으며, 만일 이 위험이 정말로 존재한다면 51배까지도 클 수 있는 것이다.

가설−검정법은 귀무가설 쪽으로 편향되어 있으며, 한 가지밖에 말하지 못한다. 이보다 덜 편향되었으며 더욱 중립적인 효과추정법은 그 외의 것들도 말해줄 수 있다. 일반적으로 부작용, 특히 자살 경향성 같은 드문 빈도의 부작용의 경우, 효과추정법을 통해 나타난 결과가 실제에 더욱 가까울 것이다.

항우울제와 자살에 관한 Oslerian 접근 방식

'의학은 확률을 견주어 보는 예술'이라는 Osler의 격언을 상기해 본다면, 우리는 항우울제와 자살 간의 논쟁이 예 또는 아니오라고 대답할 수 있는 질문이 아니라, 그보다는 위험이 존재하는지에 대한 여부, 존재한다면 위험을 수량화하고, 이득과 비교해서 저울질하는 것에 대한 질문이라고 보아야 할 것이다

그동안 이러한 방식의 접근은 체계적으로 이루어지지 못하다가 한 연구자가 TADS 연구에 대해 논평한 레터를 보내면서 시작되었다(Carroll, 2004). 이 레터에서는 TADS 연구에서 나타난 자살 관련 부작용의 NNH가 34(fluoxetine군에서는 6.9%, fluoxetine을 사용하지 않은 군에서는 4.0%), 자살 시도의 NNH는 43(fluoxetine군에서는 2.8%, fluoxetine을 사용하지 않은 군에서는 0.45%)이라고 하였다. 그런데 이와는 대조적으로 우울증 호전에 대한 이득은 두드러지게 나타났다. fluoxetine의 NNT가 3.7이었던 것이다.

그러므로 우울증 환자 한 명을 호전시키기 위해서는 네 명의 환자가 필요하다. 반면에 fluoxetine 때문에 벌어지는 한 건의 자살 시도는 43명의 환자가 치료받는 와중에 일어날 것이다. 이런 수치는 일견 이 약을 지지하는 것처럼 보이기도 한다. 그러나 실제로 이 경우 우리는 오렌지와 사과를 비교하고 있는 것이다. 우울증의 호전은 물론 좋은 것이다. 그러나 우리는 이 약에 의한 죽음(자살 성공)을 어느 정도까지 기꺼이 받아들일 수 있을까?

우리는 이제 연구의 실제 자료 말고도 다른 가능성들을 함께 고려해야 한다(Bayesian 통계학과 관련된 접근법, 14장 참고). 과거의 역학 조사에 의하면 자살 시도 중 8%가 성공해서 사망한다고 한다. 즉,

자살 시도의 NNH가 43임을 감안할 때, 성공한 자살의 NNH는 538(43 ÷ 0.08)이라고 할 수 있다. 이것은 굉장히 작은 정도의 위험인 것처럼 보인다. 하지만 사실은 심각한 결과다. 과연 우리가 자살 방지에 대한 추정치를 이것과 비교해도 되는 걸까?

가장 보수적인 방법으로 추정한 주요우울장애에서의 평생 자살률은 2.2%이다. 만약 우리가 이 평생 자살률의 일부(아마 30% 정도)가 청소년 시기에 일어난 것이라고 추정해 본다면, 청소년 우울증 환자의 자살률은 0.66%일 것이다. 이 0.66%와 TADS 결과를 갖고 계산해보면 fluoxetine을 복용했을 때 자살을 방지할 NNT는 561(3.7 ÷ 0.0066)이 된다.

우리는 앞서 언급한 FDA 데이터베이스를 사용해서 똑같은 종류의 분석을 할 수 있었다. 여기에서는 자살 시도의 NNH가 100으로 TADS 연구보다 높았다(Hammad et al., 2006). 만약 이 환자들 중 8%가 자살에 성공한다면, 자살 성공의 NNH는 1,250(100 ÷ 0.08)이 된다.

따라서 우리는 561명을 치료할 때마다 한 사람의 목숨을 구하고, 538명이나 1,250명을 치료할 때마다 한 명의 목숨을 빼앗게 된다. 의학은 확률을 견주어 보는 예술이라는 Osler의 격언대로 비교해 본다면, 최악의 경우를 상정했을 때 이 둘은 비슷한 정도라고 보인다. 위에서 사용된 실제 자살률이 너무 보수적이었을 수도 있고, 항우울제의 예방 효과가 추측한 것보다 약간 더 컸을 수도 있다. 하지만 이득이 더 큰 경우조차도, 그들의 상대적인 이득은 여전히 NNT 100 이상의 수준일 것이며, 이런 경우는 대개 사소한 것으로 간주된다.

종합적으로 판단한다면, 항우울제를 복용하는 것은 자살에 대한 측면에서 볼 때 이득도 매우 적고, 위험도 매우 적을 것으로 보인다.

교훈

항우울제와 자살에 대한 논쟁에서 가설-검정 통계는 잘못 사용되어진 것이었다. 항우울제가 자살을 일으켰다고 주장하는 사람들은 자살과 관련해 벌어진 사건들은 실제적인 것이므로 RCT를 가지고 반박할 수 없다고 말한다. 그들은 옳았다. 이에 반대하는 입장에서는 RCT를 통해 도출된 위험의 크기가 작다고 주장한다. 그들도 옳았다. 하지만 벌어진 사건을 근거로 항우울제가 일반적으로 위험할 것이라고 주장하는 측이나 통계적으로 유의하지 않음을 근거로 항우울제가 효과가 없다고 주장하는 측이나 모두 실수를 범했다. 절대적으로 옳은 견해란 없었던 것이다.

이들은 양 쪽 모두 과학, 의학 통계 그리고 근거기반의학에 대해 제대로 이해하지 못했다. 효과추정법을 적용하고 나자, 이 논쟁이 과학적인 기반을 가지고 있지 않았음이 드러났다. 항우울제로 인한 자살 위험은 실제로 존재한다. 그러나 그 위험은 매우 작은 수준으로, 항우울제로 인해 자살이 방지되는 효과와 동등하거나 좀더 낮은 정도이다.

종합해서 볼 때, 항우울제는 죽음을 더 일으키지도 않고, 생명을 더 구하지도 않는다. 만약 우리가 항우울제를 사용할지 말지에 대해 선택해야 한다면, 결정을 내리기 위해서는 자살 말고 다른 것들(예를 들어, 삶의 질, 부작용, 의학적 위험성 등)에 대해 고려해야 할 것이다. 자살에 대해 질문했을 때, 이득도 위험도 비슷하게 작은 것으로 나타났기 때문이다.

코호트 연구

효과추정 통계가 표준적으로 사용되는 경우는 전향적 코호트 연구이다. 이 경우에는 노출이 결과에 선행한다. 이 전향적 코호트 연구의 주요 장점은 결과가 발생하기 이전에 가설을 먼저 정해 놓기 때문에 연구자들이 그들의 관찰을 편향시키지 않는다는 점이다. 또한 연구자들은 보통 이 연구에서 결과들을 체계적으로 수집한다. 그러므로 비록 데이터가 관찰된 것이고 무작위화된 것은 아니지만, 나중에 회귀분석을 할 때 많은 교란변수들이 충분히 그리고 정확하게 교정된 풍부한 데이터를 활용할 수 있게 된다.

전향적 코호트 연구의 고전적인 예로 Framingham Heart Study와 Nurses' Health Study가 있다. 두 연구 모두 수십 년 동안 진행되어 왔고 현재도 진행 중인 연구로서, 심혈관계 질환에 대해 유용한 지식들을 많이 제공해 주었다. 정신의학 영역에서 대표적인 코호트 연구로는 5년 동안 수행되었던 최근의 Systematic Treatment Enhancement Program for Bipolar Disorder(STEP-BD) 프로젝트가 있다.

의무기록 조사: 장점과 단점

전향적 코호트 연구들은 비용이 많이 들고 시간 소모가 크다. 5년 동안의 STEP-BD 프로젝트에는 2천만 달러의 비용이 들었다. 의학에는 RCT나 전향적 코호트 연구에 의해 답해질 수 있는 것 이외의 중요한 질문들이 더 많이 존재하고 있다. 그러므로 우리는 후향적 코호트 연구에 의지하지 않을 수 없다. 이 연구에서는 이미 결과가 일어난 상태에서 조사를 하기 때문에 그 결과의 원인을 찾는 연구자가 편견에 빠지기가 쉽다.

후향적 코호트 연구의 대표적 예가 환자-대조군 연구(case-control study)이다. 이런 종류의 연구에서는 어떤 결과(예를 들면 폐암)가 일어난 군과 일어나지 않은 군을 비교한다. 그 후 이 두 집단을 노출(예를 들면 흡연율)에 대해 비교한다. 여기에서의 중요한 이슈는 우리의 관심 대상인 실험변수를 제외하고는 최대한 많은 모든 가능한 변수들에 대해서 환자군과 대조군을 일치시키려고 노력하는 것이다. 하지만 이는 나이, 성별, 민족, 그밖에 이와 비슷한 변수들 같은 몇 가지 기본적인 것들 말고는 대개 기술적인 측면에서 실행이 불가능하다. 교란편견의 위험이 굉장히 높은 것이다. 회귀분석은 충분히 큰 표본에서라면 교란편견을 줄이는데 도움이 되겠지만, 연구자들은 미리 수집된 많은 교란변수들에 대해 적합한 자료들이 부족한 상황을 흔히 마주하게 된다.

이러한 제한점에도 불구하고, 후향적 코호트 연구는 과학적 근거를 제공하는 중요한 원천이며, 옳은 대답을 주는 경우가 많다는 점에서 여전히 적절한 연구 방법이라고 할 수 있다. 예를 들어 폐암과 담배의 관계는, 심지어 회귀분석이 존재하지 않던 시기였음에도 불구하고 1950년대와 1960년대에 후향적 환자대조군 연구를 통해 거의 완전히 확립되었다.

오랜 기간 동안 회의론자들이 이 방법을 계속 비판해 왔고, 더욱 잘 설계된 다른 연구들과 분석 방법들이 있음에도 불구하고, 환자대조군 연구는 계속 수행되고 있다.

그렇지만, 우리는 후향적 코호트 연구의 한계에 대해 알고 있을 필요가 있다.

후향적 관찰 연구의 한계점들

이 한계점들 가운데 하나가 특히 정신의학이나 심리학 부분의 연구에 영향을 많이 미치고 있는 회상편견(recall bias)이다. 이것은 사람들이 자신의 지난 일들, 특히 의학적 병력에 대해 기억을 잘 못한다는 것이다. 어느 한 연구에서 환자들에게 항우울제로 치료받았던 지난 5년까지의 과거력에 대해서 기억해볼 것을 요청하였다. 그런 다음 같은 조사자가 환자의 기억과 환자의 의무 기록에 실제 기록된 치료 내용과 비교해 보니, 환자들은 1년 전에 받았던 치료에 대해서는 80% 정도로 나쁘지 않게 기억을 해냈지만, 5년 전의 치료에 대해서는 오직 67%만 기억을 하고 있었다(Posternak and Zimmerman, 2003). 어떤 후향적 연구에서는 수십 년 전의 것들까지 물어보기 때문에, 이런 상황에서 주로 환자들의 자기 보고에만 의존해야 하는 경우라면 아마도 우리는 전체 이야기의 약 절반 정도만 얻을 수 있을 것이라고 추정된다. 이런 문제와 별도로, 현실성에 관한 문제 또한 있다. 수십 년 동안 진행되는 전향적 연구를 통해서는 우리가 궁금해 하는 많은 질문들에 대해 대답을 얻기가 어려울 것이다. 그렇기 때문에 반복해서 이야기하지만, 상아탑에서가 아닌 실제에서의 EBM이 요구되는 것이다. 약간의 데이터, 어떤 데이터라도 적절히 분석되기만 한다면, 데이터가 아예 없는 것보다는 나은 것이다. 나는 의무기록 조사를 한계가 분명 있지만 절반이나 차 있는 잔이라고 생각한다. 의무기록에도 적절히 주의를 기울여서 이용 가능한 정보들을 얻을 수 있는 것이다. 이것을 절반밖에 없는 잔이라고 보면서 가치가 없다고 무시하지 않았으면 좋겠다. 비록 많은 학자들이 그렇게 하고 있긴 하지만 말이다.

회상편견의 또 다른 예는 진단과 관련이 있다. 주요우울삽화는 고통스럽기 때문에 대부분의 환자들은 자신이 병이 들었다는 것을 안다. 환자들은 우울증에 걸렸다는 병식이 없지는 않다. 그러므로 우리는 과거에 심각한 우울증을 겪었던 일에 대해 환자들이 잘 기억해 낼 것이라고 합리적으로 기대할 수 있을 것이다. 하지만 어느 연구에서 주요우울삽화로 25년 전에 입원했던 적이 있는 45명의 환자들을 인터뷰해 보았더니, 25년이 지난 후에는 그들의 70%만이 자신이 우울삽화를 겪었다는 것을 기억했고, 그 당시의 주요우울삽화 진단 기준을 충족시킬 수 있을 정도로 충분한 정보를 회상할 수 있었던 환자는 고작 52%에 불과했다(Andrews et al., 1999). 우울증으로 입원까지 했다고 하더라도, 30%의 환자들은 수십 년이 지난 후에는 기억해 내지 못하며, 단지 50% 정도만 상세하게 기억해 낸다는 소리다.

HRT 연구

관찰 연구의 위험성을 보여주는 가장 좋은 최근의 예가 바로 폐경 후 여성에서 호르몬 대체요법(Hormone Replacement Therapy, HRT)에 관한 경험이었다. 다수의 대규모 전향적 코호트 연구, 후향적 코호트 연구, 많은 임상의와 전문가들의 개인적인 임상 경험 등(그러나 RCT는 수행되지 않았다) 이전의 모든 근거들은 HRT가 (골다공증, 기분, 기억력 등에 대해) 다방면에서 이득이 있고 해롭지 않다고 했다. 그러나 미국에서의 대규모 RCT를 통해 이런 믿음이 틀렸다는 것이 드러났다. HRT는 모든 입증 가능한 방법을 통해 효과가 나타나지 못했고, 오히려 특정 암의 위험을 증가시키는 위험을 초래했다. Women's Health Initiative(WHI) 연구 또한 전향적 코호트 연구였으며, 따라서 이것은 동일한 표본에서 동일한 주제에 관한 최고의 비무작위화 (전향적 코호트) 데이터와 무작위화 데이터를 비교할 수 있는 유일무이한 기회를 주었다. 이 비교를 통해 관찰 데이터는 (심지어 최고의 조건 하에서 얻어진 데이터조차도) RCT에 비해서 효능을 부풀린다는 점이 드러났다(Prentice et al., 2006).

아직도 많은 임상의들은 WHI의 RCT 연구결과를 거북해 한다. 일부 임상의들은 특정 집단, 특정 사례에서는 HRT가 이득이 있다고 주장하지만, 정말 그렇다고 해도 하위군 분석을 주의 깊게 시행하고 난 다음 해석해야 한다(8장 참조). 하지만 결국 HRT 연구에 대한 경험은 교란편견이 작용한다는 깊고 심오한 현실적 문제와, 일상의 임상적 경험 속에서 보이는 사실을 관찰하고 해석하는 우리의 능력에는 한계가 있다는 중요한 교훈을 남겼다.

관찰 연구의 장점

그러나 관찰 연구에 반대되는 사례들이 있다고 해서 그것들이 과장되어서는 안 된다. 상아탑 EBM 지지자들은 관찰 연구를 다른 조건과 셋팅을 가진 RCT와 비교해서 효과크기가 조직적으로 과대평가된다고 추정하는 경향이 있다. 사실 이런 종류의 포괄적인 과대평가가 이제까지 경험적으로 드러난 적은 없다. 이 문제에 대해 조사한 한 연구는 그렇지 않다는 결론을 내렸다(Benson and Hartz, 2000). 그 연구에서는 의학의 모든 전공 분야(순환기학부터 정신의학까지)에서 시행된 19가지의 치료에 대한 136개의 연구결과를 조사했다. 그 결과 19개의 분석 중에 단지 2개만이 RCT와 비교해서 관찰 연구의 효과크기를 부풀렸다고 나타났다. 사실 대부분의 RCT는 관찰 연구에서 이미 발견된 결과가 사실이라는 것을 입증해 줄 뿐이다. 아마도 이런 것은 보통의 관찰 연구 자료보다 질적으로 높은 관찰 연구들(전향적 코호트 연구)에 더욱 해당할 것이다. 하지만 위약을 사용한 연구만을 인정하는 사람들도 결코 무시해서는 안 될 지식들을 제공해 준다는 것을 이해하는 것이 좋겠다.

당연히 RCT는 가장 좋은 표준(gold standard)이며, 가장 타당한 종류의 지식을 제공해 준다. 하지만 역시 수행이 어렵다는 한계가 있다. 만약 RCT가 수행될 수 없는 상황에서는, 제대로 분석된 관찰 연구가 의학적 지식을 제공해 주는 데 중심적인 역할을 할 것이다.

4부

인과관계

Causation

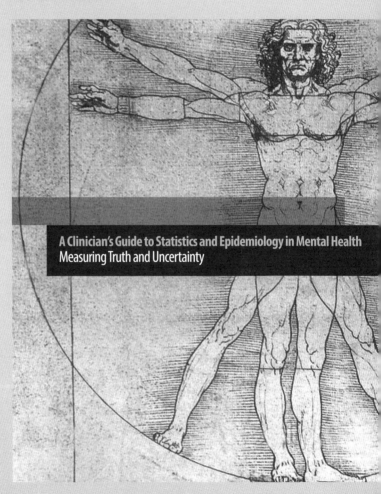

A Clinician's Guide to Statistics and Epidemiology in Mental Health
Measuring Truth and Uncertainty

Chapter 10 인과관계란 무엇을 의미하는가?

RCT와 회귀분석에 대해 앞서 논의한 모든 것들은 어떤 것이 다른 어떤 것의 원인이 되는지를 말해줄 수 있는 결과를 찾기 위한 것이었다. 다시 말해 지금까지 사용한 모든 통계 방법들은 결국 인과관계(causation)를 알아보기 위한 것이었다. 하지만 RCT와 회귀분석과 같은 것들을 수행했다고 해서 저절로 인과관계를 추론할 수 있게 되는 것은 아니다. 인과관계 자체는 별개의 문제로서, 편견과 우연 다음에 이어지는 세 번째 장애물로 심사숙고해야 할 대상이다.

Hume의 오류

인과관계는 근본적으로 볼 때 통계적 문제라기보다는 철학적 문제이다. 이 시점에서 우리는 통계 자체가 대답을 주는 것이 아니라는 중요한 사실을 다시 한 번 깨닫는다. 우리가 통계를 이해하기 위해서는 통계 밖으로 나가야만 한다.

인과관계의 개념은 처음에는 단순한 것처럼 보일 수 있다. 내 어깨 너머로 이번 장 제목을 본 내 딸이 물었다. "인과관계가 무엇을 의미하냐고요? 음, 그건 어떤 것이 어떤 것을 일으킨다는 의미예요, 맞죠?" "그래 맞다."라고 내가 대답하자, 딸은 "그럼 단순하네요. 8살밖에 안 된 나도 알 수가 있으니까요.” 라고 말했다.

인과관계는 간단해 보인다. 만약 내가 창문을 향해 돌을 던지면 창문은 깨진다. 돌이 창문을 깨지게 한 원인이다. 태양은 매일 아침에 뜨고 밤에서 낮으로 바뀌게 된다. 태양이 일광의 원인이다. 이 단어는 라틴어 causa로부터 기원했는데, 아마도 동시에 '이유(reason)'를 뜻하는 단어였다. 원인(cause)이란 이유(reason)라고 할 수 있다. 하지만 우리가 상식적으로 알고 있는 것처럼, 많은 일들에는 많은 이유들이 존재한다. 단지 하나의 이유만이 존재하는 경우는 별로 없다. 우리가 가장 우선적으로 알고 있어야 할 상식적인 직관은 인과관계 안에는 하나(a)의 원인이 있을 수도 있고 많은(many) 원인들이 있을 수도 있다는 사실이다. 하지만 필수적으로 그(the) 원인이 있어야만 하는 것은 아니다(Doll, 2002).

하지만 이 직관은 18세기 철학자 David Hume에 의해 이미 오래전에 권위가 추락하고 말았다. 그는 어떤 사건을 일으키는 다른 사건에 관한 우리의 직관은 경험적으로 체험한 '거듭되는 연속성(constant conjunction)'으로부터 비롯되지만, 두 사건 사이에는 추상적인 관계가 내재되어 있지 않다는 것을 지적했다. 매일 해는 뜬다. 하루가 지나가고 해는 다시 뜬다. 거듭되는 연속성이 존재한다. 하지만 이런 식으로 미래의 어느 날에도 태양이 계속 뜰 것임을 증명할 수는 없다. 우리는 이것을 Hume의 오류(Hume's fallacy)라고 부른다.

다시 말해서, 실제 세상에서의 관찰한 것만을 가지고는 한 사건이 다른 사건을 일으킨다는 것을 증명할 수 없다. 귀납법(induction)은 실패한다. Hume의 비판 이후 많은 철학자들은 인과관계에 대한 추론을 수학적인 증명을 하듯이 찾아 헤매게 되었다. 그러나 과학과 같이 시간과 공간을 다루는 영역에서 그의 주장에 실린 힘은 아직도 줄어들지 않았으며, 의학 통계를 사용할 때 그 한계점을 이해하는 데 매우 중요하다(이 문제에 대해서는 11장에서 좀더 다룰 것이다).

담배 전쟁

다음의 두 가지 사실들—귀납법이 틀릴 수도 있다는 인식, 그리고 인과관계가 원인에 대한 것이라는 잘못된 추정—로 인해 다년간에 걸쳐 불필요한 논쟁이 계속되었다. 현대 통계학의 창시자인 뛰어난 Ronald Fisher조차도 이 점을 헤아리지 못했다. 그의 인생 후반기인 1950~1960년대에 Fisher는 흡연과 폐암 간의 관계를 조사하기 위해 Fisher의 방법을 사용하는 사람들을 크게 비판했다. 당연히 일대일 접촉은 없었다. 많은 흡연자들은 폐암에 걸리지 않으며, 한 번도 흡연하지 않았던 사람들이 폐암에 걸리기도 한다. 이런 사실들 때문에 Fisher는 흡연과 폐암 간에 연관성이 제기된 것에 대해 의문을 갖게 되었다. Fisher는 흡연이 폐암의 원인이 되지 않는다고 주장했다. 왜냐하면, 그는 다른 원인들 없이 유일하게 단 하나만 존재하는 것이야말로 원인이라고 생각했기 때문이다. 7장에서 다루었듯이, RCT 상황에서만 통계적 유의성(p-값)의 개념을 적용시킬 수 있다는 것이 Fisher의 주장이었다. 그는 이 흡연에 대한 연구와 같이 완벽하게 관찰적인 연구에서는 통계적 유의성의 개념을 적용하는 것이 부적절하다고 보았다. 그는 통계학과 비슷하면서도 다른, 당시 새롭게 대두되고 있는 분야였던 임상 역학에 대해 정확하게 인식하지 못하고 있었다. 임상 역학의 창시자인 A. Bradford Hill은 이 대가들과 다른 노선을 걸었다. 흡연에 관한 논쟁 이후 Hill은 우리가 인과관계를 이해하는 데 도움이 되는 사실들의 목록을 만들었다(이 목록은 조금 후에 기술하겠다).

이제 우리는 뒤늦은 깨달음이지만, 과거의 논쟁을 되돌아봄으로써 현재의 논쟁들을 이해하는데 도움이 될 정보를 얻을 수 있다. 오늘날 거의 모든 사람들은 흡연이 폐암을 유발한다는 것을 받아들인다. 흡연은 유일한 원인(다른 환경적 독소 또한 폐암을 유발할 수 있고, 드물지만 순전히 유전적 요인에 의해서도 발생할 수 있다)은 아니지만 주요한 원인이다. 1950년대에 런던에서 수행된 환자-대조군 연구는 그러한 관계를 지지하는 최초의 강력한 근거가 되었다. 이 연구에서 Hill과 그의 동료 Richard Doll은 런던 내 20개 병원들을 조사하여 709명의 폐암 환자들을 찾아냈고, 이들을 폐암이 없는 709명의 환자들과 나이와 성별로 짝지었다. 그리고 그들은 폐암과 흡연량 간의 연관성을 찾아냈다. 그 연관성은 확정적인 것은 아니었으며, 100%의 연관성도 아니었다. 그러나 우연히 일어났다고 볼 수 있는 정도는 훨씬 넘어섰다. 핵심 쟁점은 편견이었다. 이 시기에는 아직 '교란편견'이라는 용어가 존재하지 않았지만, '명확해 보이는 관계 속에 혹시 다른 원인들이 숨어있을 수도 있지 않을까?'라는 의문은 존재하고 있었다.

통계학 대 역학

Hill 과 Doll은 그들의 연구결과들을 설명해줄 만한 다른 원인들이 존재할 것이라고는 믿기 어렵다고 하였다. 하지만 그들의 주장에는 많은 약점들이 있었다. 첫 번째로 동물 실험을 통해 담배에서 특정 발암물질을 찾아내지 못한 경우가 있었다. 두 번째는 담배 회사가 제기한 문제점인데, 그들의 데이터가 과거의 흡연 습관에 관한 기억 회상에 의존하고 있다는 점이었다. 기억 회상 방법에 문제가 있다는 것은 명백히 알려져 있다. 세 번째 역시 담배 회사에서 제기한 것으로, 폐암 발병에 환경오염 같은 다른 원인들이 작용한다는 점이다. 동일한 시기에 환경오염 또한 증가했고, 폐암이 시골보다 대도시에서 더 많이 발생한다는 사실까지도 일치했다. Fisher는 거기에 유전적 취약성이 작용할 수도 있다고 언급함으로써 결국 담배 회사의 주장을 거들었다.

Hill과 Doll은 난관에 빠졌다. 임상 역학에서는 어떻게 인과관계를 증명할 수 있는 것일까? 다른 말로 하면, 인간을 대상으로 할 때, 무언가가 또 다른 무언가를 유발한다는 것을 어떻게 증명할 수 있을까? 동물 실험이라면 선택적으로 특정 유전형을 번식시킴으로써 유전형을 조절할 수 있을 것이다. 실험실 환경 역시 통제할 수 있다. 이런 식으로 동물 연구에서는 한 가지 요인만 다르게 만들 수 있다. 하지만 이런 방식은 인간에게 적용 가능하지 않은 비윤리적인 것이다. 과연 우리는 사람에게 질병을 일으키는 원인을 증명할 수 있을 것인가?

이것이 임상 역학이 가지고 있는 어려움이다. Fisher와 Hill의 논쟁을 통해 통계학만으로는 충분하지 않다는 것을 알 수 있었다. 숫자들은 절대 완벽한 대답을 주지 못한다. 왜냐하면 숫자들은 확정적이지 않기 때문이다. 원래 통계학은 절대적인 것이 아니다. 통계학은 오류의 가능성을 측정하는 것이지 결코 오류 그 자체를 제거하는 것이 아니다.

그러므로 우리가 확실한 대답을 얻고자 한다면, 담배를 피울 수 있는 권리를 제한하는 등 인간의 자유를 통제해야 하기 때문에 문제에 봉착하게 된다. 확신을 하기에는 통계적으로 한계가 있다는 것을 알아낸 Fisher는 질병의 인과관계를 증명하는 것이 어렵다고 생각했다. 그러나 역시 그러한 한계를 알고 있던 Hill은 해결책을 제시했다.

그런데 이런 통계학과 임상 역학이 가진 철학적인 대립은 임상의들 역시 경험하게 된다. 만약 임상의들이 연구에 대해 통계학자들에게 물어본다면 역학자에게 물어봤을 때와는 다른 대답을 듣게 될 것이다. 이것은 Fisher와 Hill 사이의 논쟁에서처럼 다수의 논문들을 해석하는 경우에 있어 더욱 그러하다. 그러므로 그들이 맡은 분야에 따른 역할의 차이를 인식하는 것이 좋겠다. 통계학자들은 연구결과의 분석과 우연의 위험성에 대해 전문가들이다. 역학자들은 연구 설계와 편견의 위험에 대해 전문가들이다. 달리 말하면, 통계학자들은 RCT에 대한 전문가이며, 가설-검정 방식으로 사고하는 경향이 있다. 역학자들은 관찰적 코호트 연구에 대한 전문가이며, 효과 평가 측정 방식으로 사고하는 경향이 있다. 이 두 집단은 의학 연구에 있어 Red Sox와 Yankees의 관계와 비슷하며, 임상의들은 이 두 집단이 가지고 있는 시야가 다르다는 것을 이해할 필요가 있다.

인과관계에 대한 Hill의 개념들

이제 인과관계에 대해 A. Bradford Hill이 말한 바에 대해 알아보자. Hill은 임상 역학의 창시자로서 현대 의학뿐만 아니라 의학 통계는 그를 제외하고는 논할 수가 없다. Fisher가 무작위화 같은 아이디어를 고안했다고 한다면, Hill은 그것들을 임상 의학에 적용하였고 그것들이 여러 상황에서 갖게 되는 의미를 밝혀냈다. 그의 여러 업적 가운데 단 하나만 놓고 보아도 비범한 것이지만, Hill은 진정으로 혁명가였다. 그는 1948년 폐렴에서의 streptomycin 사용에 대한 최초의 RCT를 시행함으로써 RCT를 임상 의학 연구에 도입했다. 이것은 본질적으로 현대 의학에서의 프랑스 혁명과도 같은 것이다. 하지만 그는 RCT가 어떻게 우리를 진실에 더 가깝게 다가가는지를 보여줌과 동시에, RCT만으로는 많은 의학 연구들을 다룰 수 없다는 것을 깨닫게 된다. 마침내 그는 우리에게 임상 역학적인 관찰 연구를 설계하면서 효과적으로 통계학적 방법을 적용할 수 있는 방향을 제시했으며, 그 과정에서 의학 통계가 성립하게 되었다. 아마도 이것이 현대 의학에서 두 번째로 위대한 혁명일 것이다. 또한 Hill은 흡연과 폐암 간의 관계를 보여줌으로써, 현 시대에 가장 위험하면서도 예방 가능한 질병의 근원을 파헤쳤다.

따라서 우리는 임상 연구에서 인과관계가 있다는 결론을 내리기 위해서는 어떤 근거가 필요한지에 대한 Hill의 견해에 귀를 기울여야만 한다.

연관성(association)이 반드시 인과관계를 내포하고 있는 것이 아니라는 사실은 통계학에서는 널리 알려져 있다. 그렇다면 궁금한 점이 생긴다. 대체 어떤 경우에 인과관계를 말할 수 있을까? 이것이 바로 런던의 왕립의학회에서 Hill이 연설했던 주제였다. "환경과 질병: 연관성인가, 아니면 인과관계인가?"(Hill, 1995) Hill은 우선 (우리가 다음 장에서 다룰) 인과관계의 의미에 대해 '철학적'으로 논의하는 것을 포기했다. 그런 다음 그는 의학자로서 던져야 할 실제적인 질문을 'A라는 환경적 요인이 바뀜에 따라 B라는 원치 않는 사건의 빈도가 영향을 받는지 여부'라고 정의했다. 만약 우리가 관찰을 통해 우연에 의해 일어났다고는 할 수 없는 연관성을 알아냈다면, 이제 그 다음 질문은 인과관계를 주장할 수 있는가 하는 것이 된다. Hill은 인과관계의 구성 요소들을 다음과 같이 설명했다.

1. 연관의 강도 (strength of the association)

흡연은 폐암 발생 가능성을 약 열 배 정도 증가시키며, 심장마비의 경우 두 배 정도 높인다. 만약 제시된 원인과 직접적으로 관련된 일부 다른 요소(교란변수)를 찾아낼 수 없는 경우라면, 이렇게 열 배 혹은 그 이상과 같은 아주 큰 효과는 인과관계를 강력하게 시사하는 증거로 보아야 한다고 Hill 은 주장했다. 그는 이렇게 큰 효과 요인이 있는 경우라면 교란요인은 비교적 쉽게 발견될 수 있을 것이라고 했다. 따라서 우리는 '거기에 그런 요인이 있을지도 모르는 것이지만 증명을 할 수는 없다'라는 식의 모호한 탁상공론을 반박할 수 있게 된다(여기서 Hill은 분명히 Ronald Fisher를 염두에 두고 있었을 것이다).

그 반대는 성립되지 않는다. 단지 관찰된 연관성이 작다는 이유로 원인과 결과의 가설을 쉽게 포기해서는 안 된다. 연관성이 작지만 인과관계가 성립하는 경우도 많이 있다. 예를 들어 수막구균이 잠복 감염되어 있는 사람 가운데 소수만이 수막염에 걸린다는 것이다. 연관성이 강할 경우 인과관계의 가능성이 높아지지만, 연관성이 약하다고 해서 그 자체만으로는 인과관계의 가능성이 낮아지지 않는다.

2. 연관의 일관성 (consistency of the association)

이것은 반복해서 확인되는 것을 뜻한다. 다시 말해 '그 결과가 다른 장소, 다른 환경과 시간, 다른 사람에 의해서도 반복적으로 관찰되는가?' 반복 검증의 핵심은 정확히 똑같은 방법을 사용해서 반복하는 것이라기보다는 다른 방법을 사용해서 반복한다는 점이다. 편향된 연구는 쉽게 반복될 수 있다. 편견은 계통적인 오류를 반영하므로, 편향된 연구의 반복은 계통적으로 똑같은 오류를 발생시킬 것이다. 어느 비무작위화 관찰 연구는 양극성 우울증에서 항우울제를 중단하면 우울증 재발이 유발된다고 보고했다(Altshuler et al., 2003). 또 다른 비무작위화 관찰 연구에서도 똑같은 결과가 '반복'되었다(Joffe et al., 2005). 그 연구자들은 이런 반복된 결과가 인과관계를 뜻하는 것이라고 잘못 추론했다. 만약 RCT를 통해 똑같은 결과가 반복되었다면, 이 관찰 연구의 결과에 힘을 실렸을 수도 있었을 것이다[하지만 RCT에서는 같은 결과가 나오지 않았다(Ghaemi et al., 2008)]. RCT의 경우라면 다른 RCT에 의한 반복된 검증은 인과관계를 강하게 하는 것으로 간주될 것이다. 이는 약의 용량이 달랐다던지, 환자의 유형이 다소 달랐다던지와 같이 오히려 일부 차이점이 있는 연구에서 같은 결과가 반복될 때 더욱 그렇다.

하지만 인과관계를 성립시키기 위해 필수불가결한 요소가 있는 것은 아니기 때문에, 반복 검증이 반드시 필요하지만은 않다. '반복 검증을 한 경우가 없거나 반복이 불가능한 경우가 있을 수 있다. 그렇다고 해서 우리가 결론을 내리는데 주저할 필요는 없다.' 아주 드물게 나타나는 부작용 같은 경우가 그렇다. 예를 들어, lamotrigine이 약 1,000명 중 1명꼴로 Stevens-Johnson syndrome을 일으킨다고 하면, 통계학적으로 유의한 반복 검증을 위해서는 표준편차가 작다고 가정할 때 약 3,200명이 이 약을 복용해야만 한다. 이런 종류의 반복 검증은 비윤리적일 뿐만 아니라 실행도 불가능하다. 따라서 이는 통계에서 p-값으로 접근하는 방식의 한계를 보여주는 것으로 '통계적 유의성'이라는 개념의 의미가 굉장히 제한적임을 알게 해주는 또 하나의 이유가 된다. 인과관계는 그보다 훨씬 더 중요하고 포괄적인 개념이다

3. 연관의 특이성 (specificity of the association)

흡연은 폐암을 유발하지만, 전혀 동떨어진 것을 유발하지는 않는다. 하지만 조심해서 접근해야 하는데 어떤 '노출들'은 여러 가지 결과들을 유발할 수 있기 때문이다. 흡연은 단지 폐암에 국한되지 않고 여러 가지 다른 종류의 암 발생의 위험 역시 높인다고 밝혀졌다. 이에 더해 인과관계에서는 하나의 양성 결과를 통해 인과관계를 추론할 수 있는 힘이 하나의 음성 결과를 가지고 인과관계를 배제할 수 있는 힘보다 훨씬 더 크다. '만약 연관에 있어 특이성이 존재한다면, 우리는 망설임 없이 결론을 내릴 수 있을 것이다. 하지만 그것의 특이성이 명백하지 않다고 해서 우리가 꼭 애매하게 중립적인 태도를 보일 필요는 없다.'

4. 시간적 관계 (temporality)

시공간의 세계에서 원인은 결과에 선행한다. 그러므로 시간이 한 방향으로만 흐른다는 일방향성이 중요하다. Fisher는 흡연과 폐암 간의 관련성이 양방향의 인과관계일 수도 있다고 주장했다. 폐암 환자가 자신의 암이 주는 자극을 줄이기 위해 더 많이 흡연할 수도 있다는 것이다. 하지만 Hill 은 대부분의 흡연자들이 폐암이 생기기 훨씬 전 젊었을 때부터 흡연을 시작했다는 것을 밝혀냈다.

5. 생물학적 기울기 (biological gradient)

이것은 용량-반응관계(dose-response relationship)를 뜻한다. 담배를 많이 피울수록 폐암 발생률은 더 높아진다. 이렇게 기울기가 존재한다면 선형적인 인과관계를 밝혀낼 수 있는 경우가 많다. 하지만 선형이 아닌 더욱 복잡한 형태의 관계도 존재할 수 있다. 따라서 이 요소는 명확한 것이 아니며, 이 요소가 없다고 해서 인과관계를 배제할 수 있는 것은 아니다.

6. 개연성 (plausibility)

Hill은 생물학적으로 개연성이 있으면 인과적으로 추론하는데 도움이 된다고 했다. 이것은 약한 요소다. 왜냐하면 생물학적으로 개연성이 있다는 것은 그 시대의 생물학적 지식에 의존하는 것이므로 결국 기존에 생물학적 연구가 이루어졌는지 유무에 좌우되기 되기 때문이다. 여기에는 악순환이 존재할 수 있다. Hill의 연구 발표 이전에는 흡연과 폐암간의 연관성에 대해 심각하게 생각해보지 않았기 때문에 사람들이 이것을 연구해야만 한다는 생각을 해본 적이 없었을 것이다. 즉, Hill 과 그의 연구팀이 이 임상적 연관성을 찾아냈을 당시에는 그들의 결과를 설명할 수 있을만한 기존의 생물학적 연구가 부재한다는 깊은 구렁텅이와 직면을 하게 되었다. 그리고 이런 생물학적 연구가 시행되기 까지는 수십 년이 걸렸다. Hippocrates 시대부터 존재했으면서도 당시 생물학적 연구자들의 무수한 추측들과 대립했던 Hill의 주장은 바로 여기에서 비롯된 것이었다. 임상 관찰은 생물학을 능가하지만 생물학은 임상 관찰을 능가하지 못한다. Hill은 Arthur Conan Doyle의 소설 주인공 Sherlock Holmes가 한 말을 인용했다. 당신이 불가능성을 다 제거하고 난 다음에는, 남아있는 것이 아무리 사실 같지 않더라도, 그것은 진실임에 틀림없다. 우리는 통계학과 역학이라는 렌즈에 의해 예리해진 우리의 임상적 시각을 믿어야만 한다. 그리고 현재의 생물학적 이론들이 아직 그것을 설명하지 못한다는 이유만으로 우리가 실제로 관찰한 것을 배제해서는 절대로 안 된다.

7. 합치성 (coherence)

관찰을 지속하면서 우리는 우리의 관찰 결과가 생물학적인 맥락에서 합당하게 설명될 수 있는지에 대해서도 잘 살펴보아야 한다. '우리의 데이터에 대한 인과관계를 해석할 때 그것은 해당 질환에 대해 기존에 일반적으로 알려져 있는 자연사와 생물학적인 사실들과 심각하게 충돌해서는 안 된다.' 예를 들어 어느 누구도 질병의 원인이 외계에 있다고 언급하고 싶지는 않을 것이다. 비록 완전히 무관하다고 말할 수는 없을 지라도 말이다. 최근 하버드 의대 정신과의 어느 분별력 있는 교수가 외계인에 의한 납치 사건으로 인해 성적인 외상이 생긴 사례들을 조사한 적이 있었다. 다수의 사례들을 수집한 다음, 그 교수는 (그의 베스트셀러가 된 책에서) 통상의 과학적인 시각을 적용하여 그 인과관계에 대해 논의했다(Mack, 1995). 그의 주장에 대해 Hill의 조언을 적용시켜보자면, 외계인에 의한 납치와 성적 외상은 연관성이 있었고, 효과크기도 존재하였으며, 일관성과 명백한 특수성, 원인–결과의 분명한 시간 관계 또한 존재하였고 심지어 용량 반응 관계까지 나타났다(납치 기간이 길수록 외상후 스트레스 증상들이 더 많았다). 하지만 인간 생물학이라는 최소한의 사실과는 근본적으로 무관했다.

즉, 합치성이란 비록 사소한 것처럼 보일지라도 작은 문제가 아니다. 만약 원인-결과 관계를 비논리적으로 풀어나갔다면 그것은 받아들여지기 어려울 것이다. 또한 많은 논리적 관계들이 형이상학적으로 보면 비합치적이다.

8. 실험 (experiment)

인간이 사는 세상 바깥에서는, 즉 임상 연구를 제외하고는 과학적으로 인과관계를 보이기 위한 방법으로 실험이 전부라고 할 수 있다. 세포나 동물 또는 화학 물질을 가지고 수행하는 기초 연구에서 우리는 비로소 진정한 실험을 할 수 있다. 한 요소만을 제외하고 다른 모든 측면을 통제하고 난 다음에 비로소 우리는 X가 Y를 유발했다고 명확히 결론지을 수 있다. 인간을 대상으로 한 연구에서는 이러한 식의 환경 통제는 비윤리적이며 비현실적이다. 사실 RCT는 인간을 대상으로 한 실험이라고 할 수 있다. RCT는 (비교적 완벽하게 통제되는 동물 실험과는 달리) 절대적인 확실성을 보여주는 것이 아니라 단지 확률을 사용해서 인과관계의 일면을 설명할 수 있게 해주는 방법이다. Hill은 RCT의 실험으로서의 역할을 강조하지는 않았는데, 이것은 그가 통계학자들보다는 주로 역학자들을 상대했기 때문이다. 오히려 그는 우리가 인과관계를 지지할 수 있는 중재법을 만들 수 있다고 말하기도 했다. 예를 들어, 어떤 노출을 제거함으로써 더 많은 질병을 예방할 수 있는지를 보면, 이를 통해 인과관계를 입증할 수 있다는 것이다.

어떤 면에서 Hill은 Fisher와 대립했기 때문에 실험으로서의 RCT

의 역할을 과소평가했을 수도 있다. Fisher가 인과관계 입증을 하기 위해서는 RCT가 필수적이라고 주장했기 때문이었다. 그러나 Hill이 Fisher와 다른 주장을 한 이유 가운데 하나는 RCT가 흡연과 같은 임상적 주제들에 대해 적용하기에는 비윤리적이거나 비현실적인 방법이기 때문이기도 했다.

보다 일반적인 관점에서 보면 Fisher에 동의하고 싶기도 하다. 그리고 나는 우리가 Hill보다 더욱 정확해야 한다고 생각한다. 나라면 실험을 인과관계를 구성하는 요소의 여덟 번째로 놓아두지는 않았을 것이다. 나는 (흡연과 같은 상황을 고려했던 Hill의 입장과 같이) 가능한 경우에 한정하여 실험함으로써 RCT를 수행할 수 있다고 본다. 그리고 RCT가 우리에게 가장 강력한 근거를 제공해 주는 것이기 때문에, 나는 목록의 첫 번째에 실험을 올렸을 것이다(물론 내 의견이 절대적인 것은 아니다).

이 목록에 있는 어느 기준도 필수적인 것은 아니라는 사실을 기억하자. RCT가 없다고 해서 인과관계를 배제할 수는 없다. 그리고 RCT가 있다고 해서 인과관계가 반드시 성립하는 것도 아니다. 게다가 RCT는 인간을 대상으로 하는 실험이기 때문에 실행 가능성과 윤리에 대한 문제점이 있다. 어떠한 RCT도 흡연이 폐암을 일으킨다고 입증한 바 없으며 그렇게 할 수도, 그렇게 해서도 안 된다. RCT를 하기 위해서는 각각 최소 5,000명의 환자를 무작위로 할당시킨 두 군이 있어야 했을 것이며, 이들이 약 10~20년 동안 흡연을 하거나 하지 않게 해야 하며, 그런 다음 치료가 불가능한 폐암을 결과로 놓고 평가해야 한다.

9. 유사성 (analogy)

인과관계는 이치에 맞고 반복되는 것이어야 한다는 특징이 있다. 그에 비해서 이 요건은 덜 중요할 수도 있겠다. 예를 들면, Hill은 풍진 바이러스가 태아의 기형과 관련되어 있다는 사실로부터 다른 바이러스들도 비슷한 위험을 가지고 있을 가능성을 유추해볼 수 있다고 했다.

여기까지가 인과관계에 대해 Hill의 주장한 아홉 가지 특징으로서 그가 중요하다고 생각했던 순서대로 나열하였는데, 나는 표 10.1에서 순서를 좀 바꿔 보았다.

표 10.1 Bradford Hill이 제시한 인과 관계의 특징

1. 실험 (RCT)
2. 연관성의 강도 (효과크기)
3. 연관성의 일관성 (반복 검증)
4. 연관성의 특수성
5. 시간상의 관계 (원인은 결과에 선행한다)
6. 생물학적 기울기 (용량-반응 관계)
7. 생물학적 개연성
8. 근거의 일관성
9. 유추

출처: A. B. Hill, Principles of Medical Statistics, 9th edition, 1971

이 9가지 특징은 종종 'Hill의 기준(Hill criteria)'이라고 불리지만, 우리는 인과관계라는 것이 단순히 체크리스트와 기준에 대한 문제

가 아니라는 것을 명심해야 한다. Hume이 지적한 것처럼 이것은 보다 개념적인 문제이다. 우리가 인과관계를 결론지으려면 (임상적 및 생물학적인) 근거의 여러 특징들을 저울질할 필요가 있다. 하지만 이러한 모든 노력에도 불구하고, 오래전에 Hume이 생각한 바와 같이 인과관계는 절대적으로 확실하게 증명할 수 있는 것이 아니라, 인과관계가 있을 확률이 높은가 하는 것에 대한 문제이다.

Hill의 젊은 동료였던 Richard Doll 경은 Hill의 목록을 4가지 핵심으로 추려내서 만약 어떤 주제에 대해 이 4가지 요소들을 만족할 수 있다면 명백히 인과관계가 있을 것이라고 말하기도 했다. "수천 가지의 역학 조사들을 검토한 경험을 바탕으로 해서 우리는 다음과 같은 결론을 냈다. 용량-반응 관계의 근거가 있고, 상대 위험도(relative risk)가 클 때(>20:1), 이것이 방법론적 편견으로 설명될 수 없거나 또는 합리적으로 우연에 의한 것으로 볼 수 없다면($p < 1 \times 10^{-6}$), 그 자체로 적절하게 인과관계를 나타내는 증거가 될 수 있다."(Doll; p. 512.)

4가지 요인들은 ⓐ 매우 큰 상대 위험도 ⓑ 용량-반응 관계 ⓒ 편견의 최소화 ⓓ 아주 작은 우연에 의할 가능성($p < 0.00001$)이다. Doll은 1950년도의 흡연 데이터가 이 기준들을 만족하고 있다고 지적했다. 이것은 정신이 번쩍 들게 만든다. 왜냐하면 이 진실의 힘이 담배 회사들에 의해 만들어진 조직적인 거짓 주장들을 극복하기에 반세기가 넘는 시간이 소요되었기 때문이다(연구에도 정치가 중요하게 작용한다는 것을 보여준다. 17장 참고). Doll이 근거에 대한 기준점을 높게 잡았다는 점에 대해서도 또다시 정신이 번쩍 든다. 오늘날 대부분의 근거들은 Doll이 생각한 기준점에 훨씬 미치지 못하고 있다. 그러므로 Hill이 제안한 다른 요소들에 대해서도 관심을 가져야 한다. 에스트

로겐 피임약을 복용한 사람에서 암 발병의 상대 위험도가 조금 높았다는 연구는 동물 연구를 통해 유사한 효과가 입증되고 나면 유효한 설득력을 가질 수 있을 것이다.

생물학적 인과관계

Koch의 기준으로 요약되는 인과관계에 대한 전통적인 생물학적 관점을 들어 역학의 중심이자 EBM의 핵심적인 개념인 Hill의 제안에 대해 반대할 수도 있을 것이다. 세균의 시대가 도래한 19세기에 독일의 Robert Koch는 다음과 같은 기준이 만족된다면 세균성 물질이 특정 질병을 일으키는 것으로 결론지을 수 있다고 주장했다.

1. 그 물질이 배양되었을 때는 항상 그 질병이 있었다.
2. 그 질병이 없었을 때 그 물질은 배양되는 경우는 없었다.
3. 그 물질이 제거되었을 때 그 질병이 사라졌다. (Salsburg, 2001; p. 186.)

이 Koch의 인과관계에 대한 정의는 철학자 Bertrand Russell이 나중에 '실질적 함축(material implication)'이라고 명명했던 것과 유사하다(11장 참고). 그것은 해당 물질이 해당 질병을 유발하는데 필요하고 그만큼 충분하기도 한 일부의(전부는 아니다) 감염성 질환에 대해 적용할 수 있다. 그러나 많은 종류의 원인들은 해당 질병을 유발하는데 필요하지만 충분하지는 않다. 충분하지만 필요하지는 않은 원인들도 있다. 어떤 원인들은 필요하지도 않고 충분하지도 않지만 그래도 원인이다. 흡연은 가장 마지막 범주에 속해 있다. 누군가는 흡연하지 않았음에도 불구하고 폐암에 걸릴 수 있다. 누군가는 흡연을 하지만 폐암에 걸리지 않을 수 있다. 하지만 흡연은 폐암의 원인이다. 인과관계에 대해 생물학적 정의를 적용해 보면, 대부분의 만성 질환들은 다수의 원인들을 가지고 있기 때문에 잘 맞지 않았다. 이것이 Hill이 풀고자 했던 문제였다.

인과관계는 개념이지 숫자가 아니다

Hill은 인과관계가 우연에 대한 것도 아니고 통계의 사용에 관한 것도 아니라는 것을 상기시키면서 자신의 발언을 마무리했다. 인과관계는 개념적인 문제다. 다시 말해, p-값과 통계적 유의성은 인과관계와는 관련이 없다. 이 흔한 오해가 의학 통계에서의 정말 중요한 문제점이다. 이에 대해 나는 1965년에 Hill이 스스로 이 문제점에 대해 이야기한 것을 인용해 보겠다.

> 전적으로 불필요한데도 불구하고 유의성 검정을 하는 경우가 셀 수 없이 많다. 차이점이 터무니없이 명백한 경우, 무시해도 되는 경우, 또는 유의한지 아닌지를 형식적으로 따지는 것이 현실적으로는 너무나 사소한 것인 경우가 많은 것이다. 우리는 쓸데없이 t table에 푹 빠져 있다. 다른 곳으로 시야를 돌려야 한다. …
>
> 물론 나는 지금 과장하고 있다. 하지만 나는 아직도 우리가 그림자를 잡고 본질을 놓치면서 시간의 대부분을 허비하고 있다고 생각한다. P-값이 무엇이든지 간에, 합리적인 결정을 하고 자료를 해석하는 것에 있어서 우리의 수용력을 약하게 만든다. 그리고 우리는 '특별한 차이가 없다'는 것을 '차이점이 없다'라고 필요 이상으로 추론하게 된다. 검정은 훌륭한 일꾼이지만, 동시에 나쁜 주인이다.

실제적 인과관계

이번 장의 마지막 요점은 Hill이 자신의 연설 마지막에 이야기했던 내용으로 잡는 것이 적절하겠다. 의학에서 인과관계란 이론적인 문제가 아니라 실제적인 문제다. 인과관계를 추측하거나 추측하지 않은 이유는, 그것이 약 X를 환자 Y에게 처방할지 말지에 대한 문제이기 때문이다. 인과관계가 있다고 할 만한 기준점은 쉽게 정할 수 있는 문제가 아니다. 만약 내가 심각한 부작용들을 가지고 있는 약물을 처방할 것인지 고민 중이라면, Hill이 제시한 기준들이 가급적 많이 충족되기를 원할 것이다. 만약 내가 식당에서 흡연할 수 있는 시민들의 권리를 제한해야 할지에 대해 고민 중이라면, 역시 Hill의 기준들이 가급적 많이 충족되기를 원할 것이다. 그러나 만약 내가 인과관계 추론에서 실제적으로는 덜 중요한 효과를 연구하는 중이라면(예를 들어, 일광 노출 후 REM 수면 잠복기가 줄어드는지를 조사하는 연구), 인과관계를 수용할 수 있는 기준을 낮게 잡아도 그다지 해롭지 않을 것이다. 우리가 인과관계에 대한 기준점을 잡는 것과 무관하게 진실은 여전히 진실일 것이다. 그러나 중요한 임상적 의문에 대한 답이 요구될 때, 우리는 어쨌든 움직여야 한다(이 문제는 Bayesian 통계를 통해 다룰 수 있다. 14장 참고). 우리는 어느 한 쪽으로 결정을 내릴 수도 있으며, 철학자 William James가 말한 것처럼 결정하지 않는 것도 결정을 내리는 한 가지 방식(쉽고 소극적인 방식)이다(James, 1956 [1897]). 우리가 절대적인 확신을 가질 수가 없기 때문에 통계학을 통해 인과관계를 추론하거나 다른 무언가를 할 수 없다는 사실을 기억하자. Laplace가 말한 바와 같이 통계학이란 오류를 무시하기 보다는 수량화하는 한 가지 방법일 뿐이다. 우리가 기꺼이 받아들일 수 있는 오류의 양은 그 상황에 달려 있다. 1965년에 Hill은 다음과 같이 말했다.

> … 근거가 비교적 적지만, 우리는 임산부에게 입덧을 완화시키는 약의 사용을 제한하기로 결정할 수 있다. 이 경우 우리가 연관성으로부터 인과관계를 추론한 것이 잘못되었다고 할지라도 큰 위해는 없을 것이다. 무고한 여성과 제약 회사는 의심할 바 없이 살아남을 것이다. … 실험 연구와 관찰 연구를 불문하고 모든 과학 연구는 불완전하다. 모든 연구는 향상된 지식에 의해 변경되거나 뒤집혀질 수 있다. 그것은 우리가 이미 알고 있는 지식을 무시하거나 혹은 유한한 시간 속에서 우리가 해야 하는 행동을 지연시킬 수 있는 자유를 부여하지 않는다. Robert Browning이 질문한 것처럼, 오늘 밤 세상이 끝날 것인지 그 누가 알겠는가?

반복 검증과 믿고자 하는 소망

여러분이 통계학을 개념적으로 그리고 역사적으로 모두 다 잘 이해했다면, 단 하나의 보고만 가지고는 명확한 것으로 볼 수 없다는 사실을 깨닫게 되었을 것이다. 반복 검증이야말로 의학에서 인과관계를 말하는 데 핵심적인 특징이다. Fisher와 Hill 간에 있었던 흡연과 폐암에 대한 논쟁은 우리에게 이러한 사실을 가르쳐 주었지만, 역사는 숙고되지 못했으며 통계학은 아직도 개념적으로 거의 이해되지 못하고 있다.

그 결과 초기의 연구들, 혹은 초기의 보고들로부터 흘러나온 최초의 인상들이 임상의의 의식 속에 계속 큰 힘을 미치고 있는 것 같다.

이런 현상은 경험적으로 기록되기 시작했다. 어느 한 분석에서 연구자들은 49개의 많이 인용된 임상 연구를 검토해 보았다(Ioannidis, 2005). 그 연구들은 대부분 치료의 이득을 주장하는 내용이었다. 나중에 나온 연구들 가운데, 초기의 연구를 반박하는 연구는 16%였고, 또 다른 16%는 이득의 효과크기가 작다고 보고했다. 44%는 반복 검증되었고, 24%는 결코 다시 조사되지 않았다. 만약 초기 연구가 비무작위 연구였거나 또는 무작위 연구라도 표본수가 작았다면, 그 초기 보고들이 나중에 반박될 가능성이 더 높았을 것이다. 후속 연구에 의해 반박된 비율은 비무작위 연구의 경우 6개 중 5개(83%)였지만, RCT의 경우 39개 중 단지 9개(23%)였다.

만약 우리가 반복 검증이라는 Hill의 주장을 적용해 본다면, 많이 인용된 임상 연구들의 절반 이상은 이 기준을 만족하지 못했다. 만약 음성 결과에 대한 반복 검증보다 양성 결과에 대한 반복 검증을 사람들이 보다 쉽게 받아들이는 경향을 보이지 않았다면, 이것은 우리를 멈추게 하기에 충분했을 것이다. 임상적 견해라는 것은 심지어 그것에 대해 연구가 진행되고 나서 반대되는 결과가 나온 다음에도 변하지 않는다(Tatsioni et al., 2007). 이 연구자들이 1993년 대규모 역학 연구 보고에서 나온 결론이었던 비타민 E 보충이 심혈관계에 이득이 있다는 관점을 검토해 보았다. 다른 비무작위 연구에서도 이득이 나타났으며, 2002년도에 시행된 RCT 연구도 마찬가지였다. 그러나 2000년에 시행된 가장 규모가 크고 훌륭하게 설계된 연구에서는 이득을 찾을 수 없었다. 2004년에 이 모든 연구들을 포함시켜 수행한 메타 분석에서 역시 이득을 찾을 수 없었고, 오히려 고용량의 비타민 E 섭취는 사망 위험을 증가시킨다는 사실이 나타났다. 저자들이 1997년에 발표되었던 초기 연구들을 분석해 보았더니 대부분 RCT 연구 전에 나온 것들이었으며, 비타민 E가 이로울 것이라는 초기 가설에 명백하게 반하는 논문이 나온 2005년도에 쓰인 후기 논문들과 대조적이었다. 비록 비타민 E에 대해서 비우호적인 결과를 보고한 논문이 발표된 비율은 1997년(2%)이 2005년(34%)에 비해 훨씬 적었지만, 2005년 논문들의 50%에서 우호적인 초기의 문헌을 계속 인용하고 있었으며, 따라서 틀린 것들이었다. 연구자들은 (나중에 틀린 것으로 입증되긴 했지만) β-카로틴이 암에, 그리고 에스트로겐이 치매에 이득이 있다고 한 초기의 연구들에서도 역시 비슷한 패턴을 찾을 수 있었다.

연구자들은 사람들은 일반적인 것보다는 특별한 것에 더 주목하고, 입증되지 않은 치료에 대해서 호의적인 논문들이 발간되는 경향이 있다고 보았다. 이 논문의 일부를 보자.

반론에 대해 평가할 때는 기존의 연구결과(신념)를 필사적으로 방어하기 위해 모든 종류의 편견과 유전적 다양성, 생물학적 이유들이 동원된다. 같은 주제에 대해 매우 강력하게 반박하는 무작위화된 증거가 나왔음에도 불구하고, 결과에 대한 방어를 계속한다. 대부분의 의학적인 사안들에 대해 RCT는 거의 없고, 있다고 하더라도 매우 적거나 질이 좋지 않은 상황에서, 반대 의견을 완전히 포기해버린 것은 아닌지 궁금할 정도다.

(Tatsioni et al., 2007)

Hill과 Fisher가 논쟁을 벌인지 반세기가 지났지만, 나는 그들이 오늘날의 현실을 목격한다면 아마 실망할 수는 있어도 그렇게 놀라지는 않을 것이라고 생각한다.

Chapter 11

통계의 철학

다른 학문 분야와 마찬가지로 통계학 역시 외부와 단절된 진공 상태 안에 존재하는 것이 아니다. 통계학은 과학에 대한 우리의 관점을 반영하는 것이기 때문에 그것을 어떻게 이해하는가와 어떻게 이용하는가는 우리가 과학으로 무엇을 하려고 하는지에 달린 문제다. 대부분의 통계학 교과서들은 이러한 문제를 다루지 않고 있으며, 만약 다루고 있다고 하더라도 형식적인 수준에 그치고 있다. 그러나 이것은 자신의 추정을 평가하고, 그에 대한 논리적 근거를 얻기를 원하는 통계학자와 임상의들에게 중요한 문제다.

문화적 실증주의

대부분의 의사들은 과학에 대해서 더 큰 문화로부터 내려온 어떤 무의식적인 철학을 가지고 있는 것 같은데, 실증주의(positivism)가 바로 그것이다. 실증주의의 관점에 따르면, 과학이란 사실들의 축적이다. 사실에 기반을 둔 사실은 과학적 법칙을 만들어낸다. 19~20세기의 대부분을 지배한 과학에 대한 실증주의적 관점은 우리의 뼛속까지 스며들게 되었다. 하지만 20세기 후반부터, 더 정확하게는 1960년대 이후에, 과학 철학자들은 '사실'이 독자적인 독립체로서 존재하지 않는다고 보기 시작했다. 사실은 이론과 가설과 서로 얽혀 있는 것으로, 이론으로부터 분리될 수 없으며, 과학은 연역적인 측면이 대부분으로 그다지 귀납적이지 않다.

19세기의 미국 철학자이자 물리학자였던 Charles Sanders Peirce 는 무엇이 과학의 실제적 실용성과 관련이 있는 것인지에 대해 알고 있었다. 과학자에게는 가설이 있고 이론이 있다. 이 이론은 이전 연구에 기반했을 수도 있고, 근거 없이 상상해낸 것일 수도 있다[Peirce 는 이를 '귀추법(abduction)'이라고 명명했다]. 이제 과학자는 그의 이론을 사실에 의해 (관찰과 같은 소극적 방법이나 실험과 같은 적극적 방법 가운데 어느 하나로) 입증하거나 반증하려고 한다. 이러한 방식에서는 가설이 선행되지 않고서는 어떠한 사실도 관찰될 수 없다. 그러므로 사실은 '이론 의존적(theory-laden)'이다. 사실과 이론 사이에는 분명한 경계선이 그려질 수 없다(Jaspers, 1997 [1959]).

입증 혹은 반증?

이러한 가설과 사실 간의 관계는 우리를 딜레마에 빠지게 한다. 우리가 가설을 검정할 때, 입증하는 것과 반증하는 것 중에 무엇이 더 중요할까? 실증주의적 관점은 이론들이 사실임을 입증하는 방향으로 치우쳐 있다. 이 때 사실은 이론들을 입증하기 위한 사실에 기반하게 된다. 과학에서 이러한 관점을 '확증주의(verificationism)'라고도 한다. 20세기 중반에 Karl Popper는 확정(confirmation)에 대해 반증하는 것을 통해 실증주의에 반기를 들었다. 만약 단 하나라도 부정적인 결과가 명확하다면, 그것만으로 가설을 기각할 수 있다. 반면에 아무리 긍정적인 결과라도 잠정적인 것이라면, 그것을 통해서는 절대로 가설을 분명하게 입증할 수 없다. 왜냐하면 부정적 결과가 나오게 되면 기각될 것이기 때문이다. Popper의 관점을 조사해 보고, 그것을 통계학에서 어떻게 대입해볼 수 있을지에 대해 좀더 자세하게 살펴보겠다.

과학에 대한 Karl Popper의 철학

나는 오늘날 과학이 가진 추정에 대한 철학은 거의 철학자 Karl Popper로부터 비롯되었다고 본다(Popper, 1959). Popper는 과학이 전통적으로 고수해온 귀납적 정의를 대신하는 연역적 정의를 제공했다. 고전적으로 과학은 사실들의 축적을 통해 구성되어 온 것처럼 보인다. 사실들이 더 많아질수록, 더 과학적인 것이다. 이러한 귀납적 시각의 문제점은 David Hume이 제기한 것과 같다. Hume은 이러한 접근법을 통해서는 결코 어떠한 것도 확실하게 증명할 수 없을 것이라고 했다. Popper는 과학이 완전하게 확실해야 한다고 생각했으며, Einstein의 발견 속에서 그러한 확실성을 찾아볼 수 있다고 생각했다. Einstein은 그의 이론에 기초를 둔 확실한 예측들을 만들었다. 만약 그러한 예측들이 잘못됐다면, 그의 이론은 틀린 것이다. 그의 전반적인 이론이 틀렸음을 입증하기 위해서는 단지 한 가지 실수만이 요구되었다. Popper에 따르면 어떤 이론이 틀렸음을 입증할 수는 있지만, 명백하게 옳다고 입증할 수는 없는 것이 과학의 속성이다. 그렇다면 최고의 과학 이론들은 반증 가능한 명제들로 만들어진 이론들일 것이다. 그리고 그런 명제들이 반증될 수 없는 경우에 비로소 그 이론들은 진실이 될 것이다. Popper는 Freud와 Marx를 예로 들면서 사실상 그들의 생각을 반증할 수 있는 방식이 없는 상태에서 과학적인 이론들을 제시했다고 비판했다. 이러한 접근 방식은 현대 과학자들 사이에서 상당히 대중화되었다. 어떤 의미에서 Freud와 Marx는 비판하기 쉬운 대상들이다. Darwin의 이론 역시 반증할 수 없었기 때문에 거부될 수밖에 없었다. 하지만 Popper는 우리에게 '어떤 이론들이 진실이다'가 아니라 '어떤 이론들이 진실이 아니다'라고만 이야기했기 때문에, 결국 Hume이 제기한 문제를 해결하지는 못했다.

반증의 한계

요약하자면, (Popper에게 많은 영향을 받은) 현대 과학의 관점은 반증을 통해 가설을 검증하는 것에 집중되어 있다. 이러한 철학은 통계학에서도 역시 마찬가지로, 특히 p-값을 중요하게 여기고 귀무가설을 반증하려 하는 개념 속에 잘 반영되어 있다(7장 참고).

하지만 내 견해로는 이러한 반증주의는 그보다 더 오래된 확증주의만큼이나 잘못된 것이다. 왜냐하면 단 하나의 반증만을 갖고서는 확신할 수가 없기 때문이다. 우리는 부정적 결과들을 얻고 나서야 긍정적인 결과들을 얻을 수 있다. 그럼 앞서 처음의 부정적 결과들을 만들어 낸 것은 무엇인가? 통계학에서 반증에 대해 지나치게 강조한 결과 p-값이 남용되고 말았다. 만일 우리가 긍정적인 결과에 대해 적절히 이해할 수 있었다면, 우리는 지금쯤 다른 종류의 통계(서술적인 효과크기에 기반한 방법, 9장 참고)를 더 많이 사용하고 있을지도 모른다.

과학에 대한 Charles Peirce의 철학

Charles Peirce의 관점은 귀납적인 방식의 과학 철학으로 이어졌다 (Peirce, 1958). 그러나 여기서 귀납법이란 전통적인 의미로 쓰이지는 않는다. Peirce는 과학의 한 방법으로써 귀납법을 채택했다. 왜냐하면 귀납적인 접근을 통해 진실일 가능성이 증가된다는 점이 인정되고, 이러한 가능성들이 확실성에 매우 근접하고 있기 때문에 근거가 축적되고 난 어느 지점에 이르게 되면 그 확실성을 부인하는 것이 무의미하다고 수학적으로 입증되었기 때문이다. 또한 Peirce는 또한 거의 확실한 정도의 귀납적 지식 축적은 여러 세대를 걸쳐 이어져 온 과학적인 과정이라는 점과, 이러한 지식의 축적을 기반으로 해서 과학자들이 공동으로 논의한다면, 무엇이 진실일 것인지에 대해 합의에 도달할 수도 있을 것이라고 말했다.

다시 인과관계로

이제 통계학에서 핵심적인 철학인 인과관계에 관한 문제로 되돌아 가보자. 나는 10장에서 18세기 철학자 David Hume의 기본적인 생각, 즉 귀납적 추론을 통해서는 인과관계를 완전히 확신할 수 없다는 주장에 대해 논평한 바 있다. 이후 철학자 Bertrand Russell은 '실질적 함축(material implication)'이라는 관계 개념을 제시했는데, 그는 만약 A가 B를 유발한다면, A는 B를 '실질적으로 함축한다'고 주장했다. 다시 말해서, A에는 B에도 역시 포함되는 무언가가 존재한다 (Salsburg, 2001). Russell은 이 실질적 함축을 다른 논리적 관계의 상징적인 유형들[예를 들어, '그리고'의 관계인 합언(合言, conjunction), '또는'의 관계인 선언(選言, disjunction)]과 구분했다. 우리가 'A라면, B이다'라고 말할 때, '~라면, ~이다'의 관계는 상징적인 것만은 아니고 어느 정도 실질적인 기반을 가진다. 이것이 Russell의 관점이었다. 이러한 관점은 인과관계에 대한 문제점을 해결해주지는 못했지만, 인과관계가 전적으로 논리적인 차원에서의 문제가 아니라 경험적인 부분을 수반하고 있다는 개념을 제안한 것이다.

　Hume과 Russell의 철학적인 개념 말고도 인과관계에 대해 개념을 제시했던 사람은 19세기 프랑스에서 실험 의학을 창시한 사람들 가운데 한 명인 Claude Bernard였다(Olmsted 1952). Bernard는 A를 제외한 모든 조건이 일정하게 유지되는 상황에서 실험을 수행했을 때 B라는 결과가 나오는 것을 보이게 된다면, A가 B를 초래한다고 결론지을 수 있다고 주장했다. 이런 방식의 인과관계 증명은 실험적 요인 한 가지만 제외하고는 모든 요인들을 통제할 수 있다는 가정 하에서 가능하다. 그렇기 때문에 물리학이나 화학 등 무기물을 다루는 분야에서는 보다 쉽겠지만, 생물학과 의학 등 유기물을 다루는 분야에서는 어렵다. 하지만 그래도 가능하긴 하다. 예를 들어, 오늘날 우리는 동물을 연구할 때, 유전자 전체가 사전에 고정되어 있는 연구를 수행할 수 있다. 다시 말해 실험 동물이 어떤 특정 유전자 상태를 가지도록 조작할 수 있고, 태어날 때부터 죽을 때까지 그 동물의 환경을 조절할 수 있다. 이렇게 유전적 요소와 환경적 요소 모두를 통제시키는 상황 속에서는 Bernard가 규정한 실험적 인과관계가 성립할 것이다.

　하지만 인간에 대해 이런 방식으로 인과관계를 조사하는 것은 비윤리적이고 실행 불가능한 것이다. 이런 상황에서 최선의 선택이 바로 무작위화이다. 하지만 앞서 계속 논의한 바와 같이 무작위화를 통해 불확실성을 감소시킬 수는 있겠지만, 결코 불확실성을 없애지는 못한다. 따라서 확실한 인과관계는 알아낼 수 없다. 하지만 인간을 대상으로 한 연구에서는 RCT가 Bernard이 말한 실험적 인과관계에 가장 근접한 방법이며, 이를 통해 우리는 인과관계를 보다 많이 알아볼 수 있게 된다. 인과관계를 주장하기 위해서는 RCT가 필요하다고 말한 Fisher는 옳았다. 그리고 불확실성을 줄이기 위해서는 RCT뿐만 아니라 다른 방식의 연구들을 모두 종합해서 볼 필요가 있다고 말한 Hill도 역시 옳았다.

일반적인 것 대 개별적인 것

통계학에서 또 다른 철학적인 문제들은 통계학이 어떻게 개별적인 것에 반하는 일반적인 것을 반영할 수 있는가 하는 것이었다. 벨기에의 사상가인 Quetelet는 1840년대에 이러한 문제를 인식하였다. Quetelet는 "개인의 특징은 결정론적 법칙에 의해 대표될 수 없다는 사실을 알고 있었다. 그렇지만 집단들을 아우르는 평균은 개별적인 특징을 대표할 수 있다고 믿었다"(Stigler, 1986; p. 172). 약 반세기가 지난 후, 독일의 철학자들(Wilhelm Windelband와 Heinrich Rickert)은 이 일반적인 차이를 과학의 본질과 한계에 대해 이해하기 위한 토대로 삼았다. 과학은 일반적인 법칙으로 구성되어 있으며, 유일무이한 개인에 대한 것이 아니다. 그들은 지식에는 두 종류, 질병학적(nosographic: 과학적, 일반적, 통계학적, 집단 기반적)인 것과 개별적(idiographic: 사례적, 고유성, 유일무이)인 것이 있다고 보았다. 과학은 일반적인 법칙을 '설명한다(Erklaren)'. 철학과 인문학은 개인의 고유한 특징을 '이해한다(Verstehen)'(Makkreel, 1992).

통계학이 수학, 천문학, 물리학에 국한되어 사용되었을 때는 이런 문제들이 제기되지 않았다. 그러다가 19세기 중반 통계학이 인간에게 적용되면서부터 비판이 시작되었다. 1835년에 통계학의 사용을 옹호했던 통계학자 Poisson을 맹렬히 비난했던 Auguste Comte의 말을 보자. "도덕적 문제에 대해 미적분을 적용하는 것은 그 정신에 부합하지 않는다. 예를 들어, 그것은 결과적으로 숫자에 의해 결정이 내려지는 것을 대변하게 되며, 실수에 대한 면과 사실에 대한 면을 갖고 있는 주사위를 굴려서 나오는 것을 가지고 사람을 치료하게 되는 것과 같다." (Stigler, 1986; p. 194)

이러한 과거의 역사는 최근 미국정신의학회 연례학술대회 심포지움의 토론장에서 다시 재연되었다. 당시 참가자들은 항우울제가 양극성 우울증에 대해서 거의 효과가 없었다는 결과를 보여준 RCT에 대해 토론했다. 참가자 가운데 처음부터 항우울제가 효과적이라는 입장을 보였던 어떤 사람은 — 결국 그 연구결과에 대해서 인정할 수밖에 없었지만 — "항우울제는 우리가 기대했었던 것만큼 대단하지 않을지도 모릅니다. 그러나 결국에는 개별적인 의사와 환자의 경험과 상황에 따라 처방되어야 할 것입니다!"라고 강한 어조로 이야기하며 자신의 발언을 마쳤다. 그러자 청중들(임상의들)은 요란한 박수갈채를 보냈다. 나는 3시간에 걸쳐 RCT에 대해 공들여 설명한 것이 변기 속에 흘러내려간 것 같은 두려움과 다년간 연구자들이 들인 노고를 일축한 것에 대한 분노를 느꼈고, '당신은 과학에 문외한이군.'이라고 쏘아붙이고 싶었다. 하지만 그 자리에서 과학 철학에 대한 논쟁은 일어나지 않았다.

이것이 바로 문제다. 그렇다. 통계학은 당신에게 개별적인 사례에 대해 무엇을 해야 하는지에 대해 말해주지 않는다. 그렇다고 해서 당신이 무엇을 해야 할지 결정할 때 근거를 무시해도 되는 것은 아니다. 또한 개별 사례에 대해 임상의가 결정을 내릴 때는 통계학을 통해 일반적인 방식으로 성립된 과학적 지식의 안내를 받아야겠지만, 지시를 받을 필요는 없다.

이러한 통찰력은 현대에 Hippocrates를 계승한 사상가들에게서 엿볼 수 있다. 아마도 대표적인 인물이 '의학은 과학일 뿐만 아니라 기예(技藝)다', '의학에서의 기예란 여러 가능성을 가늠하는 것이다' 라고 강조했던 William Osler일 것이다(Osler, 1932). 그러나 만일 과학의 필요성을 부정하기 위해 예술의 현실성을 강조한다면, 우리는 Galen식의 사혈법을 언젠가 또다시 시작하게 될지 모른다. Osler의 말처럼 의학에 있어 예술성이란 사실 통계학의 지식을 이용해서 과학을 적절하게 인식하는, 즉 여러 가능성에 대해 가늠하는 예술(the art of balancing probabilities)을 의미한다.

임상의들이 흔히 가진 문제는 자신의 경험을 우선시하면서 통계로부터 얻어진 일반적인 지식을 무시한다는 것이다. 그러나 의학의 역사와 과학 철학에 대해 이성적으로 접근하고자 한다면, 그 우선순위는 반대가 되어야 한다(이것이 EBM의 기본적 관점이다).

가설-검정 통계의 모순

사람들이 통상적으로 '논리(logic)'라는 단어를 사용할 때는 철학자들이 '술어 논리(predicate logic)'라고 부르는 것을 지칭한다. 술어 논리란 현재의 사실, '존재하는 것(things that are)'과 같은 명제에 대한 논의를 뜻한다. 그러나 술어 논리에서 참일 수도 있는 것, 다시 말해 존재하는 것은 양상 논리[modal logic, 존재할 가능성이 있는 것 또는 우연히 존재하는 것(things that possibly or probably are)에 대한 논의]와 같이 다른 종류의 논리 속에서는 참이 아닐 수도 있다. 7장에서 논리적인 언어로 번역된 Jacob Cohen의 직관에 따르면(Cohen, 1994), 가설-검정 통계가 가진 핵심적인 문제는 그것이 술어 논리상으로는 맞지만, 양상 논리상으로는 맞지 않는다는 점이다.

논리는 중요하다. 철학의 한 분야로서, 누군가의 결론이 누군가의 전제로부터 흘러온 것인지 검토한다. 논리는 중요한 방법이다. 왜냐하면 누군가의 견해가 어떤 내용이건 간에 상관없이 논리 구조가 타당하지 않다면 그 때는 견해 전체가 거짓이 될 수 있기 때문이다. 우리는 '세상은 둥글다, 세상은 평평하다'와 같은 모든 주장의 내용에 대해 동의할 수도, 동의하지 않을 수도 있다. 그러나 만약 X가 참이라면 Y는 참임에 틀림없다는 것과 같은 주장의 논리에 대해 우리 모두는 동의할 수 있을 것이다. 만약 그 주장이 비논리적이라면 간단하게 기각할 수 있다.

그럼 이제 왜 가설-검정 통계를 비논리적이라고 하는지 그 이유에 대해 살펴보자. 가설-검정 통계에 적용된 술어 논리는 다음과 같다.

만약 귀무가설이 옳다면, 이 데이터들은 발생할 수 없다.

이 데이터들이 발생했다.

그러므로 귀무가설은 거짓이다.

이 주장은 논리적으로 타당하다. 그런데 이 주장을 확률(가능성)에 대한 표현으로 바꿔보면, 타당하지 않게 된다.

만일 귀무가설이 옳다면, 이 데이터들이 발생될 가능성이 거의 없다.
이 데이터들이 발생했다.
그러므로 귀무가설은 옳을 가능성이 거의 없다.

사실에 대한 표현을 확률에 대한 표현으로 바꾼 다음에 나타난 변화가 거짓이라는 것은 아래의 예를 살펴보면 분명해질 것이다. 술어 논리를 적용해보자.

어떤 사람이 화성인이라면, 그 사람은 국회의원이 아니다.
이 사람은 국회의원이다.
그러므로 그 사람은 화성인이 아니다.

사실 논리로는 타당하다. 그러나 확률 논리로는 타당하지 않다.

만일 어떤 사람이 미국인이라면 그는 아마도 국회의원이 아닐 것이다.
이 사람은 국회의원이다.
그러므로 그는 아마도 미국인이 아닐 것이다.

(Pollard and Richardson,1987)

Cohen은 이런 논리적 오류를 '일어날 법하지 않은 것을 얻을 수 있다는 착각(the illusion of attaining improbability)'이라고 불렀다. 그리고 사례에서 나타난 것처럼 만약 이것이 참이라면, 그것은 바로 그 가설-검정 통계의 토대를 뒤흔드는 것으로 엄청난 수의 의학 연구들이 흔들릴 것이다. 그리고 p-값과 관련된 모든 것들이 무너져버릴 것이다.

귀납적 논리

의학 통계학은 관찰에 기초하고 있다. 그러므로 일종의 귀납법이라고 할 수 있다. 결론적으로 말해서 귀납법은 철학적으로 복잡한 개념이다. 관찰로부터 인과관계를 쉽게 추론할 수 없으며, 우리의 가설-검정 식의 논리에는 오류가 있음이 밝혀졌다. 그렇다면 이제 우리는 무엇을 해야 할까?

그에 대한 대답은 이론을 포기하고 관찰로 되돌아가라는 것처럼 보인다. 우리가 통계학을 좀더 기술하기 위한 목적으로 사용하고, 가설에 매어있지 않으면 않을수록, 우리는 통계를 좀더 개념적으로 타당하게 이용할 수 있을 것이다. 그리고 과장되지 않게 숫자를 잘 파악할 수 있을 것이다.

나는 언젠가 작은 표본크기를 가진 연구의 결과도 결과 그대로 인정될 수 있기를 바란다. 물론 부정확할 수 있다는 중요한 한계가 있겠지만, '가설-검정(hypothesis-testing)'이 아니라 '가설-생성(hypothesis-generating)'에 불과하다는 식의 불합리한 비판을 하지 않았으면 좋겠다. 과학은 가설-검정이나 가설설정에 관한 것이 아니다. 과학은 이론과 사실 간의 복잡한 상호 관계에 관한 것이며, 모든 과학적 가설을 지지하거나 반박하는 근거들이 꾸준히 축적되는 것이다. 이러한 관점을 가진다면 아마도 우리는 어느 철학자가 "모든 논리책은 두 부분으로 나뉜다. 첫 부분에서는 연역 논리에 의해 오류가 설명되며, 두 번째 부분에서는 귀납 논리에 의해 오류가 발생한다.”(Cohen, 1994)라고 한탄한 것과 같이 통계적 논쟁 속에 만연해 있는 논리적 오류들로부터 벗어날 수 있게 될 것이다.

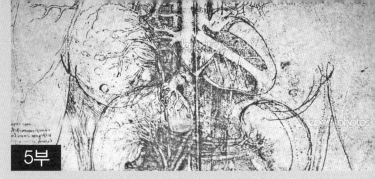

5부

통계학의 한계

The limits of statistics

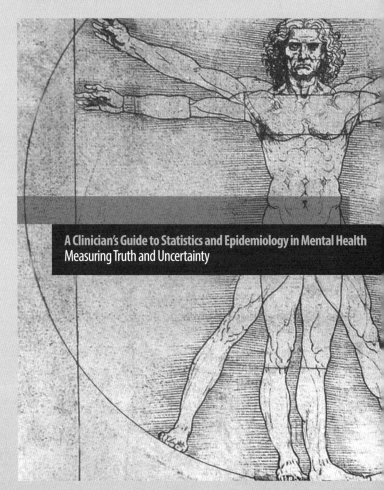

A Clinician's Guide to Statistics and Epidemiology in Mental Health
Measuring Truth and Uncertainty

Chapter

12

근거기반의학:
비판과 방어

> 통계학은 신기한 것이다. 통계학의 결과는 수학적이지 않은 사람들에게서도 강력한
> 감정적 반응을 유발한다.
>
> — Austin Bradford Hill(Hill, 1971; p. vii)

여기에 근거기반의학을 옹호하는 사례 하나와 반대하는 사례 하나
가 있다. 나는 EBM에 대한 수많은 비판들은 대부분 근거가 없다고
믿고 있다. 그러나 유념해야 할 중요한 비판들도 있다. 예를 들어, 최
근에 생물학적 접근을 지향하는 정신의학 분야의 저명한 원로 인사
들이 정신의학에 EBM을 적용하는 것을 비판하는 내용의 도발적인
논문을 발표했다(Levin and Fink, 2006). 그들은 EBM이 정신의학에서
적용되기 위해서는 3가지 가정을 만족해야 한다고 주장했다. '진단
체계가 타당한가? 효능과 안전성을 평가한 임상시험에서 얻은 자료
들이 타당한가? 임상 실제에서 적용 가능한 형태로 존재하는가?' 그
러고 나서 저자들은 다음의 세 가지, 즉 정신의학적 질병 분류 체계
의 한계점, 임상시험 수행에서의 위반 행위들(진단 경계선에 있는 환자
를 포함시키기 등), 제약 회사가 이윤 추구를 위해 임상시험을 악용하
고 있다는 것 등을 언급하면서 부정적인 결론을 내렸다. 정신의학에

서는 EBM과는 대조적인 인문학이 중요하다는 것을 강조한 연구자들도 있다(Bolwig, 2006). 그러나 어떤 사람들은 정신의학에서는 여전히 '명성중심의학(eminence-based medicine)'과 같은 권위적인 측면이 지속되고 있으며, EBM이 이것을 대체할 수 없을 것이라고 생각하기도 한다(Stahl, 2002). 정신의학에 EBM을 명확하게 적용시켜 보고자 하는 여러 노력에도 불구하고, 여전히 많은 정신과 의사들 사이에는 EBM에 대한 불신이 존재하는 것 같다.

이 장에서 나는 EBM에 대한 사례를 기술할 것이다. 이를 통해 우리는 EBM의 한계점에 대해서도 알게 될 수 있을 것이다. 사례는 정신의학에 대한 것이지만, 논의될 대부분의 사항들은 의학 전분야에 걸쳐 적용될 수 있을 것이다.

EBM이 아니었던 시절의 역사

하나의 이름, 그리고 하나의 움직임으로서의 EBM은 수십 년 정도밖에 되지 않았다. 그러나 하나의 개념으로서의 EBM은 아주 오래 전부터 존재했다. 그러므로 EBM을 이해하기 위해서는 아주 오래전으로 거슬러 올라가야 한다.

5세기경에 어느 명석한 의사는 4가지 체액(혈액, 가래, 담즙, 흑담즙)의 다양한 조합에 따라 모든 질병이 생겨난다는 강력한 견해를 갖고 있었다. 그 이후 불과 1세기 전까지, Galen의 이론은 의학을 지배해 왔다. 그리고 당연하게도, 질병의 치료법들은 체액을 제대로 되돌리려는 종류의 것들이었다. 가장 흔한 시술은 사혈을 통해 체액을 배출하는 것이었으며, 관장약이나 완하제를 쓰는 방법도 자주 사용되었다. 거의 14세기에 걸쳐 의사들은 질병에 대한 이 경이로운 생물학적 이론을 지지했다. 의사들은 환자의 피가 마를 때까지 뽑았다. 강제로 구토를 하고 대소변을 보도록 했다. 엄청나게 차가운 물과 엄청나게 뜨거운 물로 번갈아 가면서 샤워를 하도록 했다. 이 모든 것이 체액을 정상화시킨다는 미명 하에 벌어진 일이었다(Porter,1997). 이것들은 모조리 잘못된 것으로 밝혀졌다.

이는 역사를 '휘그주의(whiggism, 현재의 입장에서 과거를 해석하는 목적론적인 사관)나 진보적'인 관점에서 해석한 것이 아니다. 단순히 '그들은 틀렸고 우리가 옳았다'고 하는 식의 문제도 아니다. Galen, Avicenna, Benjamin Rush, 이들은 우리보다 훨씬 더 똑똑하고 창조적인 사람들이었다. 나는 휘그주의자가 아니지만, 지금 우리가 이 같은 과거의 실수들을 반복하고 있다고 생각한다. 이 1400년 동안의 무지함은 의학에 깊은 상처를 남겼다. 옥스포드 대학의 흠정강좌 의학교수였던 George Pickering 경은 1949년에 다음과 같이 말했다. "현대 의학에는 여전히 중세의 잔재들이 많이 남아있다. 무지를 인정하지 않고 모든 것을 다 아는 것처럼 행동하고, 근거를 가지고 견고하게 뒷받침하지 않고 어림짐작을 권장하며, 가설을 입증하거나 반박하는데 무관심해진 경향이 있다. 이러한 중세의 유산이 '오류의 불가사의한 생존력' …이라는 현상에 기여하고 있을 것이다."(Hill, 1962; p. 176)

현대 정신의학 역시 위에서 언급한 비평을 벗어나지 못하고 있다. 나는 앞서 언급한 개념들을 계속 반복해서 이야기할 것인데, 그만큼 이들 개념이 독자의 마음속에 확고하게 자리잡아야 하기 때문이다. 이제 통계학, 그리고 특히 EBM에 대한 과학적이고 개념적인 근거들을 검토해보겠다.

Galen 대 Hippocrates

의학에는 두 가지 기본적인 철학이 항상 존재해 왔으며 지금도 존재하고 있는데, 그 중 한 가지가 Galen 학파의 입장이다. 이것은 하나의 이론이며, 옳은 것이다. 우리의 목적에 대해서 그 이론의 내용 — 체액과 신경전달물질(Stahl, 2005), ECT(Fink and Taylor, 2007), 또는 심지어 정신분석에 대한 것일 수도 있다 — 은 문제가 되지 않는다. 중요한 것은 거의 모든 과학적 이론(특히 의학 이론)들이 완벽하게 옳지는 않다는 것이다(Ghaemi, 2003). 오류는 내용 속에 있는 것이 아니라 생각하는 방식 속에 존재한다. Galen 학파의 관심은 현실이 아니라 이론에, 사실이 아니라 신념에, 임상적 관찰이 아니라 개념에 초점이 맞춰져 있다. 만약 어떤 사실이 이론에 부합하지 않는다면, 그 사실은 더욱 나쁜 것이 된다. 이런 관점은 Galen으로 하여금 만약 어떤 환자가 자신의 치료에 반응하지 않는다면, 그 환자는 절대로 치유될 수 없는 사람이라는 생각을 하게 만들었다(마치 '치료저항성 우울증'을 떠올리게 하는 생각이다).

> 이 치료제를 마시는 모든 사람은 단기간 내에 회복된다.
> 단, 그 치료제가 듣지 않아 죽게 되는 사람은 제외하고 말이다.
> 따라서 치유될 수 없는 경우에만 치료가 실패한다는 것이 확실하다.
>
> Galen (Silverman, 1998; p. 3)

과거에서 현재까지 이어져 내려온 두 번째 철학은 모든 이론에 앞서, 무엇보다 임상적 관찰이 선행되어야 한다는 훨씬 겸손하고 단순한 생각이다. 관찰에 반하는 이론들은 폐기되어야 하며, 그 반대는 허용되지 않는다. 모든 이론보다 임상적인 현실이 기본이 된다. 이러한 접근 방식은 기원전 5세기 경 Hippocrates와 그의 학파로부터 비롯되었다. 그러나 Hippocrates 의학은 Galen에 의해 무너져버렸다가 1,000년 후 르네상스 시대에 되살아나게 된다(McHugh, 1996; Ghaemi, 2008).

Hippocrates 학파의 겸손함

EBM을 토론하는데 왜 이러한 역사적 배경을 말하는가? 우리가 무엇을 선택할 수 있고, 무엇이 위험한지를 알아야 하기 때문이다. 우리는 Hippocrates나 Galen, 둘 중 하나의 후계자다. 우리는 임상적 관찰이나 이론, 둘 중 하나에 가치를 부여한다. 논쟁은 결국 이에 관한 것이 된다.

만약 (EBM 비판가들을 포함하여) 독자들이 임상적 관찰에 가치를 부여한다면, 다음과 같이 물어볼 수 있을 것이다. 우리가 임상적 관찰을 어떻게 입증할 수 있을까? 우리의 관찰이 참인지 거짓인지를 어떻게 알 수 있을까?

독자들은 여기서 핵심 사안이 '교란편견'에 대한 문제라는 것을 알아차렸을 것이다(Miettinen and Cook, 1981). 아주 기본적이고 중요한 문제가 바로 우리 임상의들은 우리의 눈을 믿을 수 없다는 것이다. 실제로는 그런 경우가 아니지만, 그런 경우인 것처럼 보여질 수가 있는 것이다. 어떤 치료를 했더니 사실은 치료를 통해 호전된 것이 아니지만, 마치 치료를 통해 호전된 것처럼 보여질 수 있다. 그리고 이 같은 교란요인은 몇몇 경우에만 존재하는 것이 아니라, 대부분의 경우에 나타난다.

이제 대부분의 임상의들은 이러한 기본적인 사실을 인정할 것이다. 그렇지만 이에 대한 임상적인 의미와 과학적인 의미 모두에 대해 좀더 이해할 필요가 있다.

임상적인 의미에서 교란편견이 실제로 존재한다는 것은, 오만한 Galen 학파와는 대조적으로 심지어 임상적으로 명확한 상황에서조차도 우리가 틀렸을지 모른다고 인식하는(실제로 틀리는 경우가 많다) Hippocrates 학파의 겸손이 필요함을 가르쳐 준다(Ghaemi, 2008). 무려 14세기 동안 모든 사람들이 Galen이 옳다고 생각했다. Galen 학파의 치료는 Pierre Louis의 수치 해석법이 등장한 19세기가 되어서야 끝나게 되었다(Porter, 1997). 이 방법은 환자의 수를 세는 것으로서 최초의 EBM에 해당하는데, 비록 (Freud나 Kraepelin, 혹은 저명한 교수가 하는 것 같은) 정교한 사례 연구도 아니었고, 뛰어난 인물에 의한 연구도 아니었으며, 수십 년 동안 임상 사례를 모은 것 역시 아니었지만, 가장 위대한 의학 발전의 원천이 되었다. Hill은 임상 경험(clinical experience)과 임상 연구(clinical research)의 차이가 오류(false)에 있다고 보았다(Hill, 1962). 어쨌거나 임상 경험은 (대개 몇몇의) 사례들에 대한 회상에 기반하고 있다. 임상 연구는 그러한 회상이 편향되어 있기 때문에 이를 해결하기 위해서는 단지 몇몇 사례가 아니라 더욱 많은 사례를 수집해야 하고, 동시에 편견을 줄이는 방법을 통해 그것들을 비교해야 한다는 것이다. 후자의 주장이 EBM의 관점을 담고 있다.

이론은 일시적으로만 진실이다. Galen의 이론은 시대에 뒤쳐지게 되었을 뿐만 아니라, 크게 찬양받았던 우울증의 신경전달물질 이론 역시 마찬가지가 되었다. 오늘날의 가장 정교한 신경생물학도

십 년 뒤에는 구식이 될 것이다. 임상 관찰과 임상 연구는 이론보다 오래 간다. Hippocrates가 기술했던 멜랑꼴리아와 똑같은 증상들이 오늘날의 주요우울장애에서도 확인된다. 2세기경 Cappadocia의 Aretaeus가 설명했던 조증 증상들이 현재의 조증에서도 나타난다. 물론 사회구성주의자들이 지적한 대로, 정신 증상의 표현에는 분명 사회문화적 요소가 작용하고 있으며, 시대에 따라 다양한 측면이 있다(Foucault, 1994). 의학에서 임상 연구는 단단한 토대와 같다. 생물학적 이론은 필요하기는 하지만 변할 수도 있는 상부 구조다. 만일 이 관계가 뒤바뀌게 된다면, 단단한 과학의 기반이 없어지고 추측만이 커지는 기형적 구조를 갖게 된다.

과학적인 의미에서 교란편견은, (반복적이면서 정교한) 그 어떤 종류의 관찰이라도 (실제로 잘못된 경우가 많다) 잘못된 것일 수 있다는 결론을 내게 한다. 그러므로 오직 교란요인을 제거한 후에만 타당한 임상적 판단을 내릴 수 있을 것이다(Miettinen and Cook, 1981; Rothman and Greenland, 1998).

앞서 계속 말한 바와 같이 교란편견을 제거할 수 있는 가장 효과적인 방법은 무작위화다. 무작위화를 적용한 다음, 그동안 어떤 치료들이 효과가 없거나 해롭다고 간주해온 것들이 상당수 틀렸음이 드러났다.

그렇다면 이제 우리가 의학의 핵심은 이론보다도 관찰이고, 교란편견이 임상 관찰을 어렵게 하므로 무작위화를 적용한다는 사실을 이해할 수 있다면, 이는 바로 EBM을 이해한 것이다. 이것이 바로 EBM의 핵심이자, 관찰된 자료보다 무작위화된 자료가 더 타당하다는 근거의 수준에 대한 합당한 이유라고 할 수 있다(Soldani et al, 2005). 이것들은 과거와는 다른 방법으로서, 지난 50년간 의학에서의 진보는 RCT(EBM이라고 확대해도 무방할 것이다)를 빼놓고는 상상할 수가 없다. 실제로 아마도 공중보건 분야에서 우리시대 최고의 발전이라고 할 수 있는 (Hill이 이끌었던) 흡연과 암의 관련성 연구는 EBM 방법의 원천임과 동시에 EBM의 결과이기도 했다. 역시 Hill이 1971년 발표한 streptomycin RCT 이후 정신의학에도 EBM이 본격적으로 접목되었으며, 1950년 초 chlorpromazine과 lithium이 나온 다음 정신의학에 있어 최초의 RCT가 시행된 바 있다(Healy, 2001).

정신의학의 질병 분류

EBM을 비판하는 사람은 정신의학적 질병 분류가 가지는 많은 한계를 언급한다(Levine and Fink, 2006). 그러나 EBM과 진단은 거의 관련이 없다. EBM은 진단보다는 주로 치료와 관련되어 있다(Sackett 외, 2000). EBM은 치료에 대한 연구와, (진단이 아닌, 오직 치료와 관계된) 무작위화, 그리고 (메타 분석, NNT 등과 같은) 치료와 관련된 통계적 기법에 집중되어 있다. 진단의 타당성에 관한 문제는 다른 분야(임상 역학)의 문제다(Robin and Guze, 1970; Ghaemi, 2003). 대부분의 EBM 서적에서 진단에 대해서도 언급하고 있지만, 이는 심부정맥혈전증에서 V/Q scan을 하는 것(Jaeschke et al, 1994)과 같이 진단 검사에 대한 민감도와 특이도 같은 사안을 다루는 것이지 질병의 원인에 대한 이론적 의문점이나 진단 기준을 다루는 것은 아니다. 누군가 조현병을 정신장애의 진단과 통계 편람(The Diagnostic and Statistical Manual of Mental Disorders, DSM)과는 완전히 다른 방식으로 정의할 수도 있을 것이다. 그러나 치료에 대한 평가를 하기 위해서는 여전히 교란편견을 고려해야 하며, 그에 따른 RCT의 타당성은 여전히 유효하게 된다.

　DSM과 그것이 동시대의 정신의학에 미치는 영향에 대해 부당하지 않은 이유로 싫증이 난 사람도 있을 것이다. 그렇지만 그것이 EBM을 비난할 이유는 되지 못한다. 우리는 DSM 체계에 많은 오류가 있다는 사실과 EBM이 한계성을 가지고 있다는 사실을 모두 알고 있다. 그러나 이들은 서로 독립적인 것으로 사실상 무관한 것이다.

제약 산업

RCT가 어떻게 설계되어 수행해지는지에 대한 비판과 제약 산업이 미치는 영향에 대한 비판은 같은 종류의 것이다. 그렇지만 이것들 중 어느 것도 EBM을 비판하기 위한 핵심적 이유가 되지는 못한다. 사실 영리를 목적으로 연구를 하는 곳에서는 임상 연구를 타당하지 않고 비윤리적으로 수행할 수도 있다. 제약 회사 역시 마찬가지다. 하지만 개인적인 진료 역시 비윤리적으로 수행될 수 있다는 점에서 자유롭지는 못하다. 임상시험이 어떻게 진행되는지에 대한 세부 사항을 가지고서 EBM이 틀렸다고 입증할 수는 없다. RCT 역시 많은 이유(시험 탈락이 많을 수 있음, 포함/배제기준이 잘못될 수 있음 등등)로 인해 결점을 갖게 된다(Friedman et al, 1998). 하지만 이런 결점들은 연구 과정이 정확하게 진행되어야 함을 의미하는 것일 뿐이다. RCT를 시행하는 이유는 교란편견을 제거하기 위한 것이고 그 목적은 여전히 유효하다.

통계학에 대한 반감

내 생각에 EBM을 비판하는 사람들은 보통 통계학에 대해 반감을 갖고 있다. 이런 편견은 19세기에 인간에게 통계학을 처음 적용한 Pierre Louis와 Quetelet 이후 쭉 존재해왔다. 어떤 사람들은 통계학을 사용하고 나면 개인의 영혼과 자유 의지를 박탈당하게 된다는, 무의식적으로 자유 의지를 추구하는 성향을 갖고 있는 것 같다. 또 다른 사람들은 마치 이론이 임상 관찰에 우선한다거나 혹은 임상 관찰 단독만으로는 (통제적으로 많은 수가 축적되어도) 이론적으로 설명되지 못한다면 의미가 없다는 것 같은, Galen 학파의 입장을 고수하고 있다. 이런 사람들은 이것을 통계학적이 아닌 '의학적'인 EBM 접근 방식이라고 부른다(Fink and Taylor, 2008).

이들은 최초의 의학적 논쟁이었던 흡연과 폐암의 연관성을 다시 검토해보는 편이 좋을 것이다. 10장에서 논의했듯이 이 논쟁으로부터 통계학의 중요성이 입증되었다. 이것은 역사적으로도 잘 기록되어 있다(Parascandola, 2004). 의학은 정치와 마찬가지로, 인간의 생활에 대해 영향을 미치는 것이기 때문에 도덕적 책임과 상당히 연관되어 있다. 지난 반세기 동안 결정을 내리지 못해서 얼마나 많은 생명을 잃었던가? 이는 부분적으로는 의사들이 생물학에 고착되어 통계학을 잘 몰랐기 때문이었다. EBM을 비판하는 사람들은 이러한 역사를 마음속 깊이 새겨야 할 필요가 있다.

Swan-Ganz 카테터에 대한 맹신

역사책을 뒤적여 볼 필요도 없다. 임상 연구와 통계학적 방법을 무시하고 콧대 높은 '생물학적' 접근을 했다가 위험이 발생한 경우가 있다. 1980~1990년대 심혈관계 중환자실의 필수 의료도구였던 Swan-Ganz 카테터가 바로 아주 훌륭한 예다. 내가 1990년도에 내과 인턴이었을 때를 회상해 보면, 이 카테터는 정말로 많은 의료 행위에 사용되어졌다. 그것은 최고로 과학적인 행위인 듯 보였다. 그러나 그것은 임상 연구를 통해 전혀 검증이 이루어지지 않았으며, 지금은 RCT에 의해서 틀렸다는 것이 입증된 상태이다. 목 안에 카테터를 넣어두는 것은 복잡하고 위험한 시술이었기 때문에, 당시의 일은 하나의 코메디이자 치명적인 사건이었던 것이다. 어떤 선구적인 의사가 1985년에 'Swan-Ganz 카테터에 대한 맹신'이라는 경고를 남겼음에도 불구하고(Robin, 1985), 임상의들은 이 카테터를 계속 공격적으로 사용했다. 어느 의사의 회고에 따르면 당시는 다음과 같았다. "Swan-Ganz 카테터를 맹신했던 우리에게는 그러고 싶은 이유가 많았다. 경험에 바탕을 둔 참된 믿음이나 (별로 없었지만) 임상 연구, 경제적 이득, 환자에게 소위 '표준 치료'라고 불리는 것을 제공하고 싶은 욕구, 효과적인 치료가 없다는 것의 좌절, 환자를 돕고 있다고 느끼고 싶음, 손위 의사에게 좋은 인상을 주고 싶음, 또는 게으름 등이 그런 이유들이었다."(Blank, 2006) EBM이 없다면, 모든 의학적 행위는 어느 카리스마적인 리더와 그를 열정적으로 추종하는 사람들이 가지고 있는 맹신에 지나지 않는다. 그리고 이런 맹신은 마음에도 위험하지만 신체에도 위험하다.

상아탑의 EBM

나는 EBM에 대한 비판에 방어하기 위한 목적으로 이 글을 쓰고 있지만, 앞서 내가 언급한 것들이 아닌 다른 종류의 비판이라면 충분히 해도 된다.

　내 생각에 가장 중요하면서도 간과되고 있는 잘못 사용되는 EBM의 예가 상아탑 EBM이라고 불리는 것이다. 이는 이중맹검, 무작위화, 위약대조군 연구를 통해 얻은 데이터만이 '근거'라는 생각을 뜻한다(Soldani et al, 2005). 그러나 근거가 존재하지 않는 경우는 없다. 근거의 중요도를 저울질할 수 있는 방법을 제공하는 것, 이것이 바로 EBM의 대략적인 요점이다. 심지어 무작위화가 되지 않은 연구로부터 나온 근거일지라도 정확하고 유용한 경우가 있다. 예를 들어 무작위화되지 않은 데이터에 기반하였지만, 교란변수를 평가하기 위해서 통계적으로 신중하게 접근했던 흡연과 암의 관계의 관계를 본 연구가 그렇다. 이러한 관점은 근거(그리고 과학)의 속성에 대해 이해가 부족하다는 것, 다시 말해 현실과 동떨어진 실증주의를 반영하는 것이다(Soldani et al, 2005). 중요한 관찰 자료를 단지 '의무기록조사'라고 해서 평가 절하하고 쓸모없는 것으로 간주하는 유력자들(그리고 저널들)이 많이 있다. 이는 보험 회사, 혹은 정부가 가진 비용절감 도그마라고 할 수 있다. RCT에 대한 이런 식의 집착은 과학을 오해하고 있다는 것을 보여준다. EBM을 망가뜨리기 위해서가 아니라 개선시키기 위한, 올바른 정보에 입각한 비판이 필요하다. 많은 경우 EBM은 잘못 이해되고 있으며, 심지어 남용되는 경우도 많기 때문이다.

Galen으로의 회귀

이것은 역사의 아이러니다. 그동안의 의학 통계 발전이 이론을 중시하는 Galen 학파의 독재를 종식시키고, 관찰을 중시하는

Hippocrates 학파의 장점을 부각시키려는 소망에 따른 것으로 볼 수도 있다. 하지만 상아탑의 EBM은 Louis, Fisher, Hill이 의학 통계를 통해 벗어나고자 했던 도그마의 조달인인 Galen에게로 우리를 회귀시키고 있다. 아이러니하게도 활발하게 EBM이 적용되고 있는 이 시점에, 다시 이론을 위해 관찰을 희생시키려는 조짐이 나타나고 있는 것이다.

임상역학자 Alvan Feinstein은 RCT가 특정 아형에 대한 효과를 보여주기보다는 균질적인 표본에 대해 평균적인 결과들을 보여준다는 사실, 즉 '평균적인 환자'에 관한 문제를 강조했다(Feinstein and Horwitz, 1997). 임상의들은 노인이나 소녀들을 치료한다. 그런데 이 두 부류의 평균은 중년의 자웅동체라고 해야 한다. 임상시험은, 심지어 그것이 그 자체로 타당할지라도, 임상의가 실제로 만나야 하는 다양한 개별적인 환자를 일반화시켜주는 것은 아니다. 이것은 일반화 가능성(generalizability)을 넘어서는 문제이며, 또한 11장에서 논의한 바와 같이 개인 대 일반에 관한 개념적인 문제를 다시 상기시킨다. 그의 주장에 따르면, RCT에 대한 집착은 이용 가능한 '최고의' 근거를 결정하기 위해 메타 분석을 '산업적 규모'로 수행하는 Cochrane Collaboration에서 최고조에 달했다. Cochrane database에서는 모든 관찰 연구를 완전히 무시한다. 따라서 페니실린이 효과가 있다는 어떠한 '증거'도 여기에는 포함되지 못하게 된다. 그러므로 Feinstein은 '권위적인 근거(authoritative evidence)'만을 고집하려는 시도, 특히 페니실린에 대한 근거조차 무시한 이 방법론은 의심받을 수밖에 없다고 결론지었다. 이런 권위적인 주장은, 특히 메타 분석에서 잘못 분석되었을 때 남용되기 쉬워질 것이며, "현대의학에서 새로운 형태의 독단적 권위주의가 부활할 수 있다. 그러나 부활의 선언은 로마의 Galen 학파보다도 옥스포드의 Cochranian에 의해 내려질 것이다."(Feinstein and Horwitz, 1997)

중력 작용에 대비한 낙하산

A. Bradford Hill은 특정한 경우에는 RCT가 불필요하다고 주장했다. 어떤 치료의 효과가 매우 훌륭해서 이득이 확실한 경우(페니실린 같은 경우)가 그럴 것이고, 변함없이 항상 치명적인 질병에 대해 관찰되는 모든 이득을 실제 이득이라고 받아들일 수 있는 경우에 그렇다. Hill은 다양한 경과를 보일 수 있는 폐결핵에 비해서 언제나 치명적인 경과를 보여주는 속립성 결핵이나 수막 결핵을 그 예로 들었다. 정확하게 말하면, 조건이 변하기 쉬울 경우에 RCT가 필요한 것이라고 Hill은 주장했다. 이런 이유로 그는 1948년에 속립성 결핵과 수막 결핵이 아니라 폐결핵에 대한 치료로서 streptomycin에 대한 RCT를 허가하도록 영국 당국을 설득할 수 있었다(Silverman, 1998; pp. 98~100).

하지만 많은 상아탑 EBM 지지자들은 결과가 변하지 않는 경우에는 RCT가 불필요하다는 Hill의 통찰을 제대로 인식하지 못했다.

상식적으로 너무나 명백한 것도 EBM 광신자에게는 불확실한 것으로 받아들이게 되는 것이다. 이러한 현실을 고발하기 위해 캠브리지 대학의 산부인과 의사들은 British Medical Journal (BMJ)에 "중력의 작용과 관계된 사망과 주요 외상을 예방하기 위한 낙하산 사용: RCT에 대한 체계적인 문헌 고찰"이라는 제목을 가진 조롱조의 논문을 발표하기도 했다(Smith and Pell, 2003). 저자들은 'Medline,

Web of Science, Embase, Cochrane library database' 등을 검색한 후, "우리들은 낙하산 중재법에 대한 어떠한 RCT도 찾을 수 없었다"고 보고했다. 저자들은 "낙하산의 사용의 근거는 순전히 관찰적인 것"이며, "낙하산 없이 비행기에서 뛰어내리는 사람들은 이미 정신과적 질병을 갖고 있었을 가능성이 높고, 또한 수입과 흡연과 같은 핵심적인 인구학적 인자들에서 차이가 있을 것이다. 그러므로 낙하산이 가진 명백한 보호 효과는 순전히 '건강인 코호트' 효과의 한 예일 뿐일지도 모르기" 때문에 편견이 작용하였을 가능성 무시할 수 없다고 말했다. 그들은 이러한 편견을 "다변량 분석 기법"을 통해 교정하려는 시도가 없다고도 언급했다. 그들은 또한 낙하산 사용이 치료 시장을 넓히기 위해 진단 기준을 확대시키는 행위(17장 참고)의 또 다른 예로서, "자유 낙하를 의료화시키는 것"이라고 간주했다. "낙하산을 사용하도록 개개인을 압박하는 것은 자연스럽고 생명을 연장시켜주는 경험이 두려움과 의존이라는 상황으로 바뀌는 또 다른 예일 뿐이라고 주장할 수 있다." 경제적 요인 또한 무시할 수 없다(17장 참고). "낙하산 산업계는 수십 억 달러를 벌었으며, 거대한 다국적 기업의 경우 자신의 수익이 그들의 제품 덕분이라고 믿고 있다. 우리는 이러한 거대 기업들이 용기를 내서 RCT를 통해 그들의 제품을 검증할 것이라고 기대하기는 힘들 것이다." 최종 결론은 이렇다. "모든 중재들이 RCT를 통해 타당하다고 입증되어야 한다고 주장하는 사람들은 땅에 쿵하고 세게 떨어져봐야 한다."

"세상은 둥글다 (p < 0.05)"

EBM의 한계를 알 수 있는 또 다른 방법은 양적 방법과 무관하게

나 양적 방법을 사용할 수 없는 경우에는 EBM을 적용하기 어렵다는 것을 인식하는 것이다. 통계학자 Jacob Cohen은 "세상은 둥글다(p<0.05)"는 소제목을 가진 논문에서 EBM의 기초가 되는 의학 통계학이 가진 한계를 강조했다(Cohen, 1994).

11장에서 논의된 바와 같이, 과학적 작업이란 어떤 이론을 어느 단 하나의 연구만을 가지고 명백하게 증명하거나 틀렸음을 증명하는 것이 아니다. '사실'은 가설과 분리되어 존재할 수 없으며, 그렇기 때문에 과학적 가설은 특정 연구에 의해서는 언제나 부분적으로만 맞거나 틀렸다고 증명된다. (1958년에 Peirce가 설명한 것처럼) 연구를 반복해서 수렴하는 것, 즉 서서히 진실에 가까워지는 것이 바로 과학이 작동하는 원리다. P-값도, RCT도, 메타 분석도 그러한 수렴을 포착하지 못한다. 오랫동안 세상은 편평하다는 것이 컨센서스였다. 시간이 흐르고, 컨센서스는 세상은 둥글다는 것으로 바뀌었다. 이렇게 바뀐 것을 지지하는 훌륭한 근거들이 존재하지만, 그것들은 p-값과 전혀 무관하다.

EBM을 남용하지 않고 제대로 이해하기

EBM이 정신의학이나 의학에 적용될 수 없다고 생각하는 사람들은 의학의 역사가 주는 교훈에 대해 반드시 생각해봐야만 한다. 임상 연구에 과학적 원칙들을 적용하지 않았다면, 우리는 이데올로기로 가득한 포스트모던 상대주의자들의 세상처럼 오로지 의견만을 갖게 되었을 것이다. 임상 관찰을 중요시하는 Hippocrates 학파의 전통 속에서 과학적이고 근거중심의 임상 연구가 없었다면, 그리고 교란편견을 다루기 위한 통계적 수단이 없었다면, 의학이란 단순히 존재하는 무언가의 그림자, 혹은 존재할 수도 있는 무언가의 흐릿한 상에 불과할 것이다. 따라서 EBM은 정신의학에 반드시 적용되어야 한다. 만약 우리가 그렇게 하지 못한다면, 우리는 오랫동안 인문학을 위축시킨 과거의 도그마, 즉 Galen 학파의 관점으로 회귀하게 될 뿐이다. 이 가설은 2,000년에 걸쳐 충분히 검증되어졌다.

우리는 한편 RCT에 집착하지도 말아야 한다. 담배에 대한 문제를 한 번 더 떠올려보자. 인간 질병의 수많은 중요한 특징들이 RCT만으로 해결될 수는 없다. EBM은 근거의 수준, 그리고 통계학의 사용뿐 아니라 통계학이 갖고 있는 한계에 대해 인식하는 것이지, 상아탑의 실증주의, 위약을 바탕으로 한 자료가 전능하다고 이상화하거나 절대적 진리로서의 지위를 가짐을 의미하지 않는다. 또한 EBM은 정치적 혹은 경제적인 목적을 위해 쓰이는 도구도, 정부의 집착도, 보험 회사의 수익창출 계획도 아니며, 제약 회사의 마케팅 수단도 아니다. EBM이 적절하게 이해된다면 그것은 임상 실제에 의학 통계를 적용하기 위한 과학적 도구가 될 수 있을 것이다. EBM을 사용한다는 것은 임상 실제와 의학 통계, 모두의 한계에 대해 이해하고 있다는 것을 의미한다.

제한된 수의 관찰들이 선입견을 가진 사람들에 의해 억제되거나 수정되면서 거짓으로 변해가는 것을 본다는 것은 진정으로 터무니없는 일이다.

– Sir Fransis Galton, 1863 (Stigler, 1986; p. 267)

메타 분석이 정신의학에서 처음 시작되었다는 사실은 흥미로운 일이다. 메타 분석은 원래 열정적인 심리학자인 Hans Eysenck가 정신치료(주로 정신분석)가 효과가 없다는 비판을 반박하기 위해 개발한 것이다(Hunt, 1997). 그러나 '메타 분석'이라는 용어가 대부분의 사람들에게 지나치게 경외심을 불러일으킨 나머지 접근이 어려워진 것이 아닌가 한다. 구태여 사례를 들지 않아도 다 알 것이다.

메타 분석이란 특정 주제에 대한 모든 과학적 문헌을 합치는 일종의 체계적인 방법이다. 비록 Eysenck가 메타 분석에 다양한 한계들이 있다는 점을 이야기한 것은 옳지만, 우리는 결국 과학 문헌을 개별적 연구보다는 전체적으로 이해하는 것이 필요하다. 만약 메타 분석 기법을 사용하지 않았다고 해도 우리는 또 다른 종류의 방법을 사용해서 전체적인 판단을 내리고 있을 것이며, 이럴 경우에는 아마도 메타 분석을 했을 때보다 더 많은 한계들이 있을 것이다. 14장에서 나는 모든 근거를 함께 놓고 보는, 완전히 다른 종류의 사고방식인 Bayesian 통계에 대해 말하도록 하겠다.

비판적인 사람들은 음성 연구의 개별적인 찌꺼기들을 통합해서 황금과 같은 양성의 결과를 도출해낸다는 점에서 메타 분석을 연금술에 비유했다(Feinstein, 1995). 그러나 연금술은 화학이라는 학문을 만들어내는데 결정적으로 기여했다. 메타 분석 역시 적절하게 사용되기만 한다면 우리의 지식을 진일보시킬 것이다.

그래서 이 장에서는 메타 분석에 관한 모든 것을 살펴보고, 과학 문헌을 고찰하는 다른 방법들과 비교했을 때 어떤 차이가 있는지를 알아보겠다.

비체계적인 고찰들

문헌 고찰에서 가장 인정되지 않는 방식이 기존의 전통적인 선택적 고찰(selective review)이라는 것에 대해서는 많은 사람들이 동의하고 있는 듯하다. 선택적 고찰이란 리뷰어가 자신의 의견과 일치하는 논문은 선택하고 그렇지 않은 논문은 무시하는 방식이다. 이 방식을 따르면, 어떠한 의견이라도 입맛대로 골라서 지지할 수 있다. 선택적 고찰의 반대가 체계적 고찰(systematic review)이다. 체계적 고찰을 하려면 해당 주제에 대해 진행된 연구들을 모두 확인하기 위해 검색을 해야 한다. 일단 (이상적으로는 출판되지 않았을 연구들도 포함하여) 모든 연구를 확인하고 나면, 다음으로는 어떻게 이 연구들을 비교할 수 있을지에 대해 질문을 던지게 될 것이다.

문헌을 고찰하는 가장 단순한 방법은 '개표 방식(vote count method)'이다. 얼마나 많은 연구들이 양성 결과들을 보였고 얼마나 많은 연구들이 음성 결과들을 보였는가? 이 방식이 가진 문제점은 서로 다른 특징을 지닌 연구들의 다양한 질(예를 들어, 표본의 크기, 무작위화 여부, 편견의 통제, 우연에 대한 적절한 통계적 검정)을 고려할 수 없다는 것이다. 그 다음으로 엄격한 방식은 통합 분석(pooled analysis)이다. 이 방법은 개표 방식과는 달리, 표본의 크기를 교정한다. 연구 설계에서의 편견, 무작위화 여부, 기타 등등 같은 연구의 여러 특징들은 고려되지 않는다. 때때로 이러한 특징들은 연구의 포함 기준(inclusion criteria)을 보고 조절될 수 있다. 예를 들어 오직 RCT에 국한하여 통합 분석을 하는 식이다.

메타 분석의 정의

메타 분석은 연구들에 대한 관찰 연구(an observational study of studies)라고 할 수 있다. 다시 말해, 다수의 다른 연구들의 결과들을 하나의 요약된 측정치로 합치려고 시도하는 것이다. 이것은 현재까지 이루어진 특정한 주제에 대한 모든 연구들을 요약해볼 필요가 있는 임상의와 연구자들에게 어느 정도 불가피한 작업이다. 이렇게 하는 방법에는 몇 가지가 있지만, 아마도 메타 분석이 가장 유용할 것이다. 그러나 모든 방법들은 항상 나름대로의 한계를 가지고 있다.

사과와 오렌지

메타 분석은 포함된 연구들의 표본크기를 비교하여 가중치를 주지만, 이에 더해서 자료의 변동성(variability)을 교정한다(표준편차가 더 작은 연구일수록 그 결과가 더욱 정확하고 확실하다). 하지만 연구들이 서로 다르다는 문제는 여전히 남아 있다. 이를 '이질성(heterogeneity)'의 문제('사과와 오렌지' 문제라고 부르기도 한다)라고 말하는데, 실제의 결과들이 결합되면서 교란편견이 다시 발생하는 것을 의미한다. 이런 문제점을 다루기 위한 방법은 관찰 연구에서 했던 것과 동일한 것이다. 메타 분석에 무작위화를 적용할 수는 없다. 왜냐하면 우리는 연구에 속한 환자들만을 무작위화할 수 있는 것이지, 연구들을 무작위화할 수는 없기 때문이다.

한 가지 방법은 엄격한 포함 기준을 사용해서 특정 교란인자를 배제시키는 것이다. 예를 들면, 어떤 메타 분석은 여자만을 포함시킬 수 있다. 그렇게 하면 성별은 더 이상 교란인자가 될 수 없다. 어떤 메타 분석은 노인만을 포함시킬 수도 있다. 그러면 젊은 사람에 의한 교란편견은 배제된다. Cochrane Collaboration에서 하는 것처럼, 메타 분석 역시 RCT에 국한해서 수행되기도 한다. 왜냐하면 관찰 연구와 달리 RCT와 같이 고도로 통제된 연구 환경에서는 환자 표본들이 덜 이질적일 것이라고 생각할 수 있기 때문이다. 그럼에도 불구하고, 메타 분석 자체가 하나의 관찰 연구라는 사실을 고려해 볼 때, 무작위화라는 장점은 사라지게 된다는 점을 인식하는 것이 중요하다. 이런 점에 대해 잘 인식하지 못하는 사람들도 있을 것이다. 그래서 10개의 RCT가 포함된 메타 분석이 각각의 RCT 하나보다 더 중요한 것처럼 보일지도 모르겠다. 그러나 규모가 크고 잘 수행된 RCT 각각은 기본적으로 교란편견이 없는 반면에, 메타 분석은 교란편견으로부터 완전히 자유롭지 못하다. 각각의 RCT들과 그것을 종합한 메타 분석 모두가 같은 방향의 결과를 도출할 경우 가장 중요한 의미를 지니게 된다.

메타 분석에서의 교란편견을 다루기 위한 또 하나의 방법은 단일 관찰 연구에서처럼 층화나 회귀모형(메타 회귀라고 한다)을 사용하는 것이다. 예를 들면, 만약 10개의 RCT가 있는데 5개는 교차 설계(crossover design)를 사용했고, 나머지 5개는 병렬 설계(parallel design)를 사용한 경우, 우리는 교체 설계와 병렬 설계라는 변수가 교정된, 위약 대비 시험약의 이득에 대한 상대 위험도(relative risk)를 알 수 있는 회귀모형을 만들어낼 수 있다.

출판편견

사과와 오렌지 문제 말고도, 메타 분석의 또 다른 중요한 문제점은 출판편견(publication bias), 또는 서류함(file-drawer)의 문제이다. 이 문제는 양성 결과를 도출한 연구들이 음성 결과를 도출한 연구들보다 훨씬 자주 출판되기 때문에, 출판된 문헌이 어떤 주제에 대한 연구의 현실을 타당하게 반영하지 못한다는 것이다. 이런 문제는 다양한 이유 때문에 발생한다. 편집자들은 지면의 제한을 이유 삼아 음성 연구들의 게재를 거부할 수 있다. 음성 연구결과들은 별달리 관심을 끌지 못하는 경향이 있으므로 연구자들 역시 잘 발표하지 않는다. 그리고 아마도 가장 중요한 이유는, RCT를 수행한 제약 회사가 경제적 동기로 인해 그들의 제품에 대한 음성 결과들을 출판하지 않으려고 하는 것이다. 만약 그 결과가 출판된다면, 경쟁 회사들은 음성 결과를 빌미로 해당 제품을 공격할 것이며, 게다가 영리를 추구하는 회사가 비용을 들여가며 음성 연구결과를 발표하고 싶지는 않을 것이다. 요약하자면, 음성 결과가 나온 연구들을 출판하지 않도록 만드는 체계적인 사유들이 매우 많다. 그러므로 메타 분석은 치료적 효능이 있다는 양성 결과 쪽으로 편향될 것이다. 이에 대한 한 가지 해결책은 어떤 주제에 대해 수행 중인 모든 RCT가 등록되는 데이터 레지스트리를 만드는 것이다. 그러면 비록 연구가 출판되지 않는다고 하더라도, 레지스트리 관리자는 음성 연구들의 데이터를 획득하고, 향후 체계적 고찰과 메타 분석을 할 때 사용할 수 있도록 보관해둘 수 있을 것이다. 이 방법은 연구자들의 자발적인 협력에 의존해야 한다는 점과, 대부분의 제약 회사들이 음성 자료의 제공을 거부한다는 점에서 한계를 가지고 있다(Ghaemi et al., 2008a). 미국의 특허법과 사유재산 보호법은 제약 회사를 보호하고 있으며, 이러한 요인들로 인해 근거에 대해 명확하게 과학적 고찰을 하기란 어려운 실정이다.

임상 사례 양극성 우울증에서의 항우울제 사용에 대한 메타 분석

최근 급성기 양극성 우울증에서의 항우울제 사용에 대한 최초의 메타 분석은 5개의 위약통제 연구를 대상으로 수행되었다(Gijsman et al., 2004). 이 메타 분석의 결론은 급성기 양극성 우울증에서 항우울제는 위약에 비하여 더 효과적이었고, 위약에 비해 조증 전환을 더 많이 유발하지 않았다는 것이었다. 그러나 이질성이라는 중요한 문제를 고려하지 않았다는 것이 단점이다. 예를 들어, 이 주제에 대해서는 기존의 근거가 빈약했고, 위약대조 연구는 모든 환자들이 연구시작 시점에서 lithium을 복용하고 있었던 연구가 유일했다(Nemeroff et al., 2001). 다른 한 연구를 보면, 비무작위적으로 항우울제군에 배정된 환자들의 37%가, 위약군에 배정된 환자들의 21%가 lithium을 복용했다(Cohn et al., 1989). 이 연구에서 항우울제군은 위약군에 비해 lithium을 상대적으로 77% 더 많이 복용 중이었기 때문에, 위약 대비 fluoxetine의 효능에 대해 타당하게 평가할 수가 없었다. 두 개의 연구에서는 항우울제 단독군을 위약군과 비교했고, (이 메타 분석에 포함된 총 환자수의

58.5%를 차지하는) 한 대규모 연구에서는 olanzapine + fluoxetine 병합치료군을 olanzapine 단독치료군과 비교했다(Tohen et al., 2003, 이 연구에서 '위약'은 부적절하게도 olanzapine + 위약을 일컬었다). 이 연구들은 치료를 하지 않는 상황이나 olanzapine 단독치료 시와 비교해서 급성기에 항우울제 치료를 하면 효능이 있다고 결론을 내렸지만, 가장 검증된 기분안정제이면서 동시에 이 연구에서 중요한 관심사와도 연결되어 있는 lithium과의 비교는 시행하지 않았다.

항우울제로 유발된 조증과 관련하여 기분안정제 없이 항우울제를 단독으로 사용한 군과 위약군을 비교한 2개의 연구에서는 조증으로의 전환이 단 한 명도 나타나지 않았다. 만약 이것이 사실이라면 참 이상한 것이다. 왜냐하면 이는 자연스러운 조증 전환조차 전혀 발생하지 않았다는 의미이거나 아니면 조증 증상이 적절히 평가되지 못했다는 것을 시사하는 것이기 때문이다. 위에 기술한 항우울제군에서 lithium이 더욱 많이 처방된 연구의 경우(Cohn et al., 1989), 아마도 조증 전환을 대비한 예방책을 두 군에 동일하게 적용하지 않았을 가능성이 있다. 또한 olanzapine/fluoxetine군의 데이터는 항정신병약을 사용하는 동안에는 조증이 전환되지 않았음을 보여주지만, 우리가 시행한 lithium + paroxtine(혹은 imipramine) 연구의 재분석 결과에서는 imipramine 군에서 뚜렷하게 3배나 더 높은 조증 전환 비율(risk ratio=3.14)을 나타냈으며 양의 방향으로 비대칭적으로 이동된 신뢰구간(0.34~29.0)을 보였다. 이러한 연구들은 항우울제로 유발된 조증을 평가하는데 포함되지 못하였으며, 이러한 연구결과의 누락은 2종 위음성 오류를 발생시키는데 기여한다. 위에서 기술한 바와 같이 삼환계 항우울제가 위약보다 조증 전환 위험이 어느 정도 더 높을 것임을 시사한다는 식의 기술 통계학을 사용하는 것이 보다 효과적일 것이다.

이런 식으로 연구들이 서로 동일한 쪽으로만 결과가 나오면, 가장 검증된 기분안정제인 lithium을 사용해서 적절히 설계한 연구와 그 외 나머지 약들(기분안정제를 사용하지 않았거나 또는 덜 검증된 약을 사용)에 대한 연구결과 사이에 서로 상충되는 결과가 있더라도 은폐되고 말 것이다.

해석으로서의 메타 분석

위에서 보여준 예는 메타 분석의 장점뿐만 아니라 위험성도 보여준다. 메타 분석은 단순한 양적 분석에 머무르지 않는다. 메타 분석에는 하나의 임상시험에 통상적으로 적용되는 통계적 개념보다도 훨씬 더 많은 해석적인 판단들이 개입된다. 그러므로 Eysenck가 강조했던 것처럼, 메타 분석이 가진 진정한 위험성은 이용 가능한 연구들에 대해 보다 정확한 평가를 이끌어내기보다는, 양적인 권위(quantitative authority)에 기반한 편향된 해석을 도출함으로써 논의를 종결시킬 수 있다는 것이다. Eysenck는 본질적으로 중요한 것은 연구들의 질이지 양이 아니라고 지적했다(Eysenck, 1994).

메타 분석은 관심 주제를 명료하게 만들어줄 수도 있지만, 혼란을 야기할 수도 있다. 연구자가 연구 포함 기준과 배제 기준을 신중하게 선택할 수 있다면, 관심 대상이 무엇이든 상관없이 증명하는 것이 가능하다. 그런데 서로 다른 연구자에 의해 발표된 같은 주제에 대한 메타 분석의 결과들이 서로 상충하는 경우도 볼 수 있다. 메타 분석은 하나의 도구일 뿐, 해답이 아니다. 우리는 그 어떤 주제에 대해서라도, 그리고 모든 주제를 가지고 닥치는 대로 메타 분석을 하는 식으로 메타 분석에 지배당해서는 안 된다(불행히도 몇몇 연구자들은 그런 습관이 들어버린 것 같다). 우리는 메타 분석을 하기에 적합한 근거들을 주의 깊게 선별해서 메타 분석을 시행해야 할 것이다.

메타 분석은 RCT보다 타당한 것이 아니다

때때로 메타 분석의 전문가들 사이에 논쟁이 벌어지는 사안에 대해 나는 이렇게 강조하고 싶다. 메타 분석은 동등한 규모의 단일 RCT 보다 더 타당한 것이 절대로 아니다. 총 500명의 환자를 대상으로 한 하나의 RCT 안에서 모든 표본은 무작위화되어 있고 교란편견이 최소화되어 있기 때문이다. 그러나 5개의 각기 다른 RCT를 모아서 총 500명의 환자가 포함된 메타 분석은 더 이상 무작위화 연구가 아니다. 메타 분석은 관찰 데이터들을 모아 놓은 것이다. 원래 무작위화되어 있었던 데이터들도 그것들이 일단 합쳐지게 되면 더 이상 무작위화된 데이터가 아니다. 그래서 만약 메타 분석의 결과들이 상충된다면, 우리는 메타 분석의 결과에 하나의 대규모 RCT 결과를 능가하는 특권을 부여해서는 안 된다. 위에서 예를 들었던 사례와 같이 방법론적인 결함이 있는 메타 분석은 최근에 출판된 366명이 참여했던 대규모 RCT인 양극성 우울증에 대한 항우울제-위약 RCT 가 가진 타당성에 미치지 못한다. 이전 메타 분석의 결과와는 대조적으로, 이 연구에서는 항우울제의 효과가 없는 것으로 나타났다 (Sachs et al., 2007).

통계적 연금술

Alvan Feinstein는 앞서 논의된 내용들을 근거로 깊이 있게 메타 분석을 비판했다(Feinstein, 1995). 그는 과학자들이 많은 노력을 기울여 도달한 과학의 본질에 대한 컨센서스를 언급했다. 과학의 본질이란 다음의 4가지의 특징을 가지고 있어야 한다: 재현가능성 (reproducibility), 정확한 묘사(precise characterization), 편향되지 않은 비교(내적 타당성, internal validity), 그리고 적절한 일반화(외적 타당성, external validity). 독자들은 이 요소들이 내가 이 책에서 계속 언급한 통계의 세 가지 구성 원칙인 편견, 확률, 인과관계와 유사하다는 것을 알았을 것이다. 그런데 Feinstein의 주장에 따르면 메타 분석은 이러한 노력을 모두 망쳐버린다. 왜냐하면 메타 분석은 "이미 존재하는 것을 더 나은 무언가로 전환"시키려고 하기 때문이다. 작은 표본크기가 합쳐져 큰 표본크기가 된다면, 통계적인 '유의성'을 획득하기 쉬워진다. 그리고 특정한 하위 집단이나 다른 대상들을 대상으로 했기 때문에 지금까지 결론을 내릴 수 없었거나 검증된 적이 없었던 새로운 과학적 가설들에 대해 평가하는 것이 가능해질 수도 있다. 그러나 이러한 이득들을 얻기 위해 우리는 "그동안 매우 사려 깊게 발달되어 온 과학적인 요건들을 제거하거나 해체하는 …" 것과 같은 희생을 해야 한다.

Feinstein는 "이미 확립된 과학적 원칙들을 무시하면서 공짜로 무언가를 얻으려고 하는 생각"이라는 점에서 메타 분석과 연금술이 유사하다고 했다. 그는 이러한 면을 "공짜 점심" 성질이라고 명명했으며, 이질성 문제에 대해 사과와 오렌지보다도 훨씬 더 극단적인 비유인 "섞은 샐러드" 성질과 함께 메타 분석의 신뢰도를 떨어뜨리는 것이라고 했다.

그는 메타 분석이 인과율에 관한 Hill의 개념 중 하나인 '일관성 (consistency)'의 개념을 위반하는 것이라고도 말했다. Hill에 따르면 연구들은 일반적으로 같은 결론을 찾아낸다. 메타 분석은 상이한 결론들을 받아들이고, 어떤 것을 다른 것들에 비하여 가중치를 부여한다. "메타 분석을 하면 … 중대한 불일치들은 무시되고 통계 복합체 속에 묻혀 버린다.”

그리고 어쩌면 가장 중요한 이유일 수도 있는데, Feinstein은 연구자들이 좋은 연구를 수행할 생각은 하지 않고, 불량한 연구들을 가지고 메타 분석을 하면서 진실을 왜곡하는데 귀중한 시간을 허비하지는 않는지 걱정했다. 요약한다면, 메타 분석은 타당한 곳에서는 불필요하고, 필요한 곳에서는 쓸모가 없는 것이다. 기존의 연구들이 잘 수행되지 못한 것이라면, 메타 분석은 이질적이고 결함 있는 자료를 단지 합치는 것에 불과하기 때문에 부정확하고 타당하지도 않은 결과들을 도출하고, 결국 쓸모가 없는 것이다. 그리고 기존에 연구들이 잘 수행되어 있다면, 굳이 메타 분석을 하지 않아도 된다. “내가 가진 주된 불만은 … 무작위적 연구에 대한 메타 분석이, 아직 어둠 속에 놓여 있거나 기만적인 화려함 속에 놓여 있는 훨씬 더 많은 영역은 외면한 채로, 이미 합리적으로 잘 밝혀져 있는 부분에 대해서만 집중되고 있다는 점이다.”

이러한 Feinstein의 비판은 메타 분석의 상징이자 통계학의 껍데기를 쓴, Galen식 도그마의 새로운 중심이 될 가능성이 높은 옥스포드의 Cochrane Collaboration과 더불어 메타 분석을 통제 불가능한 EBM의 부작용으로 간주하면서 끝맺음한다(Feinstein and Horwitz, 1997). RCT가 그저 메타 분석 소프트웨어 속에 즉시 삽입되고 다른 모든 연구들이 무시된다면, 메타 분석을 타당하게 만들 수 있는 유일한 방식인 신중한 질 평가와 이질성에 대한 고려는 설 자리가 없다. Feinstein은 통계학자 Richard Peto의 말을 인용하면서, “좋은 메타 분석은 세부 사항에 대해 공을 들여야 하는데, ‘산업’과 같이 메타 분석을 수행하는 Cochrane collaboration에서는 ‘불가능’한 일이다.”라고 말했다.

다시 Eysenck로

나는 언젠가 Eysenck를 만날 기회가 있었다. 나는 통계학 연구에 쏟은 그의 헌신을 결코 잊지 못할 것이다. “당신은 지식을 가질 수가 없습니다.” 그는 점심을 먹으면서 나에게 말했다. “만약 당신이 그것을 세어보려고 하지 않는다면 말이지요.” 나는 증례 보고의 경우에는 어떠한지 물었다 “증례 보고는 지식이라고 할 수 없습니까?” 그는 미소를 지으며 손가락 하나를 치켜 올리며 말을 했다. “증례 보고라 할지라도 당신은 셀 수 있습니다.” Eysenck는 심리학, 성격, 정신유전학 분야에서 경험적 연구에 많은 기여를 했다. 그래서 그가 가진 메타 분석에 대한 의구심은 훨씬 더 합당하게 보였다. 왜냐하면 그러한 의구심이 통계학을 반대하는 사람에게서 나온 것도 아니고 오히려 통계학의 한계에 대해 아마 너무도 잘 알고 있는 사람에게서 나온 것이었기 때문이다. Eysenck의 마지막 논문들 가운데 하나인 1994년의 논문의 일부를 인용하고자 한다.

언젠가 Rutherford는 연구결과를 유의하게 만들기 위해 통계학적 수단을 사용하기 보다는 더 나은 실험을 하는 것이 더 도움이 될 것이라고 말했다. 메타 분석은 잘 설계되지 못한 연구들, 통계적 검정력이 불충분한 연구들, 일정하지 않은 결과들, 그리고 명백하게 반박을 불러일으킬 연구들로부터 무언가를 되찾고자 할 때 종종 사용된다. 가끔씩 메타 분석이 가치 있는 결과를 내놓기도 하지만, 방법론적인 측면에서 너무나도 자주 비판을 받는다. … 체계적 고찰은 매우 주관적인 '전통적' 방법에서부터 질과는 상관없이 모든 출판된 (그리고 종종 출판되지 않은) 자료를 바탕으로 객관적으로 계산된 효과크기와 같은 모든 방식을 포괄한다. 양극단 모두 바람직하게 보이지는 않는다. 메타 분석이 적용되어 온 영역들이 매우 다양한 것처럼, 연구 영역들에 대해 최고의 방법이 단 하나만 존재하는 것은 아니다. 만약 어떠한 치료가 매우 난해하고 모호한 효과를 보인 나머지 메타 분석을 통해 치료가 확립되었다면, 나는 그 치료를 받고 싶지 않을 것이다. 그보다는 치료 자체와 치료를 뒷받침하는 이론을 개선하는 것이 더 좋을 것이다.

(Eysenck, 1994)

이제 이렇게 요약할 수 있다. 메타 분석은 두 가지 상황에서 유용하다. 연구가 진행 중인 분야에서 하나의 임시방편, 다시 말해 현재까지 축적된 근거를 임시로 요약하는 것으로서 미래에 대규모 RCT가 수행되게 되면 그 결과로 대체될 것이다. 또한 RCT 연구가 추가로 수행될 가능성이 적을 경우, 메타 분석은 우리가 알고 있는 것에 대해 어느 정도 분명하게 요약해줄 수 있다. 그러므로 메타 분석은 의사 결정을 내리는 Bayesian 기법에 대해 알려주기 위해 사용될 수 있다.

Bayesian 통계학:
왜 당신의 의견이 중요한가

미래의 임상의들은 '불가능의 경계'를 포기하고, 합리적인 가능성을 정착시키길 바란다.
– Archie Cochrane(Silverman, 1998; p. 37)

베이지언주의(Bayesianism)는 통계학에서 다소 지저분한 비밀일 것이다. 이는 저녁 식사에 초대하고 싶지 않은 이모와도 같다. 정통의 통계학을 인민사회주의라고 한다면, 베이지언주의는 알려져 있기는 하지만 널리 인정되고 있지는 않은 트로츠키주의 같은 인상을 준다.

하지만 많은 반대 의견을 가지고 있는 시각 속에는 아마도 잘 알려지지 않고 다소 이해하기 어렵지만 중요한 진실들이 숨어있을 수도 있다. 이러한 진실은 통계학자들보다 임상의들이 더 잘 이해하고 있을지도 모르겠다.

통계학의 두 가지 철학

통계학 안에는 두 가지 철학이 존재해왔다. 오늘날 통계학의 주류는 단지 데이터를 평가하고 수학적으로 그 데이터를 해석하는 것으로서 이를 빈도주의자(frequentist)의 통계학이라고 한다. 이것과는 다른 접근법이 관찰자가 데이터를 어떻게 해석할 것인지에 대한 것으로 이를 Bayes주의자인 베이지언(Bayesian) 통계학이라고 한다. 대부분의 통계학자는 Fisher와 같이 숫자를 과학적인 기반에서 해석하려고 하며, 따라서 대부분의 통계학적 방법은 빈도주의자 통계학이다. 그러나 빈도주의자 통계학이 통계학자들이 바라는 정도로 순전히 객관적이지는 않다. 이 책 전반에 걸쳐 설명한 전통적인 통계에 대한 몇 가지 사항들은 대부분 콧대가 센 사람들인 빈도주의자들이 내린 주관적인 판단들, 제멋대로인 기준선, 관념적인 도식들에 해당한다. 이런 현상은 p-값의 절단점이나 귀무가설의 정의와 같이 꽤 중요한 곳에서도 공공연하게 일어난다. 하지만 베이지언들은 모든 통계학의 핵심적인 관념인 확률에 대해서조차 주관적인 결정을 내린다. 빈도주의자들의 시각으로 보면 이는 도를 넘어서는 행위다(이는 마치 자본주의자들이 시장 조정은 어느 정도까지 용인할 수 있으나, 사회주의를 받아들일 수 없는 것과 유사하다).

주류 통계학에 있어 베이지언의 개념이 통상적으로 유일하게 인정되는 곳은 진단 검사와 관련된 부분 정도다. 그렇지만 임상의들은 베이지언의 통계학으로부터 무언가 특별한 것을 얻어가기도 한다. 과학에 대해서는 의견보다 숫자가 중요하다고 할 사람도 있겠지만, 대부분의 임상의들은 주관적인 의견에 익숙해 있다. 사실 통계학에 대해 임상의들이 가지고 있는 불신은 빈도주의자 통계학이 가진 가정과 무관하지 않다. 베이지언의 관점은 임상의들이 가진 무의식적인 직관에 대해 좀더 관대하다.

Bayes의 정리

18세기 중반 영국에는 수학을 좋아하던 Reverend Thomas Bayes라는 목사가 있었다. Bayes는 확률을 연구한 Laplace와 같은 프랑스의 수학자들에게 관심이 있었다. Bayes는 이상한 점을 발견했는데, 확률은 어떤 조건적인 곳에서 등장하며, 그들 스스로는 존재할 수 없다는 것이었다. 따라서 만약에 Y가 일어날 확률이 75%라는 말의 의미는 X를 가정하고 나서 Y가 일어날 확률이 75%라는 것이다. X 자체가 확률이기 때문에 우리는 X가 일어날 가능성이 (예를 들어) 80%라고 추정하고 나서, Y가 75%의 확률로 일어난다고 이야기하는 것이다. Bayes는 확률을 다음과 같이 정의했다. "확률은 계산에 의하여 사건이 발생할 것으로 기대되는 값과 그것이 발생을 기대하는 값과의 비율이다."(Bayes and Price, 1763) 이를 표현한 수학 공식을 Bayes의 정리라고 부르는데, 여기서는 다루지 않을 것이다. 수학에 관련된 것이라고 언급한 것으로 충분하며, Bayes의 개념은 타당한 것으로 생각된다. 관념적으로 말하자면, 그의 정리는 사전에 주어진 확률 X와 관찰된 사건인 Y는 사후 확률 Z를 만들어 낸다는 것이다.

나중에 이를 Salsburg가 다음과 같이 단순화시켜 표현하였다 (Salsburg, 2001; p. 134).

사전 확률(Prior Probability) → **데이터**(Data) → **사후 확률**(Posterior Probability)

Salsburg는 Bayes의 정리가 어떻게 사람들이 실제로 생각하는 것을 반영하는 것인지에 대해 강조했다. "베이지언 접근법은 기존에 주어진 사전 확률로부터 시작된다. 그 다음에 관찰이나 실험을 통해 데이터를 생산해낸다. 이렇게 생성된 데이터는 사전 확률을 수정하는데 사용되며 결국 사후 확률을 만들어낸다."(Salsburg, 2001; p. 134)

유명한 베이지언 통계학자인 Donald Berry는 다음과 같이 말했다. "Bayes의 정리는 학습에 좋은 구조다. 저것은 내가 이전에 생각했던 것이며, 이것은 내가 지금 막 보았던 것이며, 따라서 여기에는 지금 내가 생각하는 것이 있다. 그리고 내 생각은 내일 바뀔 수도 있다." (Berry, 1993)

보통의 통계학은 단지 Y와 Z에 대한 것이다. 우리가 어떤 사건(Y)을 관찰하게 되면 그 사건의 확률 혹은 그 사건에 대한 확률이 우연으로 일어난 것인지 또는 그 사건과 관련하여 다른 확률(Z)이 있는지 추론하게 된다. 여기에 Bayes는 우리가 어떤 것도 관찰하기 전인 사건에 대한 초기의 확률, 즉 사전 확률(X)을 추가했다. 어떻게 그럴 수 있었을까? 그리고 사전 확률이란 무엇일까?

Bayes는 자신이 한 작업에 대해 확신을 가지지는 않았다. 그래서 그는 자신의 업적을 출판하지 않았으며, 남들에게도 잘 이야기하지 않았다. Bayes의 개념은 그가 사망한 이후 19세기에 통계학의 영역이 새롭게 확장되면서 빛을 보게 되었다. 하지만 20세기 초 Karl Pearson과 Ronald Fisher에 의해 현대 통계학의 기초가 세워지기 시작할 무렵, 그들은 가장 먼저 Thomas Bayes를 공격했다.

Bayes에 대한 공격

Pearson과 Fisher는 Bayes의 정리를 위험한 것으로 보았는데, 그 이유는 모든 통계학의 근본이 되는 확률이라는 기본적인 개념의 중심에 주관성을 도입한다는 것이었다. 사전 확률이란 것은 데이터를 관찰하기 전에 단순히 한 사람이 가진 견해와 같이 의심스러워 보인다. Pearson과 Fisher는 우리가 현대 과학의 기초에 통계학을 도입하기를 원한다면, 통계학은 데이터와 수학적 공식에 기반해야 되고 누군가의 견해에 기반해서는 안 된다고 주장했다.

고민스러운 부분은 어떻게 사전 확률을 결정할 수 있는지에 대한 문제이다. 기초가 되어야 할 것은 무엇인가? 가장 명확한 대답은 '개인적인 확률'을 포함한다는 것이다. 통계학자 L. J. Savage의 극단적인 견해에 따르면, "입증된 과학적인 사실과 같은 것은 없다. … 단지 그들 스스로를 높은 확률과 관련이 있는 과학자라고 지칭하는 사람들의 주장만이 있을 뿐이다"(Salsburg, 2001; p. 133.). 이것은 베이지언의 확률에 대한 하나의 극단적인 견해이자 대부분의 주관론자들이 가진 견해이다. 우리는 이와는 다른 쪽의 극단인 객관주의를 개개인의 주관적인 견해는 최소화되어야 한다는 것으로 정의할 수 있다. 이러한 개념은 유명한 경제학자인 John Maynard Keynes에 의하여 발전되었는데, 나한테는 상당히 잘 와 닿았다. Keynes의 관점에 따르면 개인적인 확률은 어떤 개개인이 가지고 있는 것이 아니며 그보다는 "주어진 문화 내에서 교육받은 사람들이 가지고 있을 것으로 예상되는 믿음의 정도라고 할 수 있다"(Salsburg, 2001; pp. 133~134).

이는 진실이란 연구자들의 단체가 과학적 연구의 범위 내에 있을 것이라고 컨센서스를 만든 것이라는 Charles Sanders Peirce의 견해와 유사하다. Keynes와 마찬가지로 Peirce는 물리학적 개념에 대해 공사장의 인부들의 견해는 물리학 교수의 견해와 동등하지 않다고 주장했다. 컨센서스란 유사한 배경과 지식 기반, 그리고 알고자 하는 노력을 비슷한 정도로 하는 사람들 사이에서 이루어져야 한다.

나는 Keynes와 Peirce보다 한 단계 더 나아가 베이지언 통계학을 좀더 객관적인 것으로 보고 싶고, 독자들에게 베이지언 통계학이 유효한 것이며 빈도주의자의 통계학과도 상충하지 않을 수 있다는 것을 강조하고 싶다. 위에 언급한 Bayes의 정리에 나오는 중간과 마지막 용어는 주류 통계학에서도 받아들여져 있다. 데이터는 한 사람의 견해가 아니고 숫자이며, 이를 기반으로 특정 확률을 유추해낼 수 있다. 문제는 사전 확률이다. 만약 우리가 사전 확률을 오로지 빈도주의자 통계학의 결과에만 기초해서 구한다면, 다시 말해 과학적 문헌을 기초로 사전 확률을 구한다면 어떨까? 예를 들어 우리는 지정된 주제에 대해 사전 확률을 구하기 위해 모든 RCT를 모아 메타 분석을 할 수도 있다. 이러한 방법을 통해 주관적이지 않은 빈도주의자 통계학으로서 베이지언 통계학이 사용될 수 있다. 물론 메타 분석과 같은 것들을 해석할 때에는 주관이 개입할 수 있다. 하지만 이러한 수준의 주관성은 제거할 수 없는 것으로, 모든 종류의 통계학에 보편적으로 내재해 있는 것이다.

독자들은 각자 선호하는 방법을 선택할지 모르겠다. 하지만 내 생각에는 객관적인 과학적 문헌으로부터 사전 확률을 구해서 베이지언의 방법을 사용할 수 있으며, 이렇게 하면 빈도주의자의 주류 통계학의 기준에도 어긋나지 않을 것이다.

정신의학에서의 베이지언주의

잠시 쉬어가 보자. 대부분의 임상의들은 개인적인 확률이 매우 주관적이라는 이유로, 또는 베이지언의 접근법을 불필요하다거나 매우 복잡한 것이라고 생각해서 받아들이지 않는 경우가 많다. 하지만 개인적인 확률을 받아들이는 것은 우리가 상대주의를 전적으로 받아들여야 한다는 의미가 아니다. 최근 내가 우리 병원의 전공의 Jane 과 나눈 대화를 예로 들어 보겠다. 그녀는 우리 외래에서 장기간 치료를 받아온 어떤 환자에 대해 다음과 같이 표현했다. "그에 대해서는 누구도 알 수 없어요. 교수님도 마찬가지예요. 왜냐하면 진짜 진단이 무엇인지 아는 사람이 아무도 없거든요." 그 환자는 자신에 대한 이야기를 하지 않았으며, 그에 대한 확증적인 사실을 알려 줄만한 가족도 없었다. 그래서 우리는 그의 과거력을 알 수가 없었다. 그럼에도 불구하고 Jane이 그의 과거에 대해 조사해보면서 꽤 많은 점들이 명확해 졌다. 그는 반복되는 주요우울삽화에 대하여 수많은 항우울제를 복용했으나 효과가 없었고, 22살 이후로 6곳의 병원을 다녔다. 그는 모든 종류의 항우울제, 항정신병약, 기분안정제를 다 복용해 보았다. 만성적으로 지속되는 정신병적인 증상은 없었으나 그가 병원에 입원해 있는 기간 동안 단기적으로 그런 증상들이 나타나기도 했다. 그는 17세에 뇌염을 앓았다. 그의 가족력에 대해서는 알지 못한다. 그리고 아마도 항우울제를 복용하고 있던 도중에 조증이 발생한 적이 있는 것 같았다.

우리는 이런 사실들을 단지 확률적으로밖에 알 수가 없었다. 그래서 재발성의 고도 우울증을 우선 염두에 두었다. Jane과 나는 이 환자의 일차 진단이 주요우울장애일 확률이 가장 높다고 보았다. 다른 가능성에 대해 상의하면서 양극성장애나 신체 질환으로 인한 이차성 우울증에 대해서도 감별이 필요하다고 보았다. Jane은 그가 통상의 항우울제 치료에 잘 반응하지 않았으므로 인격장애일 가능성도 있다고 말했으나 그에 대한 증상은 분명하지 않았다. 그럴 가능성도 있겠지만, 우리는 일단 최초의 기분 장애로 다시 돌아가서 생각해

보기로 했다.

　나는 감별이 필요한 상태를 놓고 보자고 말했다. 병력상 유일하게 가능성이 있는 신체 질환은 뇌염이었다. 하지만 뇌염으로 인해 20년이 넘도록 우울증이 재발할 수 있을까? 과학적 근거를 놓고 볼 때 가능성이 낮았다. 만일 우리가 뇌염이 재발성 우울증에 미치는 역할이라는 완전히 불확실한 것을 가지고 문제를 풀어나가기 시작했다면, 우리는 50 대 50의 확률로 출발했을 것이다. 그러나 기존의 과학적 문헌에서 알려진 바를 통해 우리는 뇌염의 가능성이 50% 이하라는 결론을 얻었다. 만일 우리의 개인적인 확률을 정량화해야 한다면, 뇌염과 장기 재발성 우울증의 관련성에 대해 연구가 없다는 점을 감안해서 확률은 20% 미만으로 떨어지게 될 수도 있었다. 이것이 베이지언의 판단 방식으로, 가능한 진단이 없는 경우를 0%, 확실하게 특정 진단을 내릴 수 있는 경우를 100%로 놓는다면, 아래와 같이 표현될 수 있을 것이다(그림 14.1).

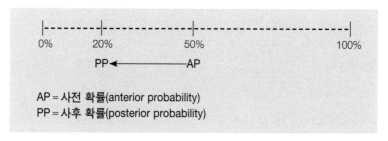

그림 14.1 뇌염으로 인한 기분장애 진단의 확률

　그 다음으로 감별해야 할 진단으로 양극성장애가 있다. 만일 우리가 진단이 완전히 불확실하다는 중립적인 입장에서 출발한다면, 우

리의 사전 확률은 50 대 50일 것이다. 병력을 잘 살펴보니 두 가지 진단, 항우울제로 유발된 조증(antidepressant induced mania, ADM)이나 치료저항성 우울증(treatment resistant depression, TRD)이 떠올랐다. 여기서 다시 우리의 과학적 지식으로 돌아가 보면 ADM이 주요우울장애에서 발생할 가능성은 1% 미만이었지만, 양극성장애에서 발생할 가능성은 5~50%였다. 이런 사실에 기반한다면, 주요우울장애보다는 양극성장애일 가능성이 5~50배 높아 보인다. 다시 이전의 연구에서 3개 이상의 항우울제에도 반응하지 않는 경우 양극성장애의 오진율은 25~50%였고, TRD는 가장 흔한 특징이었다. 이 두 가지 임상적 특징은 양극성장애일 확률을 높게 만들었다. 그래서 우리의 확률은 50%로부터 100%까지 보다 접근하게 되었다. 과학적 문헌이 가진 강도, 연구의 질, 다른 연구에서의 재현, 그리고 문헌에 대한 우리 자신의 해석에 의지해서 우리의 확률은 100%에 더 근접할 수도, 덜 근접할 수도 있다. 하지만 이동은 진단 확률을 높이는 한 방향으로만 이루어진다. 만일 내가 내 자신을 정량화시켜야 한다면, 그림 14.2와 같이 표현해볼 수 있겠다.

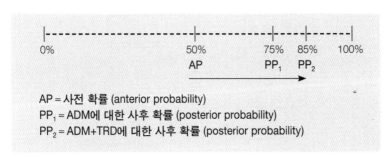

그림 14.2 양극성장애 진단의 확률

내가 가진 개인적인 확률 안에서 양극성장애 진단의 가능성이 높아졌다. 이 때 80% 이상 치료 방법을 바꾼다고 추정한다면, 나 또한 높은 확률에 근거한 자신감을 가지고서 이 환자에 대한 치료 방법을 바꿀 것이다. 이제 우리가 치료를 바꾸는 임계점을 주관적으로 잡아야 하는 것인지에 대한 문제가 남아 있다. 개인적 확률의 문제이지만, 전적으로 임의적인 것만은 아니다. 95%의 확실함은 65%의 확실함보다 큰 것을 뜻한다. 우리는 아마도 80% 이상이라면 개념적으로 납득할 만한 확실한 수준이라는데 동의할 것이다. 빈도주의자 통계학에서 통계적 유의성을 정할 때 많이 해본 방식이다.

나는 진단적 확률에 대해 베이지언 통계학이 가지고 있는 근거에 대해 설명한 바 있다. Jane은 그에 대해 납득하긴 하였지만, 무언가 그녀의 뜻과 달랐다. 어떻게 해서 그녀는 일찍 동일한 결론에 도달했으면서도 꺼림칙했던 것일까? 내 생각으로는 임상적으로 진단은 직관적으로 이루어지는 경우가 많고, 편견의 영향을 받기 때문일 것이다. 그에 더해서 Jane은 ADM과 TRD에 대한 기존의 연구들에 대해 알지 못했다. 그러므로 사실에 입각한 지식의 부족이라는 문제가 존재하는데, 이것이 EBM과 같은 방법들이 강조하고자 하는 것들이지만, 더욱 중요하게는 측정되지 않은 편견과 같은 개념적인 문제가 존재할 것이다. 베이지언의 접근 방식은 이 측정되지 않은 편견을 꺼내서 최소화시킨다. 만일 우리가 환자에 대해 토의하기 전부터 Jane의 베이지언 진단 과정을 그림으로 그려본다면 그림 14.3과 같이 될 것이다. 그녀는 양극성장애의 가능성을 낮게 평가했으므로(그녀는 직관적으로 인격장애 진단을 선호했다), 매우 낮은 확률로부터 출발하게 된다. 또한 그녀는 TRD가 양극성장애 진단의 확률을 높인다는 것을 알지 못했고, ADM은 그 확률을 아주 조금만 올린다고 느꼈다.

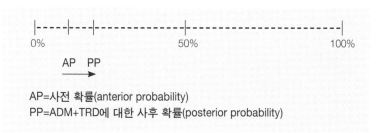

그림 14.3 Jane의 양극성장애 진단의 확률

이것이 그녀의 개인적 확률이다. 일부 과학적 문헌에 기초했지만, 내 것만큼 타당하다고 볼 수는 없다.

여기서 "잠깐만! 당신은 Jane이 양극성장애 진단에 반대되는 쪽으로 편향되어서 ADM과 TRD의 병력에도 불구하고 적당한 진단 수준에 도달하지 못했다고 했지요. 하지만 당신 역시 양극성장애 진단에 찬성하는 쪽으로 편향된 것은 아닐까요? 그것이 당신의 확률이 100% 쪽에 가깝게 끝난 이유가 아닐까요?"라고 질문을 던질 독자가 있을지도 모르겠다. 만일 내가 50% 이상의 확률에서 출발했다면 그럴 수도 있을 것이다. 만일 내가 80%의 확률로 시작했다면, ADM과 TRD의 병력은 내 사후 확률을 99%로 가져갔을 수도 있을 것이다. 만약에 초기에 편견이 있었다면 실제로 그럴 수 있다. 하지만 나는 초기에 50 대 50의 확률로부터 출발했다. 이는 중립적인 위치로서 환자에 대하여 어떤 진단적인 편견도 없는 것이다. 돌이켜보면 나는 뇌염으로 인한 기분 장애 진단에 대해 평가할 때 역시 50 대 50의 확률로 시작했다.

만일 우리가 주요우울장애 진단에 대해 이 그림을 다시 그려 본다면 역시 50 대 50의 확률로 시작할 수 있다. 빈도주의자의 과학적 문헌에 기초해서 TRD와 ADM를 고려하게 되면 확률은 낮은 수준으로 이동할 것이다.

이번 논의에서 가장 중요했던 점은 베이지언 통계학을 사용하는 것이 완전히 자기 마음대로 하는 주관적인 작업이 아니라는 것이다. 사실 베이지언의 접근법은 우리들의 가정을 명백히 밝혀 놓기를 강요하고, 그것들을 최소한 개연론에 의거해서 정량화하도록 함으로써 우리가 비교적 덜 독단적이고, 덜 주관적이고, 덜 직관적으로 임상에 접근할 수 있게끔 만들어 준다. 게다가 빈도주의자들의 방법에 기초한 과학적 문헌을 근거로 삼는다. 따라서 주관적이지 않은 지식을 가지고서 주관적인 확률에 입각한 결과물을 만들게 되는 것이다 (Goodman, 1999).

핑퐁 효과

고전적인 방법과 Bayesian의 방법, 이 두 가지 접근 방식은 통계적 해석에 대해 본질적으로 서로 다른 관념적인 가정에 기초하고 있다. 둘 중에 어느 것이 옳다거나 그르다고 말할 수는 없다. 사실 베이지언의 접근법은 빈도주의자의 접근법의 한계, 나아가 고전적 통계학의 한계에 대해 알려 준다. "일부 빈도주의자들은 그들이 세운 귀무가설에 대해 아무 여과 없이 받아들이고 있다. 이렇게 되면 사실을 왜곡하게 되어 귀무가설은 극단적으로 높은 사전 확률을 갖게 된다." (Berry 1993) 이러한 주류 통계학의 맹점을 보여주는 사례들이 8장에서 논의했던 하위군 분석이나 다중 비교라고 할 수 있다. 통계학자의 대부분을 차지하는 빈도주의자들은 귀무가설 측면에서 오류를 범하고 있다. 만약 95% 이상 확실하지 않은 결과라면 주목하지 않는 것이다. 진단을 결정하는 사례로 돌아가 생각해 보면 항상 5%의 선에서 출발하는 것이라고 할 수 있다. 다시 말해 항상 낮은 사전 확률을 가지고 무언가를 바라본다. 그리고 나서 만약에 양성 결과가 도출되면, 사후 확률은 반대편의 끝 쪽으로 넘어가 95%를 찍는데, 이 정도 사후 확률이라면 무언가 일어날 가능성이 매우 높은 것이다. 그런데 다시 그 다음의 연구결과가 음성으로 도출된다면, 사후 확률은 다시 5%로 돌아가게 된다. 그림 14.4에 표현해 놓은 이러한 핑퐁 효과로 인해 서로 반대되는 연구들이 나올 때마다 사람들은 혼란스러워진다. 하지만 만일 처음의 확실성을 50%로 놓고 출발할 수 있다면 혼란은 다소 줄어들 것이다. 서로 상충하는 정보들은 상쇄될 것이며, 임상의들은 불확실성에 대해 50 대 50의 안정된 상태를 유지할 수 있게 된다.

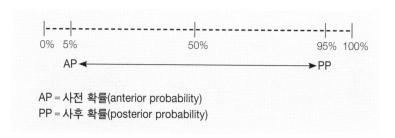

그림 14.4 핑퐁 효과: 상충하는 연구에 대한 빈도주의자의 해석

진단적 검사

이제 진단적 선별 검사에서 최적의 절단점을 구하기 위해 베이지언의 방법을 적용해 보겠다. 양극성장애를 선별하기 위해 고안된 자가 설문지인 MDQ(the Mood Disorders Questionnaire)과 BSDS(the bipolar Spectrum Diagnostic Scale)를 가지고 살펴보자. 일전에 나와 내 동료 Jim Phelps는 베이지언의 개념을 적용해서 이러한 선별 도구를 적절히 사용하는 방법을 설명하면서 어떻게 고전적인 빈도주의자의 통계학적 가정이 임상의들을 어떻게 잘못 이끌었는지, 그리고 해석에 심각한 오류를 초래하였는지에 대해 평가한 바 있다(Phelps and Ghaemi, 2006).

선별 도구와 관련해서 중요하게 취급되는 용어는 고전적인 빈도주의자 통계학에서 쓰는 것들인 민감도(sensitivity, 환자가 질병이 있을 때, 이 검사는 양성으로 나오는가?)와 특이도(specificity, 환자가 질병이 없을 때, 이 검사는 음성으로 나오는가?)이다. 이 두 가지 측면에 대해 높은 값이 나온다면, 임상의는 추가적인 검사 없이도 양극성장애 진단에 대해 양성이라고 결론짓기도 한다. 이 연구결과는 심지어 권위 있는 저널에 발표된 것이다(Das et al., 2005).

한편, 예측치(predictive value)는 베이지언의 개념이다. 검사 결과가 양성으로 나온 사람들이 질병을 가지고 있을 빈도는 얼마일까? (그리고 검사 결과가 음성으로 나온 사람들이 질병을 가지지 않고 있을 빈도는 얼마일까?) 빈도주의자와는 달리, 베이지언의 대답은 상황에 따라 달라진다. 숫자는 허공 속에 존재하지 않는 것이다.

그림 14.5에 개별적인 4가지의 연구 데이터로부터 나온 민감도와 특이도를 사용해서 유병률(prevalence)에 따른 상대적인 예측치를 나

타내 보았다.

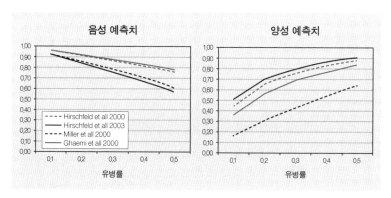

그림 14.5 음성 예측치 대 양성 예측치(Phelps and Ghaemi, 2006)

베이지언의 원리를 따르면, 예측치는 유병률에 반비례해서 영향을 받는다. 유병률이 낮을 경우, 음성 예측치(negative predictive value, NPV)는 높고, 양성 예측치(positive predictive value, PPV)는 낮다. 반대로 유병률이 높을 경우, NPV는 낮고 PPV는 높다. 그러나 각각의 곡선 기울기를 보면 알 수 있는 것처럼, PPV는 NPV보다 유병률에 대한 민감도가 훨씬 높다. 대부분의 일차 의료 상황에서는 환자를 많이 만나지 않아 유병률이 낮으므로 검사의 민감도와 특이도가 NPV에 영향을 거의 미치지 않는다. 모든 연구결과의 예측치가 0.92에서 0.97사이에 위치한다. 비슷하게, 유병률이 낮은 상황에서 PPV는 민감도, 특이도와 관련 없이 낮다.

여기 제시된 분석은 MDQ와 BSDS가 (일차 의료 현장과 같이) 유병률이 낮은 상황에서도 그 기능을 잘 해낸다는 것을 보여주는 것으로, NPV가 높게 나와서 효과적으로 양극성장애를 선별할 수 있었다. 임상적으로 볼 때 환자가 양극성장애라고 의심할 만한 여지가 별로 없고 MDQ가 음성으로 나온다면 진단을 감별하는데 많은 도움이 될 것이다. 따라서 FDA에서는 항우울제를 처방하기 전에 MDQ를 시행해 볼 것을 권고하고 있다. 임상적으로 볼 때 양극성장애의 가능성이 낮고, 선별 검사도 음성으로 나오게 되면, 환자가 실제로 양극성장애일 가능성은 더욱 낮아질 것이다.

그러나 선별 검사는 분명히 취약점도 가지고 있다. 임상의가 환자의 증상이 양극성장애가 있다고 의심할만한 정도는 아니지만 선별 검사에서 양성 결과가 나온다면, 이는 위양성일 가능성이 다분히 높다. 이런 현상은 데이터의 민감도와 정밀도와는 관련이 없다. 하지만 우울감을 표현하지 않는 환자들에 대해서나, 혹은 FDA가 옹호하는 것처럼 일차 의료 상황에서 양극성장애 선별 검사를 많이 하는 경우에는 충분히 발생할 수 있는 일이다. 그러므로 선별 검사인 MDQ나 BSDS로부터 양성 결과가 나왔다고 해서 반드시 양극성장애로 진단되는 것은 아니라는 사실을 유념해야 한다. 선별 검사만을 하고 나서 함부로 약을 처방해서는 안 된다.

종합해보면, MDQ나 BSDS와 같은 선별 검사는 그 검사 자체가 가진 고유한 특성인 민감도나 특이도 뿐만 아니라 베이지언의 원리로부터 예측되었던 것과 같이 선별 검사의 대상이 되는 질병의 유병률의 영향을 받는다고 하겠다.

사전 확률 다듬기

나는 베이지언의 접근법을 양극성장애 같은 어려운 진단에 대해 적용해보았는데, 그 이유는 양극성장애를 진단하는 과정에서 사전 확률이 매우 중요하기 때문이며, 게다가 임상의마다 양극성장애를 진단하는 것이 상당히 다르기 나타나기 때문이다. 기존의 연구들에서는 양극성장애에 대한 진단이 과대평가되기보다는 과소평가되었다. 기존 연구들 가운데 약 40% 정도가 양극성장애 진단을 과소평가했으며, 그 결과 환자가 처음 조증을 경험하고 병원에 방문한 이래 양극성장애 진단을 받기까지는 10년이 걸렸다. 이렇게 진단이 적게 내려지는 이유 중 하나는 환자가 자신의 증상들을 부정하거나 제대로 표현하지 못하기 때문이다. 조증 증상들은 환자가 말하는 것보다 가족들이 말하는 것이 두 배 가량 더 많다는 연구결과가 있으며, 따라서 양극성장애를 평가하기 위해서는 가족들로부터 병력을 청취하는 것이 필수적이다(Goodwin and Jamison, 2007). 하지만 어느 정도는 임상의들이 경조증이나 조증의 증상을 체계적으로 평가할만한 수단이 없기 때문일 것이다. 대부분의 임상의들이 진단에 접근하는 방법은 증상들의 '원형'이나 '패턴'을 인식하는 것이다. 이 방법은 간단하지만, 직관에 의존하므로 틀리기 쉽다(Sprock, 1998). 또 다른 접근법은 단순히 양극성장애로 진단을 내릴 수 있을 만한 증상과 징후 자체에 초점을 두는 것이다. 이 역시 정확성에는 한계가 있다. 양극성장애를 감별하는데 도움이 되는 사항들 — 양극성장애의 가족력, 질병의 경과(조기 발병, 자주 반복되며 단기적인 우울 삽화, 정신병적인 우울감, 산후 발병), 그리고 항우울제의 치료 반응(특히 조증, 내성, 무반응) — 을 감안하는 것도 중요하다(Goodwin and Jamison, 2007). 임상의들이 환자의 양극성장애 진단에 대해 '예감'을 적중시키기 위해서는 이러한 모든 요소들을 고려해야 한다. 이러한 과정은 선별 검사가 대신하지 못하는 것이다.

임상의들이 어떤 환자의 과거력, 임상 정보, 과거 치료에 대한 반응도, 또는 임상적인 인상들을 바탕으로 해서 이 환자의 진단에 대해 사전 확률을 평가하는 과정은 MDQ나 BSDS가 가진 민감도나 특이도를 넘어서는 것이다. 임상의들은 사실 (깨닫지는 못하겠지만) 베이지언이라고 할 수 있다. 만약 그들이 가진 사전 확률이 낮았다면, 여기에 척도를 통해 얻은 결과들을 더하게 되면 사후 확률은 양극성장애 진단을 내리는 쪽보다는 배제하는 쪽으로 갈 것이다. 만약에 그들이 가진 사전 확률이 중간 정도였다면, 척도 결과를 통해 실제 양성인 환자들을 확인하는데 도움을 얻게 될 것이다. 만약에 그들이 가진 사전 확률이 높았다면, 척도 결과가 미치는 영향이 그리 크지 않을 것이다. 임상의가 가진 진단적 인상이 정확해질수록 진단 검사를 통해 얻을 수 있는 결과도 향상된다. 따라서 이런 선별 검사가 가진 기능은 임상의가 진단의 실마리를 찾고, 이해하고, 해석하는데 도움을 주는 것이라 하겠다.

베이지언의 결정

유명한 경제학자 John Maynard Keynes는 정부가 자본주의 시장을 개선시킬 수 있다고 확신을 가지고 주장함으로써 대공황으로부터 세계를 구제했다. 하지만 Keynes는 경제학을 넘어서 확률에 대해서도 업적을 남겼는데, 베이지언의 통계학에 대해서는 객관주의자들의 시각으로 접근했다. 경제학에서 그가 보여준 통찰력은 어쩌면 그가 가진 통계학적 능력 덕분일 수도 있다. 임상의는 베이지언통계학의 수혜자이다. 오늘날 우리가 베이지언 통계학을 무시한다면, 이는 마치 경제학자들이 Adam Smith의 책만을 읽거나, 시장에는 자기 조절 능력이 있다고 전적으로 믿어 의심치 않는 것과 같다. 케인즈주의자(Keynesian)라고 해서 시장의 한계점에 대해 고려하지 않아서는 안 된다. 베이지언 통계학은 기존의 통계학이 좌초된 지점에서 영향력을 발휘한다. 그리고 아마도 가장 중요한 것은, 통계학자들보다도 임상의들이 베이지언 통계학을 보다 조화롭게 통합해서 사용할 수 있다는 것이다.

달리 표현하지면, 베이지언 통계학은 과학적인 연구를 실제적으로 어떻게 변환해서 생각할 수 있는지를 알려 준다. P-값이 0.04이던가 0.12라던가 하는 것은 사실상 많은 것들을 말해주지 않는다. 실제로 임상에 통계학을 적용할 때 벌어지는 문제 가운데 하나가 통계학적인 계산으로부터 나오는 양적 검정력이 임상적인 측면으로 볼 때는 큰 의미가 없을 때가 많다는 것이다. 만약 p-값을 0.038957629376이라고 한다면, 이렇게 세밀하게 p-값을 적는다고 해서 그것이 단지 0.04라고 표현하는 것보다 더 적절하다고 볼 수는 없다. 또한 아마도 더욱 중요한 것은, 사람들이 5%나 10%를 가지고 확률적으로 차이가 있다고 결정할 수가 없다는 것이다. 이렇게 주장할 수 있는 데이터를 가지고 있을지는 모르겠지만, 우리의 두뇌는 그러한 데이터를 볼 수 없다. 임상의들은 실제 세계에서 그러한 정보들을 구분해내지 못한다.

의사 결정에 대해 연구한 심리학 문헌들을 보면 이러한 현실이 잘 나타나 있다. 이런 연구들의 대부분은 '휴리스틱스(heuristics)'의 개념과 연관되어 있다. 휴리스틱스란 사람들이 실제로 어떻게 결정을 내리게 되는 것인지, 그리고 현실적으로 사람들이 어떻게 확률에 대해 이해하는 것인지에 관련된 것이다(경험적으로 가장 가능성이 낮은 것을 제외해면서 남는 것을 채택하는 방법). 많은 심리학적, 통계학적 연구를 통해 얻어진 결론은 인간들이 확률에 대해 다섯 가지의 기본적인 개념만 가진다면, 참과 거짓을 구분해낼 수 있다는 것이다.

- 확실하게 참이다
- 거짓일 가능성보다 참일 가능성이 높다
- 거짓일 가능성과 참일 가능성이 비슷하다
- 거짓일 가능성보다 참일 가능성이 낮다
- 확실하게 거짓이다

(Salsburg, 2001; p. 307)

이러한 방식으로 생각하는 것이 베이지언의 사고방식으로서, 임상적으로 확률을 타당하게 평가할 수 있도록 안내해준다. 빈도주의자 통계학에서는 Y일 확률은 10%이고, Z일 확률은 25%라는 식으로 보다 정확한 것을 원할지도 모르겠다. 하지만 우리의 두뇌는 이러한 차이를 구분하지 못한다. 만일 이것이 맞는 것이라면, "표준적으로 사용되고 있는 수많은 통계 분석 기술들은 쓸모없는 것들이 될 것이다. 왜냐하면 인간이 인지 가능한 범위를 벗어나게 되면 통계학적으로 구분하는 것이 무의미해지기 때문이다"(Salsburg, 2001; p. 307).

결국 임상 현장에서 통계학을 이용해야 하는 임상의는 베이지언의 방법을 사용할 수밖에 없다. 베이지언의 사고방식은 숫자를 진실로 간주해서 지나치게 흠모하는 것과 개별적 환자에 대한 결정을 내림에 있어 직관적으로 접근하는 방법 사이를 이어주는 가교와 같다.

베이지언의 방법은 임상의들에게 좀더 양적인 방법을 사용할 수 있도록 해주고, 통계학자에게는 숫자만이 전부가 아니라는 것을 깨닫게 해준다. 베이지언의 통계학자들은 "임상 연구자들은 통계학자들이 실험에 숫자를 붙여주는 일을 한다고 생각하는 경향이 있다. 의학적 질문(환자를 어떻게 치료할 것인가)에 대해 조사하는 데는 통계학자가 아니라 의학자들의 식견이 우선된다. 베이지언의 접근법은 임상의와 통계학자 사이에 긴밀한 협력 관계를 기반으로 해야 한다."라고 말한다(Berry, 1993). 나는 이보다 한 걸음 더 나아가고자 한다. 통계학에 대해 잘 이해하고 있는 의사들은 베이지언의 접근법을 사용한다.

베이지언의 Id

Freud가 모든 인간은 무의식을 가지고 있다고 한 것처럼, 우리가 깨닫고 있던 아니던 간에 우리 임상의들은 무의식적으로 모두 베이지언이다. 통계학자 Jacob Cohen은 이러한 사실을 '베이지언의 Id'라고 명명했다(Cohen, 1994).

이 장에서 우리는 의학 통계학에서 가설-검정 접근 방식의 한계에 대해 살펴보았다. 통계학에 서로 다른 철학들이 존재하고 있다는 것과, 베이지언 통계학의 의미에 대해서 알게 되었다. 이제 독자들은 현대 통계학은 "융합된 논리"를 가지고 있으며, "비공식적인 베이지언의 해석이 Fisher와 Neyman-Pearson과 뒤섞여 있다"라고 말한 Cohen의 진의를 이해할 수도 있을 것이다. 이를 좀더 간결하게 설명해 보겠다.

Fisher는 p-값을 개발했고, Neyman과 Pearson은 귀무가설 방법으로 p-값을 어떻게 이용할 수 있는지를 보여주었다. 이 두 가지 접근법을 반드시 동시에 하지는 않는다. Fisher는 귀무가설을 개념적으로만 생각했다. 그리고 RCT에 관한 한 p-값이 독자적으로 존재할 수도 있다고 보았다. 우리는 Hill와 Fisher의 흡연에 대한 논쟁을 통해 RCT는 원인을 증명하기에 충분하지도, 필수적이지도 않다는 것을 알게 되었다. 현대 통계학은 p-값과 가설-검정 방법이 적절한 것이라고 보고 있지만, Cohen이 말하고자 했던 베이지언의 Id는 무엇일까?

아마도 그가 의미했던 바는 다음과 같을 것이다. 비록 우리가 p-값과 귀무가설 방법에 기초한 빈도주의자의 철학을 주로 배우긴 했지만, 우리는 항상 무의식적으로 우리가 가진 편견에 기초해서 결과를 판단하는 베이지언의 방법을 따르고 있다. 우리가 항상 수행해 왔던 빈도주의자 통계학을 돌이켜 본다면 다음과 같은 질문을 해볼 수 있을 것이다. 만약에 귀무가설이 진실이라고 한다면, 우리가 관찰한 데이터들은 과연 얼마나 그럴 것인가? 하지만 우리는 결과를 반대로 해석하는 경향이 있어서, 우리가 관찰한 데이터 안에서 귀무가설이 진실일 가능성은 얼마나 될 것인가라고 묻는다. 우리는 그렇게 하지 말아야 한다는 것을 알고 있고, 또 그렇게 하지 말라고 배웠다. 하지만 우리의 통계학적 Id가 그렇게 하도록 만든다. Cohen이 말한 바의 요점은 다음과 같다. 하나의 귀무가설을 기각했을 때, 그 귀무가설은 일어날 만한 가능성이 없으므로 p<0.1이라고 결론짓고 싶어질 것이다. 통계학적으로 검정하는 바로 그 이유는 가능성이 낮으므로 귀무가설을 기각할 수 있다는데 있다. 하지만 우리는 베이지언이다. 우리는 연구를 하고 결과를 확인하고 나서 귀무가설이 잘못되

었을 가능성을 추론한다. 다시 말해 우리는 데이터에 기반한 확률(a probability based on the data, Bayesian 통계학)을 추정한다. 우리는 데이터의 확률(the probability of data, 빈도주의자 통계학)을 추정하지는 않는다. "하지만 우리가 알고 싶은 사후 확률은 오직 베이지언의 정리를 통해서만 구할 수 있으며, 이를 구하기 위해서는 실험을 하기 전에 귀무가설의 확률, 다시 말해 사전 확률을 알아야만 한다."

연구를 하기 전의 귀무가설의 확률(the probability of null hypothesis)은 얼마인가? 가설-검정 통계학의 원리를 신봉한 Neyman이나 Pearson은 수십 년 동안 이런 질문을 하지 않았다. 정답은 100%다. 왜냐하면 우리는 귀무가설이 옳다고 가정하기 때문이다. 하지만 연구를 통해 새로운 사실이 발견되고 나면, 우리는 귀무가설을 포기하기도 한다. 실제로 우리는 귀무가설의 가능성이 100%라고 믿지는 않는다. 만일 그렇다면 이는 우리로 하여금 베이지언의 논리를 사용하도록 강요하는 것으로서, 우리는 데이터를 관찰하기 전에 귀무가설에 대한 사전 평가를 어느 정도 제공해야만 한다.

다수의 주관적인 의견이라는 구렁텅이에 빠지는 것을 조심하면서, 우리는 무엇을 사전에 평가할 것인가? 이번 장에서 설명한 바와 같이 그것은 이전의 경험적인 연구들이나 인구학적인 유병률로부터 모아진 컨센서스가 될 수 있겠다. 그것이 무엇이든지 간에 우리는 가설-검정 통계학의 꿈 속에 계속해서 살기보다는, 베이지언의 Id의 존재에 대하여 인식하고, 그것을 의식화시키려고 노력해야 한다.

우리의 개인적인 편향으로부터 발생하는, 평가되지 않은 질적인 직관은 위험한 것이다. 빈도주의자는 연구나 실제 상황에서 주관적인 것들을 없애고 싶어하겠지만, 베이지언은 그런 것들을 인정하고 나서, 그것들로 인한 위험은 최소화시키고 객관적 과학 증거의 활용도는 최대화시키고자 한다.

아직도 Thomas Bayes 목사는 그의 정리 속에 묻혀 있다. 이제 우리는 그것을 우리의 삶 속으로 가져와야겠다.

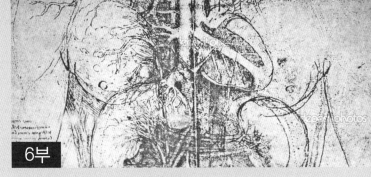

6부

통계학 속의 정치학
The politics of statistics

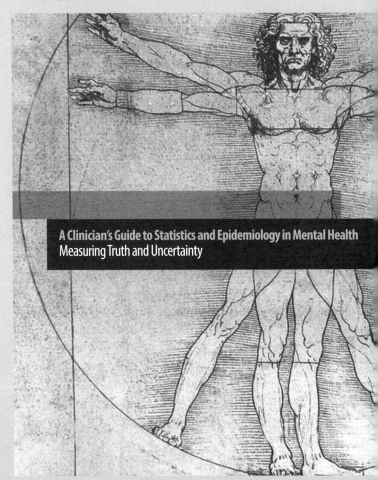

A Clinician's Guide to Statistics and Epidemiology in Mental Health
Measuring Truth and Uncertainty

Chapter

15

과학 저널은
어떻게 발행되는 것인가

내 저널에서는 누구라도 웃음거리가 될 수 있다.

— Rudolph Virchow (Silverman, 1998; p. 21)

과학 저널에 대해 알아야 할 아마도 가장 중요한 사실은 '최고'의 저널이 가장 중요한 논문을 싣는 것은 아니라는 것이다. 이렇게 말하면 독자들은 놀라고, 권위 있는 저널의 편집자들은 화를 낼지도 모르겠다. 이 말은 내 개인적인 경험과 의학 역사에 대한 통찰에 의거한 것이므로 틀렸을 수도 있다. 그러나 내 생각이 맞다면, 가장 규모가 크고 유명한 저널을 읽는 것만으로는 충분하지 않다. 새로운 아이디어를 얻으려면 누군가는 다른 관점을 가지고 보아야만 할 것이다.

동료 평가

과학 저널의 출판 과정은 외부에 노출되지 않는 블랙박스와 같다. 실제로 연구에 관여하지 않은 사람이 그 연구와 연관된 문제점들을 속속들이 알 수는 없을 것이다. 따라서 출판 과정에서 충분히 실수가 발생할 수 있다. 하지만 그럼에도 불구하고 몇 가지 장점이 존재하기도 한다.

핵심은 '동료 평가(peer review)'이다. 동료 평가의 장점에 대해서는 논란이 있다(Jefferson et al., 2002). 동료 평가는 익명으로 이루어지므로 학계의 정신병리(the psychopathology of academe)라 불리는 좋지 않은 결과를 낳을 수도 있다(Mills, 1963). 이것이 어떻게 일어나는지를 살펴보자.

시작은 연구자가 저널 편집자에게 논문을 보내는 것이다. 그러면 편집자는 해당 분야의 권위자 몇 명(보통 2~4명)을 선정한다. 이들이 익명의 동료 평가자가 된다. 연구자는 그들이 누군지 알지 못한다. 평가자들은 그들이 원고에서 바꾸고 싶은 특정한 수정 사항들을 1~3 페이지에 걸쳐 상세히 적어낸다. 그들이 보기에 그 논문이 정확하지 않거나 오류가 너무 많은 경우, 또는 잘못된 해석 등이 있다면 평가자로서 그 논문을 거절할 것을 권고할 수 있다. 그럴 경우 그 논문은 해당 학회지에는 실릴 수 없게 되고, 연구자는 그 논문을 다른 학회지에 보내서 같은 절차를 밟도록 시도할 것이다. 만약 요구된 수정 사항들이 편집자에게 타당해 보인다면, 그 논문은 다시 평가자들의 요구 사항들과 함께 연구자에게 보내진다. 그러면 연구자가 원고를 수정하여 다시 편집자에게 보낸다. 만약 만족할 정도로 수정이 이루어졌다면 그 논문은 이제 출간될 준비가 된 것이다. 아주 드문 경우지만 평가자나 논문에 따라서는 수정을 거의 요구하지 않는 경우도 있다.

이것이 바로 논문이 출간되는 과정이다. 이 과정은 합리적인 것처럼 보이지만 문제는 이것이 인간이 하는 일이며, 인간은 대체로 비이성적이라는 것이다. 사실 내 관점에서 모든 동료 평가 과정은 Winston Churchill이 민주주의에 대해 정의내린 것과 아주 유사하다. 그것은 다른 모든 것들을 제외한 것 가운데 상상할 수 있는 가장 최악의 시스템이다.

아마도 학자의 짜증(academic road rage)이라고 불리는 것이 주된 문제일 것이다. 익히 알려져 있듯이 익명성은 도로 위의 운전자들 사이에서 짜증을 야기하는 주된 요인이다. 도로 위에서 나는 다른 운전자가 누구인지 모르기 때문에 그에 대해 좋지 않은 평가를 내리는 경향이 생긴다. 그리고 그가 내 얼굴을 볼 수 없듯이 나도 그의 얼굴을 볼 수 없다. 이 때 나는 사회적으로 부적절하게 공격적이 되기 쉽다. 왜냐하면 외형이나 다른 정보가 개입하지 않기 때문이다. 동료 평가에서도 같은 요인이 작용할 수 있다. 대체적으로 저자는 평가자들로부터 실망이나 화가 담긴 느낌표가 잔뜩 찍힌 코멘트를 받게 된다. 저자의 의도는 단순한 추측만을 기반으로 이해되며 통합적인 면이나 연구 능력과 같은 것들은 거의 고려되지 않는다. 이런 격분을 일으키는 코멘트가 정당한 경우도 존재한다. 과학적, 통계적으로 합당한 의문이 생길 수 있다. 문제는 과다해 보이는 감정과 말투다.

동료 평가에 대한 4가지 해석

동료 평가에 대해서는 의학 저널의 편집자들 사이에서도 의견이 분분했는데, The Journal of the American Medical Association(JAMA)는 이를 특집으로 다루기도 했다. 논쟁의 결론은 다음과 같이 요약될 수 있었다.

현재의 평가 과정에 대해 4가지 다른 인식들이 있다. 동료 평가는 '체(the sieve, 무가치한 투고로부터 가치 있는 것들을 가려내는 것이다), 전환(the switch, 연구자는 지속적으로 노력해서 결국 논문을 내게 될 것이지만 어느 저널에서 출간될지는 동료 평가에 의해 결정된다), 대장간(the smithy, 논문은 동료 평가라는 망치와 편집자의 기준이라는 모루 사이에서 개선되어 다듬어진다), 그리고 어림짐작(the shot in the dark, 동료 평가는 본질적으로 예측할 수 없고 재현할 수도 없으므로 무작위 효과를 낳는다)'이라는 것이다. 오늘날 의료 산업의 핵심적인 역할을 맡고 있는 동료 평가의 특징을 말해주는 것이 몇 가지 의견 정도에 그친다는 것은 놀랄 만한 일이다('동료 평가는 과학의 핵심 요소이다').

(Silverman, 1998; p. 27)

이 가운데 나는 '전환'과 '대장간'이라는 해석을 지지하고자 한다. 나는 동료 평가가 옥석을 가려주는 훌륭한 체라고는 보지 않으며, 동시에 단순한 어림짐작이라고도 생각하지 않는다.

그것은 인간의 비합리성을 띠고 있으므로 과학이 가진 난감한 급소라고 할 수 있다.

이런 인간적인 약점은 나를 괴롭혀 왔다. 예를 들어 동료 평가자가 개인적으로나 업무 관계로 저자를 아는 경우도 종종 있다. 그래서 저자를 싫어하는 감정을 가졌을 수도 있다. 저자의 생각에 대해 본능적 혹은 감정적으로 반감을 가질 할 수도 있다. 다들 알고 있는 것처럼 일부 사람들에게는 제약회사와 연관된 경제적 이유가 작용할 수도 있다(Healy, 2001). 어떻게 하면 우리는 익명의 동료 평가로부터 야기된 이러한 편견들을 떨쳐낼 수 있을까? 한 가지 방법은 익명성을 없애는 것이다. 그리고 평가자들에게 스스로를 드러내게끔 하는 것이다. 그런데 모든 저자는 서로에게 평가자인 동시에 모든 평가자는 다른 논문의 저자이기 때문에, 편집자는 평가자들이 저자로부터의 보복을 두려워한 나머지 제대로 된 평가를 내리지 못할까봐 걱정한다. 논문 출간뿐 아니라 연구비 신청(연구에서 돈은 인재를 고용할 수 있는 생명줄이다) 역시 익명으로 평가받는데, 이 때 평가자들이 원한을 사게 되면 추후 본인이 연구비를 따지 못해 경제적으로 어려워질 수도 있다.

평가자를 평가하는 사람은 누구인가

우리는 지금 우리가 과학의 중립적이고 객관적인 이상들로부터 얼마나 멀리 떨어져있는지 살펴보고 있다. 사람이나 돈에 대해 호불호가 있는, 살과 피로 이루어진 인간이라는 존재가 수행하는 과학적 동료 평가는 여기에서도 탁월한 기능을 보여준다.

이 익명의 평가 과정은 얼마나 좋은 것인가 혹은 나쁜 것인가? 나는 질적으로 그 문제를 설명해왔다. 이에 대한 통계 연구가 존재하는가? 사실 존재한다. 실례로 '평가자를 평가하는' 연구가 있었다(Baxt et al.,1998). 이 연구에서 Annals of Emergency Medicine의 모든 평가자들은 편두통 치료에 대한 위약대조 RCT라고 지칭된 가상의 원고를 받게 되었다. 그 가상의 연구 안에는 10가지의 주요한 오류들과 13가지의 부수적인 통계적, 과학적 오류가 의도적으로 들어가 있었다. (편두통에 대한 정의를 하지 않았거나, 선정-배제 기준에 대한 언급이 없거나, 검증되거나 사용되지 않은 척도의 이용과 같은 경우, 주요 결과의 p-값이 만들어지거나 실제 데이터와 일치하지 않는 경우, 시험약과 위약 사이에 차이가 없는 것으로 나왔음에도 불구하고 이를 저자가 차이가 있는 것으로 결론짓는 경우 등이 포함되었다.) 심사 결과 200명의 평가자 중에 15명은 원고를 수락했고, 117명은 탈락시켰고, 67명은 수정을 요구했다. 평가자의 절반 가량이 해당 원고에 수정하기에는 너무 많은 결함이 있음을 발견했다는 뜻이다. 그런데 평가자 가운데 68%는 해당 논문의 결론이 다른 연구의 결과와 일치하지 않는다는 것을 깨닫지 못했다.

만약 이것이 과학적 동료 평가의 현재 상태라면, 사람들은 많은 연구들이 제대로 검증되고 있는 것인지, 그리고 출간된 문헌들 가운데 적어도 일부는 설명이나 해석에 있어 정확하지 않을 것이라고 걱정하게 될 것이다.

평범한 것이 보상받고 있다

동료 평가 과정은 출간되어서는 안 될 논문이 출간되는 것을 넘어서 출간되어야 할 것이 출간되지 못하도록 하는 문제를 갖고 있다. 내가 저자와 편집자를 모두 경험해본 결과 평가자들이 여러 가지 광범위한 문제들을 지적할 경우 저자들이 이에 대해 적절하게 반응하기는 어려웠다. 이럴 때는 편집자로서도 난처해진다. 이런 경우에는 아마도 논문의 내용보다는 주제 자체가 문제일 가능성이 있다. 그것이 상당한 논쟁의 여지가 있거나 너무 새로운 것이기 때문에 평가자들이 그 주장에 동의하기 어려울 수도 있다.

나는 많이 거절당한 논문일수록 오랫동안 살아남는다는 사실을 목격하고는 한다. 내 경험상 만일 어떤 논문이 5차례 이상 거절당했다면, 그것은 완전히 쓸모없거나 완전히 예지에 가까운 논문, 둘 중의 하나였다. 내가 보기에 동료 평가는 안 좋은 논문을 골라내는 동시에 좋은 논문도 몰아내게 된다. 중간 정도 수준의 예상 가능한 논문이 쉽게 수락되어 출간될 가능성이 높다.

이런 사실은 이번 장의 도입 부분에 언급했던 주장을 다시 상기시켜준다. 가장 독창적이고 참신한 논문들은 유명 저널에서 발표되지 못할 수가 있다. 이런 이유는 동료 평가라는 과정이 본질적으로 보수적이기 때문이다. 그렇다고 해서 더 나은 시스템이 있다고 말하기는 어렵지만, 적어도 현재 시스템의 약점에 대해서는 우리가 정확하게 알아야 한다고 생각한다.

한 가지 좋지 않은 점은 과학적으로 혁신적인 것은 환영받는 경우가 드물다는 것이다, 그리고 새로운 아이디어는 언제나 과거의 고정된 이론으로부터 저항을 받는 어려움에 처한다. 또한 연구자가 아닌 사람들은 과학에 대하여 더 호의적인 환상을 갖고 있을 수도 있다. 과학이란 발전과 새로운 아이디어를 고양시키며, 의식적으로 스스로를 비판한다고 생각하는 것이다. 물론 과학은 당연히 그런 쪽으로 가야 한다. 그러나 현실은 차이가 있다. 다시 Ronald Fisher의 말들을 인용해보자.

과학의 경력이란 어떤 면에서는 독특하다. 과학의 존재 이유는 자연에 대한 지식을 증가시키는 것이다. 그러므로 때로는 자연에 대한 지식이 증가한다. 그런데 이것은 서투르고 마음에 상처를 입힌다. 기존의 관점이 구식이거나 틀린 것으로 판명되는 것을 피할 수 없다. 나는 10여 년간 가르쳐왔거나 그렇게 될 것들이 약간의 수정을 필요로 하는 정도라고 하면 대부분의 사람들은 그것을 이해하고 좋게 받아들일 것이라고 생각한다. 그러나 어떤 사람들은 매우 힘들어 할 것이다. 이것은 그들의 자부심에 대한 타격, 또는 그들이 독점적으로 자신의 영역이라고 생각했던 것에 대한 침범으로 받아들여질 수 있다. 그리고 그들은 봄날에 자신들의 영역을 침범 당한 지빠귀와 푸른머리되 새처럼 사납게 반응할 것이 틀림없다. 그런 것에 대해 무어라 하기는 어렵다. 우리 직업의 본성에 비추어 보면 그것은 그럴만한 것이다. 그러나 젊은 과학자는, 만일 그에게 보석이 있고 그것을 사용해서 인류를 풍요롭게 하라는 충고를 받는다면, 기꺼이 그것을 이용할 것이다

(Salsburg, 2001; p. 51)

그러므로 어떻게 논문이 발표되는가는 과학의 정치의 일부라고 할 수 있다. 그것은 통계학의 다른 일면이다. 우리가 숫자를 살피던 곳은 인간의 감정에게 자리를 양보하며, 과학적 법칙은 인간의 자의성으로 대체된다. 하지만 이런 모든 한계들에도 불구하고, 우리는 유용한 지식을 담고 있는 문헌들을 읽는 것을 계속할 것이다. 현명한 임상의는 그 지식을 적절하게 사용할 것이며, 논문의 출간 과정에서 나타나는 한계점들에 대해서도 분명하게 인식할 것이다.

Chapter 16

과학 연구는
어떻게 현실에 영향을 미치는가

약이란 쥐에게 투여되고 나서 논문을 만들어내는 물질이다.

Edgerton Y. Davis (Mackay,1991; p. 69)

위대한 영향력 지수

Thomson Reuters가 소유한 ISI(Information Sciences Institute)라는 사기업에 대해 아는 사람들은 많지 않을 것이다. 이 회사는 다수의 논문을 대상으로 하여 다소 비밀스러운 방식으로 양적인 지수를 산출한다. 이것을 영향력 지수(impact factor, IF)라고 부르는데, 해당 논문이 얼마나 자주 인용되었는지를 반영하는 것이다. 많이 인용되는 논문일수록 연구와 임상에 미치는 '영향력'이 클 것이다. 이 계산은 저널과 연구자들 둘 다에게 이익이다. 저널은 더 많은 글들이 인용될수록 높은 IF를 얻게 되고 명성이 커진다. 그것은 자본주의 세계에서 다른 것들처럼 돈으로 환산된다. 광고주들과 구독자들은 높은 명성, 높은 영향력을 지닌 저널로 모여들 것이다. 나는 과학 저널의 편집진으로 참여하면서 편집자들이 아주 명료하고 조심스럽게, 그들이 높은 IF를 받을 것 같은 논문을 더 많이 골라내기를 원한다는 것을 알게 되었다. 그러므로 똑같이 과학적으로 타당하고 견고한 두

281

논문이 주어졌을 때, 하나는 많은 이들의 호기심을 끌 '섹시한' 주제를 갖고 있고, 다른 것은 '섹시하지 않은' 주제를 갖고 있다면, 편집자는 더 많은 독자를 끌어올 것을 선택하게 된다. 이제 이것은 비난받아야 하는 것이 아니다. 우리는 대중 잡지나 신문의 편집자도 같을 선택을 할 것이라고 예상한다. 내가 말하고자 하는 것은 많은 임상의와 대중들이 과학을 고루한 것으로 보고 있다는 것이다. 그들은 과학 저널의 출판 과정에도 똑같은 방식의 계산이 사용되고 있다는 것을 깨닫지 못하고 있다.

또한 IF는 개인 연구자에게도 중요하다. 야구 선수가 타율로 그들의 능력을 판단 받는 것처럼, IF는 연구자의 타율과 같다. 사실 ISI는 각 분야의 연구자들이 많이 인용된 순서대로 10위까지 순위를 매긴다. 그런데 정신의학 분야에서 가장 많은 인용 저자는 대규모 역학 연구의 제1저자가 될 가능성이 많다. 왜 그가 가장 많이 인용될까? 대부분의 사람들이 우울증에 대한 논문을 쓸 때마다 '주요우울장애는 미국 인구의 10%가 가지고 있는 매우 흔한 질환으로서'라는 문장으로 시작하기 때문이다. 따라서 정신질환의 빈도에 대한 역학 연구의 제1저자가 인용될 가능성이 높은 것이다. 하지만 이런 연구가 큰 변화를 일으킬 수 있을까? 실제로는 그렇지 않다. 의심할 여지없이, IF와 과학 논문의 질과는 어느 정도 관련성이 있다. 이를 뒷받침하는 데이터도 있다. 명백하게도 50% 가량의 과학 논문은 단한 번도 인용되지 않는다. 평균 인용 횟수는 단지 1~2회에 불과하다. 50에서 100회의 인용은 상위 1%에 해당되며, 100회 이상의 인용은 논문의 '고전'이라는 지표가 된다(Carroll, 2006).

그러므로 IF에는 어떤 의미가 있긴 하지만, 연구의 질과의 관계는 한쪽이 확신할 만큼 강하거나 직접적이지는 않다. 131개의 RCT 논문을 분석해보니, 연구의 질은 IF와 관계없이 같았다는 연구도 있다 (Barbui et al., 2006). 거의 인용되지 않은 연구와 많이 인용된 연구들 사이에 과학적 엄격성은 차이가 없었다.

그렇다면 IF는 연구의 질을 넘어선 무언가와 연결이 되는 것이 틀림없다. 이곳이 과학의 정치가 작동하고 있는 곳이다. 대중의 눈에 맞는 주제는 더욱 높은 IF를 받게 될 것이다. 이미 자리를 잡았거나 컨퍼런스, 미팅을 통해 동료들에게 널리 알려진 연구자들은 그렇지 않은 저자에 비해 더 많이 인용될 것이다. 그리고 거대한 연구 그룹은 자유롭게 서로의 논문을 인용해가며 IF를 부풀릴 수 있다. 부자가 더욱 부를 축적하는 것이다.

IF의 왜곡 효과

지금 어느 병원 정신과 과장인 내 친구는, 그의 전임 과장이 Google Scholar에 자기 이름과 내 친구의 이름, 그리고 그곳에 있는 다른 이들의 이름을 넣은 다음, 출간된 가장 인기 있는 논문들의 인용 횟수를 비교하던 것에 대해 내게 말해주었다. 이와 같은 방식으로 과학적인 명성은 직관적으로 인정받던 것에서 정량화된 것으로 바뀌어 가고 있다. 그러나 이처럼 사람들이 그 이름을 더 부른다고 해서 그가 더 중요한 말을 한다는 것을 의미하지는 않는다.

과학 연구에서 IF의 잠재적인 '왜곡 영향(distorting influence)'이 드러나기 시작했다(Brown, 2007). 특히 임상 연구가 줄어들었다는 사실이 그것을 잘 드러낸다. (미국에서) 임상 연구는 기초 동물 연구에 비해 재정 지원이 부족하다. 그리고 (역시 미국에서) 임상 연구를 하는 연구자의 숫자는 더욱 적다. 이는 기초 연구자들과는 반대의 상황이다. 임상 연구자들에 의한 논문보다 기초 연구자들에 의한 논문이 좀더 많이 인용되기 때문에 이러한 현상이 촉진되었다고 생각하는 사람도 있다(Brown, 2007). 논문의 '영향력'을 기반으로 교수의 승진과 계약유지를 판단하기 때문에, 대학에서 기초 연구자는 과대평가가 되며, 반대로 임상 연구자의 영향력은 평가절하된다. IF는 불완전하며 연구 가치를 대략적으로 측정하는 방법이다. 그러나 '모두가 숫자를 사랑한다'(Brown,2007).

무형의 공동 저자

과학에서의 정치의 다른 측면은 자체 검열이 공동 저자의 역할 중 일부라는 것이다. 특히 규모가 큰 연구의 경우 (아마 만약 제약 회사에 고용된 사람이 공동 저자로서 연구에 참여하는 경우라면 더욱 그럴 것이다.) 결과의 해석은 호의적인 방향으로 가는 경향이 있다. 여기에는 여러 가지 원인들이 작용한다. 명백하게 그 연구가 제약업체의 후원으로 진행되는 경우 금전적 문제가 원인이 될 것이다. 그러나 다른 무형의 원인이 더 중요하다. 특히 대규모 RCT의 경우는 더 많은 돈이 들기 마련이며, 저자는 그 지출을 정당화하고 싶어한다. 게다가 이런 RCT는 종종 완료하는데 몇 년이 소요되지만 사람의 인생은 길지 않다. 그러므로 저자는 연구에 실패하거나 논란거리가 되기보다는 과학적 업적을 남겨 자신의 시간을 잘 사용했다고 느끼고 싶어할 것이다. 제1저자는 다른 저자들에 비해 더 큰 노력을 기울일 것이며, 논문을 더 많이 해석하고자 하는 욕구를 느끼게 된다. 한 흥미로운 질적 연구(Horton, 2002a)에서는 논문의 기고자 가운데 67%가 논문에서 그들이 명시되지 않을까봐 의구심과 걱정을 품게 된다고 하였다. 어느 정도의 자체 검열은 일어나고 있는 것으로 보인다.

공개된 동료 평가 과정: 편집자에게 보내는 레터

누군가는 익명의 동료 평가 과정이 논문이 발표되기 전에 여러 문제점들을 밝혀낼 수 있을 것이라고 기대하지만, 15장에서 보았듯이 동료 평가 과정을 통해 논문 평가를 적절하게 하지 못하는 경우도 많다. 2차적인 방안으로 논문이 나온 이후 편집자에게 보내는 레터(letters to the editor)가 있다. 이러한 레터는 익명이 아니기 때문에 개인적인 반감을 가져올 수 있고, 아마도 다른 연구자에 의한 공개적인 비판을 어느 정도 억제하는 효과가 있을 것이다. 그럼에도 불구하고 편집자에게 보내는 레터를 통해 공개된 논문이 좀더 분석될 수 있고, 약점과 결함이 좀더 잘 알려지게 될 것이라는 기대를 가질 수 있다. 그러나 여기에도 한계가 있는데, 레터는 Medline과 같은 검색엔진에는 잘 나오지 않는다는 것이다. 그리고 인터넷을 통해서는 pdf 파일과 같이 컴퓨터화된 포맷을 구하기 어렵다. 그러므로 그동안 독자들이 어떤 연구에 관심이 있어 해당 연구에 대한 레터를 보고 싶어할 경우 오래된 학교 도서관을 찾아가 저널의 하드카피를 찾아내야 했다. 오늘날 인터넷이 이끄는 과학 연구의 바쁜 세상 속에서 이와 같은 노력은 점차 줄어들고 있다. 그러나 한 연구에서는 레터를 통해 지적된 문제점들의 절반 이상이 연구자에 의해 답변되지 않은 채 남아 있다는 것이 드러났다(Horton, 2002b). 이 분석에 의하면, 이후에 임상진료지침을 만들면서 출간된 주요 연구들의 영향력을 비교하였을 때 레터를 통한 비판들은 좀처럼 알려지지 않았고,

임상진료지침에도 잘 반영되지 않았다.

요약하면, 과학 논문이 출간되는 과정에는 인간의 판단, 주관, 해석이 관여하고 있다. 이는 통계학과 마찬가지다. 숫자만으로 모든 것을 설명하지는 못하는 것이다.

Chapter

17

돈, 데이터, 그리고 약물

승리하면 아버지가 100명이 생기지만 패배하면 고아가 된다.

– John F Kennedy (Kennedy, 1962)

우리는 무엇을 믿어야 하는가?

오늘날에는 방 안에 있는 코끼리와 같이 명확한 것조차도 직접 확인하지 않은 상태에서는 누구도 통계학에 대하여 정직하게 기술하지 못한다. 근거기반의학 안에서[어떤 이들은 이것을 '근거편향의학 (evidence-biased medicine)'이라고 부른다] 중요하게 다루어지는 의학 연구, 통계학에 대한 제약 회사의 사악한 영향력은 최근 들어서 점점 확대되고 있으며, 마치 연구의 공범처럼 여겨지기도 한다.

오래전 최초의 제약 회사가 설립된 이후로, 앞서 언급한 것과 같이 의심스러운 눈초리로 통계학을 바라보는 것은 더 이상 새삼스러운 일이 아니다. 실제로 통계학은 오용될 가능성이 높다고 알려졌다. "거짓말에는 세 가지 종류가 있는데, 그것들은 바로 거짓말, 새빨간 거짓말 그리고 통계학"이라고 한 19세기 영국 수상 Disraeli의 유명한 말을 떠올려 보자.(원래는 Mark Twain이 자서전에서 Disraeli의 말일 것이라고 하면서 쓴 문장인데 Twain의 말일 가능성이 높다–역자 주)

오용에 대해 책임을 져야 하는 것은 통계학에 내재된 근본 속성이다. 이것은 많은 임상의들이 생각하는 것과는 달리 통계학은 단순히 명백한 법칙을 현실에 건조하게 적용시키는 것이 아니기 때문이다. 지금까지 이 책에서 이러한 사실은 명확하게 밝혀 놓았다. 통계학은 추정과 개념과 해석들로 가득 차 있다. 한마디로 말해서 숫자들은 그 자체로서만 의미를 가질 수는 없는 것이다.

나는 제약 회사가 통계학과 과학을 어지럽혀 놓은 것을 발견하고 나서, 그동안 과학의 학문적 과정 자체가 마치 우리 인간 세계를 이루는 기본인 열정, 경제학, 믿음과 같은 것들의 상위에 있다고 믿어 온 것처럼 충격을 받았다고 호소하는 사람들을 볼 때마다 놀란다. 그렇게 충격을 받을 필요는 없다. 과학과 통계학의 모든 것을 도매금으로 넘겨서 거부할 필요도 없다. 나는 임상의들이 "더 이상 누구를 믿어야 할지를 모르겠다. 그래서 나는 아무 것도 믿지 않을 것이다."라고 반복해서 말하는 것을 듣는다. 그러나 이것은 믿음의 문제가 아니다. 이것은 정확한 사고를 바탕으로 이뤄지는 과학의 문제다. 과학적 연구들을 액면 그대로 믿을 수가 없다는 이유로 그것들을 모두 거부하는 것은 적절하지 않다. 우리는 어느 것을 믿어야 할지, 그리고 어느 것을 믿지 말아야 할지를 알기 위해서 그것들을 평가하는 방법을 배워야만 한다.

이것이 바로 내가 이 책을 쓰는 가장 중요한 이유다. 나는 제약 회사의 해로운 영향력이 의학 연구에서 점차로 줄어들 수 있다고 믿는다. 임상의들이 많이 알면 알수록 제약 회사로부터 조종당하지 않게 될 것이다.

하지만 만일 내가 자유 시장의 자본주의가 다양한 방법으로 의학 연구 산업에 끼친 영향 — 비합리적인 요구가 아닌 — 을 언급하지 않는다면, 아마도 제약 회사에 대해 비판하는 사람들이나 통계학에 대해 냉소적인 사람들은 이 책이 불완전한 것이라고 치부해 버릴지도 모르겠다.

유령 저자

처음으로 우리가 알아야 하는 망령은 유령 저자(ghost authorship)다. 이것은 제약 회사에서 논문의 초안을 작성해 주고 나중에 학자들의 '이름'을 내걸어 출판하는 것이다. 나는 이 과정을 내부에서 지켜본 적이 있다. 이러한 일들은 다기관 약물 연구에서 주로 벌어진다. 먼저 제약 회사가 새로운 약을 FDA에 허가받기 위한 목적으로 연구 프로토콜을 디자인하고 작성한다. 그 후에 회사는 임상시험을 수행하기 위한 기관을 섭외하고 대상자를 모집해서 약을 복용한 다음 데이터를 모은다. 생산된 데이터들은 제약 회사에 수집되어 회사에 고용된 통계학자들에 의하여 분석이 이루어진다. 만약 연구가 약물의 이득을 증명하지 못한다면, 이 과정은 여기서 종결된다. 결과는 절대로 출판되지 않게 되고(출판되지 않는 음성 결과를 도출한 연구들에 대해서는 아래에 따로 기술하겠다.), 이 약은 허가받지 못할 것이 명백하기 때문에 결과를 FDA에 제출하지 않고 회사에서는 다른 약을 개발하기 시작한다. 만약에 약물이 효과적이라고 드러난다면, 회사에서는 연구결과를 FDA에 제출해서 공식적인 '적응증'을 받아 시장에 판매가 되도록 할 것이다. 저널에 데이터를 발표하기 위해 회사는 통계학자들이 분석한 데이터를 의학저술 회사에 의뢰하여 논문의 초안을 준비할 것이다. 그리고 다양한 기관에서 환자들을 모집한 연구자들이 논문의 공동 저자가 되며, 때로는 이에 대해 금전적인 대가를 받기도 한다. 그들이 초안을 읽고서 개정에 대한 의견을 개진하면 회사의 전문가들이 이에 따라 수정을 한다. 저널에 논문이 제출될 때 제약 회사 직원이나 의학저술 회사 직원들의 이름은 등재되지 않는 것이 일반적이다. (때때로 회사의 통계학자나 연구자들이 논문의 중간이나 거의 끝 부분에 등재되는 경우도 있다.) 보통 제1저자와 그 다음의 저자들은 그 연구에 참여한 사람들 중에서 가장 고참이거나 학문적인 리더로 불리는 사람들이 된다. 그들의 역할은 연구를 정당화하고 연구에 '핵심적인 오피니언 리더'의 권위를 부여하는 것이다 (Moynihan, 2008).

내가 10명 이상의 저자들 가운데 중간 정도에 위치했던 조건에서 관찰한 바에 따르면, 10명 이상의 공저자들 중에서 논문 개정에 대한 논평을 하는 사람은 1~2 명에 불과하고 나머지 다른 사람들은 별 말을 하지 않았다. 만약 저자들 대부분이 논문에 대해 논평을 하였다면 이는 매우 드문 경우라고 할 수 있겠다. 실제로 대부분의 공저자들은 출판된 논문에 대한 조용한 공범들이다. 대개 그들에게는 많이 인용이 되고 저명한 저널에 출판이 된 논문 하나를 이력서를 하나 더 추가할 수 있는 이득 정도가 주어진다(Patsopoulos et al., 2006). 그들의 이력서에 논문이 추가되면 좀더 높은 자리로 좀더 빨리 승진하는데 유리해진다. 나도 그렇지만 제약 산업에 대해 비판하는 사람들은 양측이 함께 이득을 얻는 대신에 진실을 희생시켜버리는 이 불경한 동맹에 대해 잘 알고 있다.

좀더 나쁜 환경에서 벌어지는 일들은 좀더 염려스럽다. 내가 경험한 두 가지 일들을 연결해 보겠다.

개인적인 경험들

한번은 제약 회사에서 나에게 양극성장애에 대한 대규모의 RCT를 통해 작성된 논문 중 하나의 제1저자가 되도록 요청한 적이 있다. (보통 한 개의 RCT를 통해서 각각 다양한 2차 결과를 강조하는 여러 개의 논문을 쓸 수 있게 된다.) 나는 동의를 했고, 시험약 복용 후 인지기능이 개선됐다는 내용의 2차 결과가 들어 있는 논문의 초안을 받았다. 나는 시험약을 통해서 기분 증상의 호전도 있었기 때문에 시험약이 직접적으로 인지 기능을 개선시킨 것인지, 아니면 기분 증상의 호전을 통해 간접적으로 인지 기능을 개선시킨 것인지가 불분명하다고 생각했다. 그래서 나는 기분의 효과를 통제한 회귀모형을 이용한 추가적인 통계 분석을 요청했다. 나의 가설은 기분의 호전을 통해서 인지 기능이 개선되었을 것이며, 그 시험약은 기분에 대한 직접적인 효과를 제외한 효과 측면에서는 중립적일지 모른다는 것이었다. 그런데 제약 회사의 담당자는 추가 분석을 수행할 시간이 없다고 말했다. 그 회사는 논문이 출간되어야 하는 기한을 설정하고 있었기 때문에 논문 심사에 소요되는 시간을 감안해서 일단 현재 상태대로 저널에 투고할 것을 원했다. 결국 나는 내 이름을 제1저자에서 제외해 달라고 요청했고, 6개월 뒤 그 논문은 큰 수정 없이 다른 사람이 1저자로 해서 출판되었다.

또 다른 경우에 나의 동료들은 내가 연구 디자인이나 시험 진행에 전혀 관련이 없었던 한 연구에 나를 제 2 저자로 등재하고 싶어했다. 그들은 단지 내 이름을 공동 저자로 등재하기만을 원했던 것이다. 나는 사양했다.

몇 년 후에 나는 내가 일하는 부서의 과장으로부터 내 이름으로

된 RCT 논문들이 많지 않기 때문에 승진에 부정적인 영향을 받을 수도 있다는 말을 듣게 됐다. 그 때 비로소 나는 많은 학계 리더들이 그 위치에 오르게 된 이유가 내가 거절했던 종류의 논문들에 이름을 올린 것과 같은 행위 덕분이었다는 것을 깨달을 수 있었다.

누가 데이터를 가지고 있는가?

중요한 사실이 하나 더 있다. 위에서 기술한 것처럼, 거의 모든 종류의 대규모 RCT들에서 저자들은 데이터에 대하여 그들 스스로가 통계적 분석을 수행하지 않는다는 것이다. 통계 분석은 회사에 고용된 통계학자들이 수행한다. 내가 데이터를 보고자 요청했을 때 연구 자료들은 회사의 비공개 소유물이라는 대답을 들었다. 그래서 FDA가 그것들을 요청하지 않는 한 과학자들과 대중은 실제 데이터가 어떠한지 확인을 할 수 없고, 그들 스스로 분석을 해볼 수 없다. 그렇다고 해서 불법적으로 데이터의 조작이 이루어졌을 것이라고 상상할 필요는 없다. 그러나 우리가 이미 알고 있는 바와 같이 통계학이 주관성을 가지고 있다는 것을 고려할 때, 분석을 수행했지만 보고되지 않는 경우가 있다. 예를 들어 RCT의 사후 분석을 통해 p-값이 0.01이 나와서 그 결과가 양성인 것으로 보고할 수 있지만, 우리에게는 공통의 기준이 없다. 우리는 그것이 5회의 분석 중에 한 번 나온 양성 결과인지, 335회의 분석 중에 한 번 나온 양성 결과인지 알 수가 없는 것이다.

유령 저자의 증거

개인적 경험 밖에서 유령 저자의 범위와 그 효과를 정량화하거나 증명하는 것은 매우 어려운 일이다. 그 일은 학문의 공적인 장이 아닌 배타적인 장벽 안의 사적 영역에서 이루어지기 때문이다. 이런 장벽을 넘을 수 있는 것은 정부나 법에 의한 명령뿐이다. 최근 진통소염제인 Rofecoxib(Vioxx)에 대해 이러한 법적인 조사가 이루어지기도 했다(Ross et al., 2008). 조사자들은 250개의 내부 문서를 검토한 결과 내가 위에서 기술했던 이러한 과정들이 어떻게 전개되는지를 보여줄 수 있었다. 더 나아가서 조사자들은, 비록 각 연구들이 회사의 후원을 입었다는 사실을 밝히긴 했지만, 유령 저자가 참여한 논문들 중 오로지 50%(72개 중 36개)에서만이 저자들 가운데 회사의 관계자가 참여했는지, 또는 저자들이 사례비를 받았는지를 공개해 놓았다고 밝혀냈다. 만약 이 결과를 과학 논문 전체로 일반화시킬 수 있다면, 제약 회사의 후원을 입은 연구들 가운데 약 1/2 가량은 유령 저자가 쓴 것이다. 다른 조사에 따르면, 임상 연구 논문의 1/3 가량이 제약 회사의 후원을 받고 있었다(Buchkowsky and Jeweson, 2004). 그렇다면 모든 임상 연구들 중 20% 가량은 유령 저자에 의해 작성된 것이라고 추정해볼 수도 있겠다. 만약 이것이 정말 사실이라면, 몇몇 분야는 정크 버전의 '맥사이언스(McScience)'일 수 있다는 걱정이 든다(Horton, 2004). 주요 저널들은 이러한 문제들을 잘 인지하고 있다(Davidoff et al., 2001). 그러나 현재까지 의학계에서는 유령 저자 문제를 끝내기 위해 어떤 노력을 하고 있지는 않은 것 같다.

발표되지 않은 음성 결과들

제약 회사의 후원을 받는다는 것과 결과물이 양성이라는 것은 관련성이 높다(Lexchin et al., 2003). 몇몇 임상의들은 이를 부정행위의 결과라고 오해하기도 한다. 그러나 데이터란 원래 포장될 수밖에 없는 것이다. 사실 이것은 보다 미묘한 사항을 반영하는 것인데, 그것은 바로 음성 결과들을 발표하지 않는 것이다.

임상 사례 1 항우울제 RCT

12,000명 이상을 대상으로 한 단극성 우울증에 대한 74개의 항우울제 임상 연구를 모아 놓은 FDA 데이터베이스를 분석해 보니 이러한 과정이 잘 나타났다. 연구 가운데 49%가 음성 결과였고, 51%가 양성 결과를 나타냈다(Turner et al., 2008). 그러나 대부분의 음성 결과들은 발표가 되지 않았기 때문에 발표된 연구는 94%가 양성 결과를 보이고 있었다(그림 17.1).

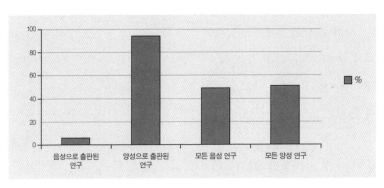

그림 17.1 단극성 우울증에 대한 FDA의 항우울제 RCT 데이터베이스. 데이터베이스에서 출판된 연구들과 데이터베이스의 모든 연구 간의 비교(출판되지 않은 연구들을 포함).

또한 음성 연구들 중에서 61%가 발표되지 않았으며, 8%는 솔직히 음성 결과를 보였다고 발표되었으나 31%는 양성 결과를 보였다고 발표되었다. 이 연구들에서는 1차 결과가 음성인 것이 무시되고, 1차와 2차 결과물의 차이를 고려하지 않은 상태에서 양성으로 나온 2차 결과만을 해당 연구의 주요한 결과인 것처럼 기술했다.

만약 시험약이 최종적으로 FDA의 적응증을 받지 못한다면, 회사에서는 해당 약물에 대한 모든 자료를 FDA를 포함해 그 누구에게든 제공할 필요가 없게 된다. 그러므로 많은 시험약들이 단순히 효과가 없었거나 혹은 효과가 없다고 증명되었지만, FDA의 적응증을 받지 못한 경우라면 아무도 그러한 사실을 모르게 되는 것이다.

몇 가지 예외가 있지만 저자들이 약물에 대한 음성 결과들을 발표하는 것은 별다른 가치가 없는 일이다. 여러 개의 음성 결과를 보인 RCT들은 하나의 논문에 합쳐져서 발표되는 경우가 보통이고(Pande et al., 2000; Kushner et al., 2006), 이런 경우에는 보통 하나의 양성 결과를 보인 RCT에 비하여 훨씬 더 적은 영향력을 가지게 된다(양성 결과는 일반적으로 더 많이 읽히는 저명한 저널에 실리게 된다).

임상 사례 2 양극성장애에서의 lamotrigine

제약 회사에서 음성 결과가 나온 연구들을 잘 공개하지는 않는다. 하지만 법적 처분 결과 등으로 인해 그러한 데이터들을 열람할 수 있게 되었을 때, 임상적인 효과가 없다는 중요한 증거들을 얻게 되기도 한다(Ghaemi et al., 2008a). 예를 들어 양극성장애 치료제를 판매하는 제약 회사들 가운데 GlaxoSmithKlein(GSK)은 그들의 웹사이트에 lamotrigine(Lamictal)에 부정적인 측면이 있는 출판되지 않은 음성 결과들을 모두 공개하고 있다. GSK 웹사이트에서 제공되는 9개의 연구 중 2개는 양성 결과가 나와 발표가 되었고, lamotrigine이 양극성장애의 장기 치료에서 재발을 지연시키는 목적으로 FDA의 적응증을 받는데 도움이 되었다(Bowden et al., 2003; Calabrese et al., 2003). 다른 2개의 음성 결과를 보인 연구도 발표가 되었는데, 하나는 급속 순환형에서 사용된 것이었고, 또 다른 하나는 급성기 양극성 우울증에서 사용된 것이었다. 그러나 두 연구 모두 음성 결과가 나온 1차 결과에 주목하기 보다는 2차 결과를 강조했다. 급속 순환형(GW611)에 대한 논문에서는 결과의 세부적인 내용들이 언급되지 않았고, 급성기 양극성 우울증(GW40910, GW603)에 대한 2개의 음성 결과, 급성기 양극성 조증(GW609, GW610)에 대한 2개의 음성 결과도 발표되지 않았다. 최근의 5개의 음성 결과를 보인 급성기 양극성 우울증을 대상으로 한 연구들에 대한 메타 분석은 찌꺼기를 모아 금으로 만드는 연금술을 보여주었다. 각각 200명의 환자가 등록된 5개의 연구들을 합치자 약 1,000명의 환자가 모여져서 양성의 p-값을 만들어냈다. 그러나 당연하게도 그 효과크기는 Hamilton 우울 척도 점수상 약 1점이 하락한 수준으로 매우 작았다(Calabrese et al., 2008).

Lamotrigine 연구들의 임상적 적절성은 주목할 만하다. 음성 결과들을 함께 고려했을 때, 이 약물은 양극성장애의 유지 치료에는 매우 효과적이지만, 급성기 양극성 조증과 급속 순환형, 그리고 아마도 급성기 양극성 우울증에 대해서는 효과가 없다고 말할 수 있겠다. Lamotrigine이 어디에는 효과적이고 어디에는 그렇지 않은지 이야기할 수 있다는 이 맥락은 과학적인 타당도와 임상 진료와 연구에 대한 윤리적인 정직성이라는 측면에서 매우 중요한 것이다.

질병의 상업화

철저한 검토를 하면서 임상 연구를 하는 것은 어떤 측면에서는 진단 분류를 만들어내고 확장시키는 것이다. 몇몇 비판자들은 우리는 질병에 대한 약제를 연구하는 것이 아니라 약제에 들어맞는 질병을 만들어내는 것이라고 주장한다(Moynihan et al., 2002). 이러한 경향은 주의력결핍과잉행동장애와 사회불안장애처럼 주로 한 가지 증상으로 진단이 가능한 경우 좀더 부각되는 것 같다. 심지어 수백 년의 전통을 가진 진단인 양극성장애에서도 그러한 경향이 보인다는 주장도 있다(Healy, 2008). 비록 질병의 상업화가 일어나는 것이긴 하지만,

많은 비판자들은 모든 영역에 걸쳐 질병의 상업화를 발견해내는 병에 걸려버렸다. 그들은 어떠한 진단이 증가하면, 그것은 모두 질병의 상업화를 의미하는 것이라고 주장한다. 하지만 어떤 진단은 과소 진단되어 왔다. 양극성장애도 그들 중 하나이고, AIDS 역시 그렇다. 이러한 상태들에 대한 진단이 증가하는 것은 진단 기술이 향상되었다는 것을 의미한다.

약물 연구에 대한 마케팅이 치료제 연구에 직접적으로 영향을 미치는 것은 아니지만, 치료와 관련된 진단을 증가시키는데 영향을 주고 있다는 것도 맞다. 대부분의 EBM개념이 이런 진단에 대한 연구에 관련되어 있는 것이 아님에도 불구하고, 어떤 사람들은 이러한 임상적 현실 때문에 EBM운동을 비판한다. 나는 이 책에서 진단적 목적의 연구에 대하여 구체적인 점을 지적하지는 않겠지만, 마케팅과 관련하여 의문스러운 연구들은 내가 14장에서 양극성장애 선별검사(Mood Disorder Questionnaire, MDQ) 연구에 대한 분석에서 한 것처럼 Bayesian 개념을 통해 비판할 수 있을 것이다.

돈을 따라가라

어떤 비판가들은 오로지 중요한 것은 경제적인 문제뿐이라고 주장하면서 골수 마르크스주의자가 된 것처럼 굴기도 한다. 그들은 돈을 따라가 보라고 말한다(Abramson, 2004). 만약 의사가 어떤 제약 회사의 스폰서와 관련되어 있다면 그는 반드시 편향되어 있다. 어떤 사람은 환자에게 이러한 이유 하나만으로도 그 의사를 만나지 말도록 조언하기도 한다(Angell, 2005). 이러한 종류의 포스트모던적 비판들 — 권력과 금전만이 모든 지식의 원류가 된다고 하는 — 은 간단해 보이지만, 아주 적은 부분만을 말하는 것이다(Dennett, 2000). 심지어 정부의 후원도 편향될 수 있기는 마찬가지다. 사실 편향은 자금을 후원받는 것보다는 그들의 고유한 믿음, 그들의 이데올로기(칼 마르크스에게서 유래한 또 다른 개념이다)와 더 많은 관련이 있다. 이것은 복잡한 주제지만, 이렇게 모든 것을 경제적인 이유로 환원시키는 모델을 논박할 수 있는 근거 중 하나는 모든 정신의학 연구의 1/3가량은 어떠한 자금의 후원뿐 아니라 그 어떠한 지원도 전혀 받고 있지 않는다는 것이다(Silberman and Snyderman, 1997). 이렇게 자금 후원을 받지 않은 연구들이 새롭고 중요한 아이디어들의 원천이 되는 경우가 많다.

허무주의를 피하며

이러한 비판들은 독자들에게 허무주의(nihilism)를 유도하기 위한 것이 아니다. 단순히 말해서 과학은 복잡하기 때문에 어떠한 것도 의미가 없다는 생각을 할 필요는 없다. 여기까지 읽은 독자들이 과학적 문헌들이 가치가 없다는 결론에 도달해서는 안 된다. 나의 의도는 이 책을 과학 문헌을 다룰 수 있는 능력을 갖추기 위해 읽어달라는 것이다. 인터넷 같은 곳에 보면 모든 것이 끔찍하다거나 모든 것이 완벽하다는 등 충분히 한쪽 방향으로 쏠려 있는 시각들이 매우 많이 돌아다니고 있다. 그러나 진실은 절대로 간단하지가 않다.

내가 모든 사실은 가설에 기반했다고 강조한 이 책의 1장으로 돌아가 생각을 해보자. 임상 연구에 영향을 끼치는 편견들이 제약 산업만은 아니라고 언급했던 것도 지적하고 싶다. 돈은 사람에게 영향을 끼치고, 사람은 수많은 종류의 바람에 의해 쉽게 영향을 받기 때문에 심지어 정부의 지원을 받은 연구들도 이런 간단한 이유로 인해 편향되어 있을 수 있다. 이런 것들 중에 가장 으뜸가는 것은 Plato에서부터 Hegel에 이르기까지 아마도 인간의 가장 궁극적인 욕망일 것으로 생각했던 명성(prestige)이다. 많은 연구자들은 미묘하게 혹은 확실하게, 의식적으로 혹은 무의식적으로 자신이 맞다고 생각하는 방향으로 편향되어 있다. 어떤 이들의 의견을 방어하다 보면 때때로 진실이 그다지 중요하지 않은 지위로 밀려나버리는 경우가 있다. 이런 자만심과 같은 것들로부터 자유로워지는 것은 그 누구에게도 쉬운 일이 아니다. 때때로 이것은 누군가를 집어삼키고 파괴시킨다. 돈 외에 다른 것들의 영향이 얼마나 중요한지 정신이 번쩍 들게 만들어 주는 사례가 있다. 당뇨 분야의 어느 연구자의 사례다. 10년 간 그는 미국립보건원(National Institute of Health, NIH)으로부터 많은 자금을 지원받았고 이를 통해 더 많은 명성을 쌓을 수 있었다. 그의 연구는 이상하지는 않았다. 사실 그는 학계의 주류로부터 동의를 받을 수 있도록 데이터들을 조작했고, 그래서 그는 더 많은 국가 지원을 받고 학문적 명성을 얻었다(Sox and Rennie, 2006). 결국 그는 감옥에 갔다.

여러 가지 다양한 이유들 때문에 연구자들의 편향은 발생한다. 의학계를 자정하기 위한 노력이 필요하고, 임상 연구자들은 항상 자신들의 궁극적인 도구인 지식을 갈고 닦아야 할 것이다.

18 의학 윤리, 그리고 임상의/연구자의 구분

> 거의 모든 사람들은 연구를 할 수 있고, 해야만 한다. … 왜냐하면 모든 사람들은 때때로 그의 인생에만 특별히 존재하는 것을 관찰할 수 있는 기회를 얻기 때문이고, 이를 기록할 의무가 있기 때문이다. … 만약에 누군가 연구의 기본적인 운영이나 방법에 대해 숙고해 본다면, 대부분의 사람들이 그들의 행위를 연구라고 이름 붙이지는 않을지언정 어느 순간에는 그것을 하고 있었다는 사실을 즉시 깨닫게 될 것이다.
>
> – John Cade (Cade, 1971)

이 책에 깔려 있는 주제는 연구에 대하여 이해하지 못하면, 좋은 임상의가 될 수 없다는 것이다. 또한 나는 그 반대의 측면도 믿는다. 활발한 임상의가 아니면 좋은 연구자 역시 되지 못한다.

임상의 세계와 연구의 세계가 나뉘게 된 이유는 어느 정도는 지식의 부족 때문이다. 그래서 이 책의 주된 목적은 그동안 임상의들에게 부족했던 지식을 보충하는 것이다. 그러나 편견들, 그리고 내 의견에 의하면 의학윤리학계의 주류가 연구 윤리에 대해 잘못된 접근을 하고 있기 때문에 임상과 연구의 간격은 점점 더 벌어지고 있는 것으로 보인다.

내가 가진 학문적인 위치에서 바라보면 연구자가 아닌 사람들 일부가 임상 연구에 가진 편견은 좀더 명백하게 느껴진다. 내가 속한 부서의 과장은 유명한 정신분석가였고 적극적인 임상의였지만, 임상 연구를 시행해본 적이 없었다. 그는 모든 연구들은 윤리적으로 의문스럽다고 확신했다. 왜냐하면 임상적인 활동은 환자의 이득을 위한 것이지만, 연구는 환자 개개인을 위한 것이 아니고, 사회와 과학의 지식을 증가시키기 위한 것이기 때문이다. 이것이 모든 기관의 임상시험심사위원회(Institutional Review Board, IRB)와 정부에 의해 매일같이 강조되고 있는 의학윤리학계의 일반적인 믿음이다.

그러나 만약 John Cade의 말이 맞다면, 무언가 잘못되어 있다. 임상적 혁신(clinical innovation)의 문제들이 그렇다는 것을 강변하고 있다.

임상적 혁신

대부분의 임상의, 연구자, 그리고 윤리학자들은 의학적 지식을 늘리는 것이 중요하다는 데 동의할 것이다. 따라서 가장 기본적인 수준에서 연구 대상자들을 적절하게 보호하는 연구에 참여하는 것은 윤리적이다. 그렇다면 연구를 하지 않는 것이 비윤리적이라고 주장하는 사람도 있을 것이다. 그러므로 우리는 반드시 무지에 의한 위험들과 새로운 지식을 얻는데 필요한 위험들을 비교해 보아야 한다. 많은 경우 새로운 지식을 획득하면서 발생할 수 있는 위험성에만 초점이 맞춰진다. 그러나 위험은 양 쪽 모두에 존재하고, 연구를 전혀 하지 않는 것도 실질적인 위험을 초래한다. 따라서 임상적 혁신의 이득에 대해 평가하는 것은 중요하며, 연구를 정당하게 만들어주는 요소가 된다.

사실상 임상 연구에 적용되는 모든 것들은 이전의 임상적 혁신에 기반하고 있다. 근거기반의학에서 사용되는 용어로 표현하자면, 일반적으로 약물학에서의 혁신은 하향적(top-down)이라기보다는 상향적(bottom-up)인 방식으로 나타난다(표 3.1). 주로 level V의 증례 보고로부터 시작되어 level III~IV의 자연사 연구(naturalistic study)와 비무작위화 연구(non-randomized study)를 거쳐 level I~II의 무작위화 연구(randomized study)로 진행된다.

정의에 의하면 임상적 혁신은 공식적인 연구 프로토콜 밖에서 일어난다. 모든 종류의 지침은, 좋은 의도를 가지긴 했지만, 임상적인 혁신을 지연시키도록 할 위험성을 내포하고 있다. 반면 수용 가능한 혁신에는 한계가 있으며, 어떤 경우에는 비윤리적인 것처럼 보이는 혁신이 나타나는 경우도 있을 것이다.

Belmont 보고서

어떤 면에서는 의학윤리학계에서 임상과 연구를 완벽하게 분리하고자 했던 것이 문제였을 수 있다. 예를 들어 미국립보건원(NIH)에서 1979년 발간한 「인간 대상자의 권익 보호를 위한 Belmont 보고서(the Belmont Report of the National Commission for the Protection of Human Subject)」에서는 '임상 진료'는 '논리적으로 성공할 것이라고 판단되는, 오로지 개인의 환자나 고객의 행복을 증진시키기 위해 고안된 조치들'이며, '연구'는 '가설을 검정하기 위해 디자인되어 결론을 유도하고 이를 통해 일반적인 지식의 향상시키는 것'이라고 정의하면서 두 가지를 구분하고자 했다. 하지만 사실상 임상적 혁신에 기여하는 임상의/연구자는 한 가지만이 아닌 양 쪽 모두에 관심을 가지고 있다. 임상의/연구자들은 개별 환자들을 돕고 싶어 하지만, 반면에 환자들에 대한 관찰을 통해 지식을 얻는다. 의학윤리학계의 몇

몇 사람들은 이러한 상황이 서로 충돌하는 것으로 시나리오를 짰다. 그들은 양자택일이 필요하다고 생각하는 것 같다. 임상의들이 아무 것도 배우는 것 없이 그저 환자를 나아지게 하려고만 노력하거나, 환자가 낫는 것에는 전혀 관심 없이 무언가 알기 위해서만 노력하거나, 이 둘 중에 딱 하나만 택한다고 말이다. 인생에서 많은 것들이 그러한 것처럼, 세상에서 수많은 관심사들이 서로 전혀 중복되어서는 안 된다고 주장해야 할 이유는 전혀 없다. 물론 어떠한 경우에도 임상의들이 가장 우선적으로, 그리고 가장 중요하게 생각해야만 하는 것은 환자 개인의 안녕을 책임지는 것이다. 어떠한 혁신적인 치료법, 관찰, 가설보다도 환자의 복지에 대한 책임은 중요하다. 그런데 Belmont 보고서와 수많은 의학윤리학 서적들은 이러한 두 가지 입장이 충돌할 수밖에 없을 것이라고 별다른 근거 없이 추정하고 있다. "임상의가 표준적이고 허가된 방법으로 치료를 시작한다면 그 자체는 연구로 간주되지 않는다. 어떤 술기가 새롭고, 시험되지 않았고, 다르다는 의미에서 '실험적'이라고 해서 그것이 자동적으로 연구에 해당되는 것은 아니다. … 그러나 어떠한 활동에서든지 그것에 연구를 성립시키는 측면이 있다면, 그것은 인간 피험자를 보호하기 위한 검토를 받아야 하는 것이 일반적인 원칙이다."

내 의견으로는 이런 식의 접근은 임상적인 혁신을 가져올 수 없고, 연구 형식을 과도하게 규제하는 것이다. 역사적으로 볼 때 임상적 혁신은 대부분 임상 진료 도중의 우연한 발견에 기초하고 있다. 수많은 약들이 그렇게 개발되었으며, Cade가 lithium을 발견한 것이 아마도 이에 대한 전형적인 사례가 될 것이다.

Cade의 lithium 발견

1940년대 John Cade는 조증과 우울증이 질소 대사의 이상으로 인해 발생할 것이라는 가설을 세웠다. 그는 정신과 환자의 소변 샘플을 기니 피그에 주사해 보았는데 동물들은 모두 죽었다. Cade는 요소와 같은 질소 대사물질이 아마도 독소로 작용했을 것이라고 결론지었고, 이후 요산을 용해시켜 lithium urate로 만들어냈다. 이 물질을 기니 피그에 주사해보니 뚜렷한 진정 효과가 있었다. 추가 실험을 통해서 lithium이 진정제로 밝혀졌고, Cade는 lithium을 환자에게 주기 전에 스스로에게 투여해 보았다. Lithium을 처방받은 첫 번째 환자는 현격히 호전되었으나 1년 후 독성을 경험하고 사망하였다. 이에 Cade는 그 독성으로 인해 lithium을 사용하는 것을 포기했지만, 그의 관찰들에 대해 매우 상세하게 기록해두었다. 그리고 다른 연구자들이 정신과 영역에서 첫 번째 RCT를 수행해서 독성이 없는 수준에서 lithium의 사용이 안전하고 효과적이라는 것을 밝혀냈다.

만약 Cade가 오늘날 연구를 했더라면 우리는 lithium을 사용할 수 있었을까? 아마도 아닐 것이다.

여기에 이중적인 잣대가 있다는 것이 두드러지게 나타난다. '연구' 딱지가 붙은, 지식을 확장시키기 위한 시도들은 광범위하고 철저하게 검토되는 반면에, 임상적 혁신에 대해서는 전혀 그러한 검토가 이뤄지지 않는다는 것이다. 한 연구자가 RCT를 통해 그의 환자들 중 절반에게 새로운 약물을 주고 싶다고 한다면, 그는 관리와 윤리의 띠를 몸에 두른 채 수 마일을 걸어서 통과하는 것과 같은 여정을 거쳐야 할 것이다. 그러나 만약에 그가 자신의 모든 환자들에게 새로운 약물을 주려고 한다면, 그의 길을 막는 것은 아무 것도 없을 것이다. 이 시나리오에는 무언가가 잘못되어 있다.

사소한 연구, 생각 없는 진료

미국립정신보건원(NIMH)에서 자금이 지원되는 연구들은 '원내 연구'와 '원외 연구'로 나뉜다. 원외 연구는 과학적 적용에 대해 광범위한 감독이 요구된다. 원내 연구는 그러한 감독으로부터 벗어나 진보적인 아이디어를 발전시키는 목적으로 디자인된다. 노벨상 수준의 정신의학 연구자인 Steve Brodie의 표현에 따르면, 원내 연구는 연구자들에게 새로운 아이디어로 '도약'을 할 수 있게끔 허가해주는 것이다(Kanigel, 1986). 불행히도 지금은 원내 연구에 대해서 원외 연구 수준의 타당성과 감독이 요구되고 있다. 그 결과 NIMH의 연구들은 점점 더 사소한 것들에 대해 깔끔해 보이는 내용들로만 구성되어지고 있다(Ghaemi and Goodwin, 2007).

NIMH는 또한 기업에서의 자금 지원이 있는 약물 연구에 후원하는 것을 피하려는 경향을 보여왔다. 이러한 태도로 인한 제한점들은 아주 잘 알려져 있다(17장을 보라).

임상적 혁신에 대한 나의 주장이 NIH가 인간 피험자에 대한 철학적 기초와 윤리적 규제를 위해 작성한 Belmont 보고서(Forster, 1979)와 충돌한다고 공격하는 사람도 있을 것이다. 어찌 됐든 우리는 법을 지켜야만 한다.

위에서 언급했듯이 Belmont 보고서는 '연구를 구성하는 어떠한 요소'라도 있는 경우에는 공식적인 검토를 거쳐야 한다고 주장하여, 엄격히 해석될 여지를 스스로 남겨두었다. 그러나 이 보고서는 인간 피험자와 관련한 3가지 윤리적 기준을 수립했다. 인간에 대한 존중(respect), 이익(beneficence), 그리고 정의(justice)가 그것이다. 누군가는 현재 연구에 대한 규제가 과도하고 임상 진료가 무시되고 있는 것 때문에 Belmont 보고서에 내재된 원칙을 제대로 지키지 못한다고 반발할 수도 있을 것이다. 심지어 NIH는 보고서에서 "어떤 연구 활동이 윤리적으로 '옳은지' 혹은 '그른지' 판단할 수 있는 엄격한 윤리적인 잣대로 규제하려는 것은 아니고, 오히려 이러한 규제들은 연구자들과 다른 이들이 피험자들의 권리를 보호할 수 있는 중요한 노력들을 보장하는 기본적인 틀을 제공하는 것이다."라고 언급했다.

나는 가장 좋은 연구는 활발한 임상의에 의해서 수행되는 것이며, 가장 우수한 임상적 활동은 활발한 연구자에 의해서 수행되는 것이라고 생각한다. 순수한 연구자와 순수한 임상의를 엄격하게 구분하는 행위는 좋게 봐주면 픽션이고, 나쁘게 보면 두 활동 모두를 바보로 만드는 것이다. 한편으로 무분별하게 해를 끼치는 극단적인 임상 진료와 한편으로 모든 연구에 대해 과도한 규제를 모두 피하기 위해서는 연구윤리 영역에서 기초적인 원칙이 일부 변경될 필요가 있다.

A. Bradford Hill에 의한 마무리

이제 임상의들과 연구자들을 모으고, 의학과 통계를 결합시키기 위해 지대한 노력을 기울여온 A. Bradford Hill의 말을 빌어 이 책을 마무리하는 것이 적절할 것 같다. 그는 통계학자들과 임상의들이 함께 서로를 배우고 공존하는 것을 꿈꿨다(Hill, 1962; pp. 31~32).

통계학자에 대한 기소문에서 나는 통계학자가 임상적 진단, 임상적 판단을 너무도 경멸한 나머지 사소한 것으로 치부해 버리는 경향이 있다고 주장할 것이다. 본질적으로 나는 이런 판단들이 통계적인 것이라고 믿는다. 임상의는 어느 순간 그가 처한 상황과 정신적으로 기록되었지만 도식화되지 않은 지난 경험들을 비교하려는 노력을 하게 된다. 이제 다른 면, 임상의의 태도를 살펴보자. 내 경험에 의하면 통계학자들이 의학에 대해 가장 흔하게, 그리고 가장 바보 같이 비판하는 말은 통제된 실험에서 대조하기에 인간은 너무도 다양하다고 하는 것이다. 다른 말로 표현하자면, 각각의 환자는 '고유'하기 때문에 통계학자가 셀 수 있는 것은 아무 것도 없다. 그러나 이런 말이 사실이라면 통계학 뿐만 아니라 임상적 접근도 성립될 수 없다. 만약에 각각의 환자가 유일하다면, 어떻게 다른 환자의 관찰을 통해 공통적인 치료의 원칙을 찾아낼 수 있겠는가?

계속해서 Hill은 각각의 환자는 다른 환자들과 완전히 독립된 것이 아니라 여러 가지 다양한 측면을 가진 것이라고 기술했다. 이는 교란편견을 통해 비과학적인 의학의 복잡한 결과를 만들어 냄으로써, 여러 의견과 논쟁을 야기하게 된다.

그러므로 두 가지 또는 세 가지의 비통제적인 관찰은 단지 통상적인 우연의 역할처럼 한 의사의 손에 있는 만족스런 그림을 쥐어줄 수도 있지만, 다른 의사에게는 불만족스런 그림을 쥐어 줄 수도 있다. 그리고 의학 저널들, 완곡하게 표현하자면 '문헌'들은, 논쟁거리들로 채워진다 — 각각은 그 자체로 의사가 보기에 완벽한 사실이며, 또 각각은 그보다 위에 놓인 일반화의 무게를 견뎌내기에는 불충분하다. 그러므로 인간이 다양하므로 통계학적인 접근이 불가능하다고 주장하기보다는, 우리는 그것이 필수적인 다양성 때문임을 깨달아야 한다.

모든 것을 요약하면 다음과 같다. 좋은 연구자가 아니라면, 좋은 임상의도 될 수 없다, 그리고 그 반대도 마찬가지이다. 좋은 임상적 행위는 좋은 연구의 특징(주의 깊은 관찰, 편견과 우연, 복제에 대한 주목, 복제에 주의, 인과관계에 대한 이성적 추론)들과 일맥상통한다.

Hill이 "모든 임상의가 스스로 통계학자가 되는 행복한 날이 올 때까지(Hill,1962; p. 30)"라고 표현한 것처럼 우리는 아직 어중간한 상태에 위치해 있다. 그러나 통계 없는 의학은 엉터리이고, 의학 없는 통계는 점술에 불과하다는 것을 깨닫지 못한다면, 우리는 결코 그런 날을 맞이할 수 없을 것이다.

회귀모형과 다변량 분석

회귀모형의 가정

회귀모형은 여기서 논의되는 것보다 몇 겹으로 더 복잡한 측면을 내포하고 있다. 개요를 말하자면, "다변량 분석(multivariable analysis)은 하나의 사건이나 결과에서 다양한 요인들의 고유한 기여도를 결정하기 위한 통계적인 도구이다"(Katz, 2003). 회귀모형을 사용하는 이유는 RCT만 가지고는 모든 질문에 대답할 수 없기 때문이다. "많은 임상적 상황에서, 대상군을 실험적으로 조작하는 것은 실행이 불가능하거나, 비윤리적이거나, 효용성이 없다. ⋯ 예를 들어, 우리는 흡연이 관상동맥질환을 일으킬 가능성이 높은지 알기 위해 환자를 흡연군이나 비흡연군에 무작위로 할당하지는 않는다."(Katz, 2003)

다변량 회귀를 시행하는 근거와 유용성은 명확하지만, 한계 역시 명확하다. 세 가지 유형의 회귀분석이 있다: 선형 회귀분석(linear, 우울 증상 척도의 변화처럼 연속적인 결과를 위한 것), 로지스틱 회귀분석(logistic, 반응이 있는지 없는지 여부와 같이 양분된 결과를 위한 것), 그리고 콕스 회귀분석(Cox, 생존 분석에서처럼 발생 결과에 따른 시간을 위한 것).

선형 회귀분석에서는 "독립변수가 증가하거나 감소하면, 결과의 평균값이 선형으로 증가하거나 감소한다고 가정한다"(Katz, 2003). 비선형 관계는 회귀모형에서 정확하게 나타나지 않는다. 때때로 통계학자들은 회귀 방정식에서 변수를 로그 함수나 다른 것들로 '변환'한다. 그렇게 하면 결과와 예측인자 사이의 비선형 관계가 선형 관계로 바뀐다. 이것은 본질적으로 문제가 있는 것은 아니지만, 복잡하고 데이터를 원래 형태에서 자꾸만 변형시켜야 한다. 때로는 이렇게 변형시켜도 선형 관계를 만들어내지 못하는 경우가 생기는데, 그런 경우에는 일반적인 선형 분석 모형으로는 비선형의 실제를 알아낼 수가 없다.

로지스틱 회귀분석에서는 "예측인자들 가운데 개별적인 한 가지의 증가가 어느 요인으로 인한 결과의 오즈(odds)를 증가시킨다는 것(예측인자의 오즈비)과, 여러 변수의 결합 효과는 각각의 효과에 의한 것보다 몇 배의 효과를 보인다고 가정한다"(Katz, 2003). 만약 여러 변수들의 결합 효과가 단순히 곱의 효과가 아닌 합 또는 지수적인 관계라면 로지스틱 회귀모형은 다변량과 결과의 관계를 정확하게 잡아내지 못할 것이다.

콕스 회귀분석에서는, 비례성(proportionality)을 가정한다. "위험 요소를 갖거나 그렇지 않은 사람들에 대한 위해비(hazard ratio)는 전체 연구 기간 동안에 동일하다."(Katz, 2003) 이것은 두 군 — 항우울제를 복용한 군과 그렇지 않은 군이라고 가정해보자 — 에서 연구 기간 동안 재발 위험이 일정한 양으로 차이가 있다는 것을 뜻한다. 1년 동안의 연구에서 항우울제를 복용하지 않은 군에서의 재발률이 시간에 따라 지수적으로 증가를 해서, 시작할 때는 낮았지만 11월이나 12월에서는 매우 높았다고 해보자. 이 경우에는 재발률이 일정한 기울기가 아니기 때문에 비례적이라는 가정을 위반하게 된다. 따라서 항우울제를 복용하는 다른 그룹과 비교 위험도(relative risk)를 보는 것이 정확하지 않게 된다. 이 문제는 통계적으로 '시간에 따라 변화하는 공변량(time-varying covariate)' 분석을 통해 다뤄지게 된다.

콕스 회귀분석의 또 다른 문제는, 통계적으로 교정할 때 덜 유연하게도, "중도절단된 사람은 (마치 그들이 중도절단되지 못한 것처럼) 중도절단되지 않은 사람들과 동일한 경과를 밟게 된다. 다시 말해 손실은 결과와 독립적으로 무작위로 일어난다"는 가정을 한다는 것이다(Katz, 2003). 생존 분석에서 우리는 사건 발생까지의 시간을 측정한다. 전향적 연구에서 1년을 추적했다고 했을 때, 우리는 사건 발생의 빈도(두 군에서 얼마나 많은 사람들이 재발하였는가)뿐 아니라 사건이 발생할 때까지 잘 지냈던 기간을 고려해야 할 필요가 있다. 그러므로 12개월 동안 항정신병약물로 치료했더니 각각 50%가 재발한 두 군을 가정해 보았을 때, 한 군에서는 50%의 환자 모두가 첫 달에 재발을 했는데, 다른 군에서는 전반기 6개월간 아무도 재발을 하지 않다가 후반기 6개월에 50%가 재발을 하였을 수도 있다. 이 때는 두 번째 군에서 명백히 재발 시기가 늦춰졌으므로 더 효과적인 치료를 받은 것이다. 생존 분석에서는, 종료 시점 이전에 재발을 한 사람들과, 부작용이나 다른 이유 때문에 연구를 중단한 환자들이 그들이 연구를 중단한 시점까지 분석에 포함된다. 어떤 사람은 3개월 시점에서 약을 끊었고 또 어떤 사람은 9개월 시점에서 약을 끊었다고 가정해보면, 두 사람 각각의 데이터는 3개월 또는 9개월까지 분석에 포함이 될 것이다. 3개월 또는 9개월이라는 시간의 틀에서 '중도절단(censor)'되는 경우 각 환자는 분석에서 제외될 것이다. 검열 시점에서 가정하는 것은, 한 환자는 3개월째에 연구에서 무작위로 떠났으며, 다른 환자는 남아 있다가 9개월째에 무작위로 연구에서 떠났다는 것이다. 만약 이 연구에 한 군의 환자들은 연구에 더 오래 참여하지만 다른 군의 환자들은 그렇지 못하게 되는 특별한 이유(예를 들면, 한 군은 치료약을 받았지만, 다른 군은 위약을 받은 것과 같은 경우)가 존재해서 체계적 편향이 작용하고 있었다면, 이 무작위 중도절단의 추정은 잘못된 것이다. 또는 한 군에서 비무작위적으로 부작용 때문에 더 많이 탈락하게 된 경우에 있어서도 또다시 이 추정은 깨지고 만다.

생존 분석과 표본크기

생존 분석을 할 때는 각 시점마다 표본크기를 알아야만 한다. 탈락자가 많이 나올 경우, 생존 곡선은 잘못 그려질 가능성이 높다. 생존 분석에서 표본크기는 시간에 따라 감소하게 된다. 이것은 정상적이고 예측 가능한 현상으로서, 다음의 두 가지 이유, 연구의 종료점(endpoint)에 도달한 경우(예를 들어, 재발한 경우), 또는 환자가 연구 종료를 절대로 경험할 수 없는 경우(예를 들어, 연구가 끝날 때까지 재발을 하지 않았거나 연구에서 탈락된 경우)가 있다. 그러므로 일반적으로 생존 분석 곡선은 후기보다 (표본크기가 더 큰) 초기 시점에서 좀더 유효하다. 예를 들어, 어떤 약은 6개월이 지나야 효과가 나타나는 것일 수도 있지만, 그 시점에서 각 군에는 겨우 10명의 환자만이 남아있을 수 있고, 그에 비해 1개월 시점에서는 100명이 남아 있을 수도 있다. 이 경우 결과는 통계적으로 유의하지 못하게 될 것이고 작은 표본크기에서의 높은 변동성으로 인해 효과크기는 의미를 가질 수 없을 것이다. 그러나 자세히 살펴보지 않는다면, 착시 현상으로 효과가 더 좋은 것처럼 보일 수도 있다. 비록 이런 현상이 흔하게 일어나지는 않겠지만, 이런 문제는 생존 곡선의 X축에 각 개월에 남아 있는 실제 표본크기를 제공함으로써 줄일 수 있다. 이렇게 하면 독자들이 표본크기가 작을 때 명백한 차이들이 나타나더라도 큰 의미를 두지 않을 것이다. 마찬가지로 표본크기가 작을 때는 결과에 차이가 없다는 것 또한 믿어서는 안 된다. 효과가 없다고 결론지을 수 없는 것이다.

탈락의 문제

생존 분석은 연구에서 탈락(dropout)하는 것이 무작위적일 것이라고 가정한다. 하지만 우리는 탈락이 무작위적이 아닐 때가 많다는 것을 안다. 그렇다면 우리는 왜 계속 생존 분석을 수행하는 것일까? 지금으로서는 별다른 대안이 없기 때문이다. 여기서 우리는 다시 통계의 한계에 대해 인식할 필요가 있다. 그러나 비록 최고의 RCT 결과를 분석하는 경우라도 주의와 겸손이 필요하다. 통계학적으로 주된 이슈는 탈락이 비무작위적으로 벌어지는 것이 불가피하다면, 추적 관찰이 되지 않아서 생기는 탈락을 가급적 줄임으로써 생존 곡선을 조금 더 유효하게 만들 수 있다는 것이다. 사실 우리는 왜 환자가 연구를 그만 두었는지를 모른다. 통계학자들은 생존 분석이 유효하고 합리적인 신뢰도를 유지하기 위한 범위로서 대략 20% 정도의 추적 관찰 손실은 전반적으로 허용하는 경향이 있다. 결론이 바뀔 것인지를 보기 위해 최고의 시나리오(모든 탈락자가 잘 지내는 경우)와 최악의 시나리오(모든 탈락자가 재발하는 경우)를 모두 추정해서 세밀하게 분석해 볼 수도 있다. 그럼에도 불구하고 일단 탈락이 높으면, 우리는 우리의 결과가 타당한지 확신할 수 없다. 사실 양극성장애의 유지치료 연구에서 나타나는 탈락률은 50~80% 정도인데, 이런 높은 탈락률은 양극성장애 연구에서 생존 분석이 유효한 것인지에 대해 확신할 수 없게 만든다. 우리는 이 집단이 연구하기 어렵다는 사실을 인정할 수밖에 없고, 상아탑의 통계학자들은 이런 연구에 대해 거부감을 표현하겠지만, 데이터를 열심히 들여다보는 것만이 상책이다.

잔차 교란

모든 회귀모형은 최종적으로 한 가지의 가정을 공유하고 있다. "모든 회귀모형은 관찰이 서로 독립적이라는 가정 하에 있다. 다른 말로 하면, 이런 모형들은 같은 사람에서 같은 결과가 한 번 이상 발생하는 경우에 대해서는 사용될 수 없다는 것이다."(Katz, 2003) 그런데 우울증 환자가 1년 동안 아증후군적인 우울증(subsyndromal depression)으로 악화가 되었는지 추적 관찰하는 경우를 놓고 보면, 사실상 환자는 아무런 증상이 없는 상태와 역치 이하의 증상이 있는 상태 사이를 왔다갔다하므로, 추적 기간 동안 몇 배의 결과를 보이게 된다. 이런 경우라면 통계학적으로 동일 환자에서의 반복 관찰들 사이의 연관성을 보정하기 위해 '일반화 추정 방정식(generalized estimating equation)'을 사용해야만 한다(Katz,2003).

회귀모형에서 통계적인 보정을 얼마나 많이 할지는 모르겠지만 위에서 말한 가정들이 맞는다면, 우리는 가능한 교란 변인 모두를 절대로 완전히 밝혀내거나 교정해낼 수 없다. 그런 이상적인 상태는 오직 RCT에서만 가능할 것이다. 그러므로 최고의 회귀모형일지라도 잔차 교란(residual confounding)들이 존재하게 되며, 이들 교란편견의 잔재들은 완전히 제거될 수 없다. 따라서 아무도 회귀분석의 결과에 대해 절대적 확신을 가질 수 없겠지만, 그래도 조금을 확신을 가져볼 수 있는 경우도 있다. (통계의 천재는 오차를 무시하지 않고 수량화시켜 본다고 한 Laplace의 말을 떠올려 보자.) 잔차 분석으로 이 모형에서 '관찰값과 추정값의 차이'를 조사하는 것이다(Katz,2003). 바로 '추정오차(error in estimation)'를 정량화시키는 것이다. 만약 잔차 추정값이 너무 크다면, 그래서 모형이 데이터에 잘 맞지 않는다면, 그것은 위에서 말한 추정들의 일부가 실패했기 때문일 수도 있고, 또는 보다 보편적으로는 중요한 교란요인과 예측요인들을 감별하고 분석하는 데 실패했기 때문일 것이다.

회귀모형에서 변수를 고르는 방법: 어떻게 분석을 하는가

아마도 위의 추정들보다 더욱 중요한 것은, 연구자들이 회귀분석을 하기 위한 변수를 골라내야 한다는 것이다. 이것은 쉬운 과정이 아니다, 그래서 논문에는 좀처럼 이러한 분석이 어떻게 수행되었는지, 실질적으로 어떻게 변수를 선택할 수 있었는지에 대한 설명이 잘 설명되어 있지 않다. 좀더 투명한 연구에서는 전산화된 변수 선택 모형을 이용하기도 하는데, 이것 또한 제한점은 존재한다.

중요한 것은 회귀모형은 교란변수에 대해 요구되는 정보를 담고 있지 않은 경우에는 쓸모가 없다는 것이다. 또한 결과에 대해 모든 예측요인을 보이고자 할 경우라면, 실험적으로 흥미로운 예측요인 말고도, 다른 예측요인에 대해 정보가 있어야 할 것이다.

그렇다면 어떻게 어느 변수가 교란인자이거나 예측인자일 것이라고 알 수 있을까?

간단하게 설명해 보겠다. 과거에 한 번도 연구된 적이 없었던 특별한 경우를 제외하고는, 일반적으로 이전의 문헌을 참조해서 회귀분석을 한다. 그러므로 다른 연구에서 잠재적으로 결과의 예측인자로 추정되었던 변수를 포함시켜야 한다. 제한점이 있긴 하겠지만 임상적 경험에 의지해서 잠재적 예측변수를 정할 수도 있을 것이다. 이런 방법들은 전적으로 타당한 것으로, 남의 임상적 의견이나 기존의 문헌을 액면 그대로 받아들이는 것을 의미하지는 않는다. 연구자는 자신의 회귀분석을 통해 이런 의견들과 기존의 연구들을 다시 한 번 시험해볼 것이다. 기존에 연구가 된 적이 없어서 이론적으로 추정된 변수들을 포함할 수도 있다. 이는 시작일 뿐 마지막이 아니다. 그리고 가능한 변수들을 많이 포함한 뒤에 효용성이 없는 것을 버리는 것이 너무 깐깐하게 고른 변수만을 남겨 놓은 나머지 데이터에 잘 맞지 않는 모형을 만드는 것보다 더 낫다.

그래서 회귀분석은 기존의 연구들과 임상적 경험, 그리고 이론적 근거를 통해 제공된 변수를 가지고 시작한다. 이런 세 가지 시작점 말고도, 의학 연구에서 불충분하게 평가받고 있다고 여겨지는 다른 개념의 시작점이 있다. 바로 사회경제적 요인이다. 사회 역학 연구에 의하면, 누군가의 등급, 경제적 수준, 인종과 연관된 사회적 요인이 의학적 결과에 영향을 주며, 이는 개인적 특징과는 독립적인 것이라고 되어 있다. 의학 연구에서 이런 사회적인 요소들에 대해 자세히 아는 것은 불가능할 때가 많다. 하지만 이런 데이터를 모으기 시작하는 것은 중요하다. 힘들게 노력하지 않아도 단순하게 관찰만 하면 알 수 있는 것들이 많다. 사회경제적 요인들은 몇몇 간단한 지형학적 특징들, 특별한 인종, 교육 수준 그리고 사는 곳(우편 번호를 통해서도 알 수 있다)과 연관이 있다. 나이와 성별은 의학에서도 중요한 요소로 간주된다. 그러므로 나는 모든 회귀모형에서 인종, 교육 수준, 나이, 성별을 분석에 포함시켜야 한다고 주장한다. 사회경제적인 요소들이 건강과 병에 영향을 주기 때문이다.

수작업 선별 방법

회귀모형의 변수를 고를 때 위의 네 가지 개념적 요인(기존의 연구, 임상적 경험, 이론적 근거, 사회경제적 요인)에 추가하여, 어떤 변수를 모형에 포함시킬지에 대해 정량화 실험을 할 수 있다. 나는 이 과정을 자동화된 선별 과정과 구별하기 위해 수작업 선별 과정이라고 부를 것이다. 페르시아 카펫처럼, 기계제품에 대조되는 수제품에 비교한 것이다. 기계가 언제나 인간의 원형을 개선시켜주는 것만은 아니다.

　수작업 선별 과정은 다음과 같다. 우리가 100명의 지원자로 이루어진 (비무작위화) 관찰 연구로부터 모은 데이터를 통해 20개의 변수를 갖고 있다고 가정해 보자. 결과값을 치료 반응(우울 증상 척도상 50% 이상의 개선)으로 두면, 이분적인 결과이므로 우리의 모형은 로지스틱 회귀분석이 될 것이다. 주요 예측인자는 항우울제 복용이다. (절반은 복용하였고, 나머지 절반은 그렇지 않았다고 가정하자.) 여기에 나이, 인종, 성별, 입원 횟수, 자살시도 횟수, 물질 남용의 과거력, 정신병적 증상의 과거력 등과 같은 변수를 생각해 보았다. 우리는 먼저 항우울제(antidepressant, AD) 사용을 모형의 예측인자로, 치료 반응(treatment response, TR)을 결과로 놓을 수 있다. 이 경우 회귀모형은 다음과 같다.

　　1. TR=AD

　이것은 간단한 단변량 통계이지만 TR의 여부에 따른 AD를 간단하게 비교하는 결과물이다. 여기서는 아직 회귀의 장점을 보여주지 못했다. 이 단변량 모형은 TR에서 AD가 더 높다는 것을 말해주는데, 오즈비가 크고(3.5라고 가정하자), 신뢰구간이 1(null=1)에 닿지 않은 경우 그렇다고 할 수 있다. 95%의 신뢰구간으로 1.48~8.63을 가정해보자. 이제 우리는 어떤 변수가 가장 연관성이 있을지를 생각하면서 변수들을 하나씩 추가해 나갈 수 있다. 이것은 모형에서 연속적인 순서로 다음과 같이 진행된다.

2. TR=AD+인종
3. TR=AD+인종+성별
4. TR=AD+인종+성별+입원 횟수, 등등

교란효과의 예는 다음의 시나리오 상에서 나타난다. 단변량 비교에서 AD의 본래 OR을 3.5로 두었다는 것을 기억하고 보자. AD에서 OR은 다음과 같이 변한다.

2. TR에 대한 OR은 2.75 = AD+인종
3. TR에 대한 OR은 2.70 = AD+인종+성별
4. TR에 대한 OR은 1.20 = AD+인종+성별+입원 횟수

교란편견의 반영으로서 효과크기에서 10%가 변한다는 일반적인 기준을 사용했을 때 3.5의 10%는 0.35다. 따라서 AD 예측인자의 효과크기가 0.35보다 크다면, 그것을 교란변수라고 간주할 수 있다. 더 큰 변화가 나타날수록 교란편견을 잘 반영하는 것이라고 할

수 있다. 우리는 두 번째로 인종을 더했을 때, 효과크기가 20% 감소하는 것을 보았다. 이런 것은 흔한 경우이다. 하지만 처음보다는 조금 작더라도 전체 효과는 여전히 남아 있다. 그 다음 세 번째로 성별이 더해졌을 때는 큰 차이가 나타나지 않았다. 하지만 그 다음 네 번째로 입원 횟수가 더해지자 효과크기는 큰 변화를 보았는데, 크기가 거의 절반이 되었고 null 값인 1에 근접하고 있었다. 만약 신뢰구간을 0.8~1.96으로 가정하고 4번째에 신뢰구간이 1을 통과해 버렸다면, 우리는 AD의 진정한 효과가 남아있지 않다고 말할 수 있을 것이다. 이 예는 단변량 분석에서 나타난 OR=3.5이란 명백한 효과가 어떻게 (다변량 회귀 이후에 사라지는) 교란변수를 반영하고 있는가를 보여준다. 게다가 입원 횟수의 보정을 통해 병의 심각도가 수정된다는 것을 주지한다면, 회귀가 보여주는 것이 무엇인지를 이해할 수 있을 것이다. 이런 결과는 아마도 항우울제를 복용한 사람이 그렇지 않은 사람보다 덜 아팠다는 것을 암시하는 것이다. 그러므로 AD와 TR 사이에 관련성이 명백했던 것은 사실 두 군 사이에 애초부터 병의 중증도가 달랐기 때문이라고 할 수 있다. 회귀모형 없이 적용된 p-값과 같이 일반적인 통계 방법을 통해서는 이같은 유형의 중요한 임상적 변수를 교정할 수 없다.

싱크대 방법

다변량 회귀모형을 사용하는 다른 방법은 위에서 언급했듯이 변수를 하나하나씩 넣는 것보다 연관된 변수들을 단순하게 한 번에 모두 넣어버리는 것이다. 때때로 '싱크대' 방법이라고 불리기도 하는 이 대안은, 빠르고 간편하다는 장점이 있는 반면에 통계적인 검정력이 떨어지는 것이 단점이다. [이는 '다중공선성(collinearity)' 때문인데, 더 많은 변수가 포함될수록 신뢰구간은 넓어지게 된다.] 그리고 이 방법을 통해서는 어떤 특별한 변수가 교란효과에 가장 영향을 주는지에 대해 살펴볼 수가 없다. 이 마지막 문제는 (위에서 예로 들었던 AD에서 OR처럼) 어떤 한 가지가 실험적 변수의 효과크기에 큰 차이를 보일 때까지 각각의 변수를 하나씩 빼나가는 수작업을 통해 다루어질 수 있다.

전산화 방법

몇몇 연구자들은 다른 연구자들이 시행한 회귀분석을 좀처럼 신뢰하지 않는다. 수작업 방식을 통해 나온 결과가 정직하고 객관적인 것이라고 믿는 사람도 분명히 존재하고, 그래야만 할 것이다. 하지만 위에서 예를 든 경우에서 만일 내가 진정으로 그 연구에서 항우울제가 효과가 있었다고 믿고 있다고 가정해보자. 회귀모형을 순서대로 시행하면서 4번째 단계에 도달했을 때 나는 실망하게 될 것이다. 지난 입원 횟수 때문에 생긴 교란변수로 인해 항우울제가 효과가 없다는 결론을 내려야 한다고 받아들일 수 없는 것이다. 이 상태에서 내가 정직하지 않게 행동했다고 가정해 보자. 나는 회귀의 4번째 단계를 보고하지 않고, 3번째까지의 단계만을 통해 논문을 완성하기로 했다. 논문 심사자들은 잠재적인 교란인자로서 작용할 수 있는 질병의 심각도에 대하여 물어 볼 수도 있고, 그렇지 않을 수도 있다. 그러나 그들이 스스로 데이터를 분석하는 것이 아니기 때문에 내가 시행한 분석이 적절한지에 대해서는 사실 아무도 알 수 없는 것이다.

이와 같은 부정직은 과학적 비행에 속하는 것으로 명백하게 위험하다. 그러나 이런 경우가 문제 삼을 정도로 흔하지는 않다. 수작업으로 시행되는 회귀분석은 수제품 카펫을 만드는 것처럼 단지 따라하기 힘들 뿐이다. 그러므로 몇몇 연구자들은 전산화 회귀모형을 선호한다, 그 방법은 적어도 이론적으로 복제할 수 있는 것으로서, 좋든 싫든 사람의 중재는 빠지게 된다.

이런 것들이 '순차적 조건부 회귀(stepwise conditional regression)'나 그와 비슷한 용어로 이름 붙은 연구 논문에서 종종 볼 수 있는 종류의 모형이다. 다양한 방식들이 존재하지만, 나는 단순히 전진적(forward)이나 후진적(backward), 이 두 개의 기본 옵션 중 하나를 선택할 것이다. '조건부(conditional)'라는 용어의 의미는 각 단계가 앞 단계에 의존적이라는 뜻이다.

전진적 선택은 위에서 든 예와 같이 진행될 것이다, 각각의 변수가 한 번에 하나씩 더해질 것이다. 그러나 수작업과 달리 컴퓨터에 변수를 포함할지 포함하지 않을지에 대해 명확하고 간단한 근거를 입력해 주어야 한다. 대개는 p-값 0.05를 절단점으로 잡고 보는데(때로는 0.10~0.20으로 보다 높게 잡기도 한다), 가설을 입증하려는 경우(일반적으로 낮은 p-값이 채택된다)보다는 가설을 탐색적으로 시험하려는 경우(일반적으로 높은 p-값이 채택된다)가 많다. 그러므로 위의 예에서 나온 것처럼 만약 3단계에서 성별에 대한 p-값이 0.38이라면, 4단계에서는 포함되지 않을 것이다.

나는 후진적 제거 방식을 보다 선호하는데, 그것은 (모든 변인을 포함하는) 싱크대 모형으로서 변수들을 하나씩 제거해 나가게 된다. 가장 높은 p-값에서 시작해서 남은 변수가 모두 역치로 용인된 p-값보다 낮아질 때까지 내려간다.

이런 자동화 모형은 복제할 수 있다는 장점이 있지만, 초점이 하나뿐(p-값이 그들의 유일한 기준이다)이라는 단점이 있다. 이 모형은 (예시에서 나타난 AD의 OR처럼) 실험적 효과크기에서 변화를 평가하지 않는다. 그리고 아마도 (AD의 OR을 바꾸는) 교란효과이지만 그 자체로는 예측인자(그 자체의 p-값이 높다)가 아닌 변수를 제거해 나갈 것이다. 그러므로 위에서 예로 들었던 2번째 단계에서 우리는 인종이 교란인자라는 것을 알 수 있다. 그것이 AD의 OR을 변화시켰기 때문이다. 인종이 그 자체로 예측인자가 아니라고 가정한다면(p=0.43), 인종 그 자체가 우울증을 더 심하게 만들거나 덜 심하게 만들지는 않는다는 것이 이해가 된다. 이것은 예측인자가 아닌 교란인자로서, 전산화 모형에 의해 포착되지 않을 것이다.

나는 연구자가 객관성과 정직성을 가지고 있다는 전제 하에 수작업 방식으로 회귀분석을 하는 것을 여전히 선호한다. 만일 인간에게 신뢰를 갖지 못하겠다고 한다면, 자동화된 후진적 조건부 접근법이 차선의 대안이 될 수 있을 것이다.

참고문헌 References

Abramson, J. (2004) *Ovedosed America: The Broken Promise of American Medicine*. New York: Harper Collins.

Abramson, J. H. and Abramson, Z. H. (2001) *Making Sense of Data: A Self-Instruction Manual on the Interpretation of Epidemiological Data*. New York: Oxford University Press.

Altshuler, L., Suppes, T., Black, D., *et al.* (2003) Impact of antidepressant discontinuation after acute bipolar depression remission on rates of depressive relapse at 1-year follow-up. *Am J Psychiatry*, **160**, 1252–62.

American College of Neuropsychopharmacology (2004) Executive summary: Preliminary report of the task force on SSRI's and suicidal behavior in youth. Available at: www.acnp.org, accessed January 22, 2009.

Andrews, G., Anstey, K., Brodaty, H., Issakidis, C. and Luscombe, G. (1999) Recall of depressive episode 25 years previously. *Psychol Med*, **29**, 787–91.

Angell, M. (2005) *The Truth About the Drug Companies*. New York: Random House.

Barbui, C., Cipriani, A., Malvini, L. and Tansella, M. (2006) Validity of the impact factor of journals as a measure of randomized controlled trial quality. *J Clin Psychiatry*, **67**, 37–40.

Basoglu, M., Marks, I., Livanou, M. and Swinson, R. (1997) Double-blindness procedures, rater blindness, and ratings of outcome. Observations from a controlled trial. *Arch Gen Psychiatry*, **54**, 744–8.

Baxt, W. G., Waeckerle, J. F., Berlin, J. A. and Callaham, M. L. (1998) Who reviews the reviewers? Feasibility of using a fictitious manuscript to evaluate peer reviewer performance. *Ann Emerg Med*, **32**, 310–7.

Bayes, T. and Price, R. (1763) An essay toward solving a problem in the doctrine of chances. *Philos Trans R Soc London*, **53**, 370–418. Available at http://www.stat.ucla.edu/history/essay.pdf.

Benson, K. and Hartz, A. J. (2000) A comparison of observational studies and randomized, controlled trials. *N Engl J Med*, **342**, 1878–86.

Berry, D. A. (1993) A case for Bayesianism in clinical trials. *Stat Med*, **12**, 1377–93; discussion 1395–404.

Blackwelder, W. C. (1982) "Proving the null hypothesis" in clinical trials. *Control Clin Trials*, **3**, 345–53.

Blank, A. (2006) Swan's way. *JAMA*, **296**, 1041–2.

Bolwig, T. G. (2006) Psychiatry and the humanities. *Acta Psychiatr Scand*, **114**, 381–3.

Bowden, C., Calabrese, J., McElroy, S., *et al.* (2000) A randomized, placebo-controlled 12-month trial of divalproex and lithium in treatment of outpatients with bipolar I disorder. *Arch Gen Psychiatry*, **57**, 481–9.

Bowden, C., Calabrese, J., Sachs, G., *et al.* (2003) A placebo-controlled 18-month trial of lamotrigine and lithium maintenance treatment in recently manic or hypomanic patients with bipolar I disorder. *Arch Gen Psychiatry*, **60**, 392–400.

Brown, H. (2007) How impact factors changed medical publishing – and science. *BMJ*, **334**, 561–4.

Buchkowsky, S. S. and Jewesson, P. J. (2004) Industry sponsorship and authorship of clinical trials over 20 years. *Ann Pharmacother*, **38**, 579–85.

Cade, J. F. (1971) Contemporary challenges in psychiatry. *Aust N Z J Psychiatry*, **5**, 10–17.

Calabrese, J. R., Bowden, C. L., Sachs, G. S., *et al.* (1999) A double-blind placebo-controlled study of lamotrigine monotherapy in outpatients with bipolar I disorder. Lamictal 602 Study Group. *J Clin Psychiatry*, **60**, 79–88.

Calabrese, J. R., Suppes, T., Bowden, C. L. *et al.* (2000) A double-blind, placebo-controlled, prophylaxis study of lamotrigine in rapid-cycling bipolar disorder. Lamictal 614 Study Group. *J Clin Psychiatry*, **61**, 841–50.

Calabrese, J., Bowden, C., Sachs, G., *et al.* (2003) A placebo-controlled 18-month trial of lamotrigine and lithium maintenance treatment in recently depressed patients with bipolar I disorder. *J Clin Psychiatry*, **64**, 1013–24.

Calabrese, J. R., Keck, P. E., JR., Macfadden, W., *et al.* (2005) A randomized, double-blind, placebo-controlled trial of quetiapine in the treatment of bipolar I or II depression. *Am J Psychiatry*, **162**, 1351–60.

Calabrese, J. R., Huffman, R. F., White, R. L., *et al.* (2008) Lamotrigine in the acute treatment of bipolar depression: results of five double-blind, placebo-controlled clinical trials. *Bipolar Disord*, **10**, 323–33.

Carroll, B. J. (2004) Adolescents with depression. *JAMA*, **292**, 2578.

Carroll, B. J. (2006) Ten rules of academic life: reflections on the career of an affective disorders researcher. *J Affect Disord*, **92**, 7–12.

Cohen, J. (1994) The earth is round ($p < .05$). *Am Psychol*, **49**, 997–1003.

Cohn, J. B., Collins, G., Ashbrook, E. and Wernick, J. F. (1989) A comparison of fluoxetine, imipramine and placebo in patients with bipolar depressive disorder. *Int Clin Psychopharmacol*, **4**, 313–14.

Das, A. K., Olfson, M., Gameroff, M. J., *et al.* (2005) Screening for bipolar disorder in a primary care practice. *JAMA*, **293**, 956–63.

Davidoff, F., Deangelis, C. D., Drazen, J. M., *et al.* (2001) Sponsorship, authorship, and accountability. *JAMA*, **286**, 1232–4.

Dawson, B. and Trapp, R. (2001) *Basic and Clinical Biostatistics*. New York: McGraw-Hill.

Dennett, D. (2000) Postmodernism and truth. In J. Hintikka, S. Neville, E. Sosa and A. Olsen, eds., *Proceedings of the 20th World Congress of Philosophy, Volume 8*. Charlottesville, VA: Philosophy Documentation Center.

Doll, R. (2002) Proof of causality: deduction from epidemiological observation. *Perspect Biol Med*, **45**, 499–515.

Emanuel, E. J. and Miller, F. G. (2001) The ethics of placebo-controlled trials – a middle ground. *N Engl J Med*, **345**, 915–19.

Eysenck, H. J. (1994) Meta-analysis and its problems. *BMJ*, **309**, 789–92.

Feinstein, A. R. (1977) *Clinical Biostatistics*. St. Louis: Mosby.

Feinstein, A. R. (1995) Meta-analysis: statistical alchemy for the 21st century. *J Clin Epidemiol*, **48**, 71–9.

Feinstein, A. R. and Horwitz, R. I. (1997) Problems in the "evidence" of "evidence-based medicine". *Am J Med*, **103**, 529–35.

Fink, M. and Taylor, M. A. (2007) Electroconvulsive therapy: evidence and challenges. *JAMA*, **298**, 330–2.

Fink, M. and Taylor, M. A. (2008) The medical evidence-based model for psychiatric syndromes: return to a classical paradigm. *Acta Psychiatr Scand*, **117**, 81–4.

Fisher, R. (1971 [1935]) *The Design of Experiments*, 9th edn. New York: Macmillan.

Fletcher, W. (1907) Rice and beri-beri: preliminary report on an experiment conducted at the Kuala Lumpur Lunatic Asylum. *Lancet*, **i**, 1776–9.

Forster, E. F. (1979) Some ethical considerations in the development of psychopharmacological research and practice in the future. *Prog Neuropsychopharmacol*, **3**, 277–80.

Foucault, M. (1994) *The Birth of the Clinic*. New York: Vintage.

Friedman, L., Furberg, C. and Demets, D. (1998) *Fundamentals of Clinical Trials*, 3rd edn. New York: Springer.

Gehlbach, S. (2006) *Interpreting the Medical Literature*. New York: McGraw-Hill.

Ghaemi, S. N. (2003) *The Concepts of Psychiatry: A Pluralistic Approach to the Mind and Mental Illness*. Baltimore, MD: Johns Hopkins University Press.

Ghaemi, S. N. (2007) *Mood Disorders: A Practical Guide*, 2nd edn. Philadelphia: Lippincott, Williams, and Wilkins.

Ghaemi, S. N. (2008) Toward a Hippocratic psychopharmacology. *Can J Psychiatry*, **53**, 189–96.

Ghaemi, S. N. and Goodwin, F. K. (2007) The ethics of clinical innovation in psychopharmacology: challenging traditional bioethics. *Philos Ethics Humanit Med*, **2**, 26.

Ghaemi, S. N., Soldani, F. and Hsu, D. J. (2003) Evidence-based pharmacotherapy of bipolar disorder. *Int J Neuropsychopharmacol*, **6**, 303–8.

Ghaemi, S. N., Miller, C. J., Rosenquist, K. J. and Pies, R. (2005) Sensitivity and specificity of the Bipolar Spectrum Diagnostic Scale for detecting bipolar disorder. *J Affect Disord*, **84**, 273–7.

Ghaemi, S. N., Gilmer, W. S., Goldberg, J. F., *et al.* (2007) Divalproex in the treatment of acute bipolar depression: a preliminary double-blind, randomized, placebo-controlled pilot study. *J Clin Psychiatry*, **68**, 1840–4.

Ghaemi, S. N., Shirzadi, A. and Filkowski, M. (2008a) Publication bias and the pharmaceutical industry: the case of lamotrigine in bipolar disorder. *Medscape J Med*, **9**, 211.

Ghaemi, S. N., Wingo, A. P., Filkowski, M. A. and Baldessarini, R. J. (2008b) Long-term antidepressant treatment in bipolar disorder: meta-analyses of benefits and risks. *Acta Psychiatr Scand*, **118**, 347–56.

Gijsman, H. J., Geddes, J. R., Rendell, J. M., Nolen, W. A. and Goodwin, G. M. (2004) Antidepressants for bipolar depression: a systematic review of randomized, controlled trials. *Am J Psychiatry*, **161**, 1537–47.

Goldberg, J. F. and Whiteside, J. E. (2002) The association between substance abuse and antidepressant-induced mania in bipolar disorder: a preliminary study. *J Clin Psychiatry*, **63**, 791–5.

Goodman, S. N. (1999) Toward evidence-based medical statistics. 2: The Bayes factor. *Ann Intern Med*, **130**, 1005–13.

Goodwin, F. K. and Jamison, K. R. (2007) *Manic Depressive Illness*, 2nd edn. New York: Oxford University Press.

Goodwin, G. M., Bowden, C. L., Calabrese, J. R., *et al.* (2004) A pooled analysis of 2 placebo-controlled 18-month trials of lamotrigine and lithium maintenance in bipolar I disorder. *J Clin Psychiatry*, **65**, 432–41.

Gyulai, L., Bowden, C., McElroy, S., *et al.* (2003) Maintenance efficacy of divalproex in the prevention of bipolar depression. *Neuropsychopharmacology*, **28**, 1374–82.

Hammad, T. A., Laughren, T. and Racoosin, J. (2006) Suicidality in pediatric patients treated with antidepressant drugs. *Arch Gen Psychiatry*, **63**, 332–9.

Healy, D. (2001) *The Creation of Psychopharmacology*. Cambridge, MA: Harvard University Press.

Healy, D. (2008) *Mania*. Baltimore: Johns Hopkins University Press.

Hill, A. B. (1962) *Statistical Methods in Clinical and Preventive Medicine*. New York: Oxford University Press.

Hill, A. B. (1965) The environment and disease: association or causation? *Proc R Soc Med*, **58**, 295–300.

Hill, A. B. (1971) *Principles of Medical Statistics*, 9th edn. New York: Oxford University Press.

Hirschfeld, R. M., Williams, J. B., Spitzer, R. L., *et al.* (2000) Development and validation of a screening instrument for bipolar spectrum disorder: the Mood Disorder Questionnaire. *Am J Psychiatry*, **157**, 1873–5.

Hirschfeld, R. M., Calabrese, J. R., Weissman, M. M., *et al.* (2003) Screening for bipolar disorder in the community. *J Clin Psychiatry*, **64**, 53–9.

Horton, R. (2002a) The hidden research paper. *JAMA*, **287**, 2775–8.

Horton, R. (2002b) Postpublication criticism and the shaping of clinical knowledge. *JAMA*, **287**, 2843–7.

Horton, R. (2004) The dawn of McScience. *New York Review of Books*, **51**, 7–9.

Hrobjartsson, A. and Gotzsche, P. C. (2001) Is the placebo powerless? An analysis of clinical trials comparing placebo with no treatment. *N Engl J Med*, **344**, 1594–602.

Hummer, M., Holzmeister, R., Kemmler, G., *et al.* (2003) Attitudes of patients with schizophrenia toward placebo-controlled clinical trials. *J Clin Psychiatry*, **64**, 277–81.

Hunt, M. (1997) *How Science Takes Stock: The Story of Meta-Analysis*. London: Russell Sage Foundation.

Ioannidis, J. P. (2005) Contradicted and initially stronger effects in highly cited clinical research. *JAMA*, **294**, 218–28.

Jaeschke, R., Guyatt, G. and Sackett, D. L. (1994) Users' guides to the medical literature. III. How to use an article about a diagnostic test. A. Are the results of the study valid? Evidence-Based Medicine Working Group. *JAMA*, **271**, 389–91.

James, W. (1956 [1897]) Is life worth living? *The Will to Believe and Other Essays in Popular Philosophy*. New York: Dover.

Jaspers, K. (1997 [1959]) *General Psychopathology: Volumes 1 and 2.* Baltimore, MD: Johns Hopkins University Press.

Jefferson, T., Alderson, P., Wager, E. and Davidoff, F. (2002) Effects of editorial peer review: a systematic review. *JAMA*, **287**, 2784–6.

Joffe, R. T., MacQueen, G. M., Marriott, M. and Young, L. T. (2005) One-year outcome with antidepressant–treatment of bipolar depression. *Acta Psychiatr Scand*, **112**, 105–9.

Jorge, R. E., Robinson, R. G., Arndt, S. and Starkstein, S. (2003) Mortality and poststroke depression: a placebo-controlled trial of antidepressants. *Am J Psychiatry*, **160**, 1823–9.

Kanigel, R. (1986) *Apprentice to Genius: The Making of a Scientific Dynasty*. New York: Macmillan.

Katz, M. (2003) Multivariable analysis: a primer for readers of medical research. *Ann Intern Med*, **138**, 644–50.

Keitner, G. I., Solomon, D. A., Ryan, C. E., *et al.* (1996) Prodromal and residual symptoms in bipolar I disorder. *Compr Psychiatry*, **37**, 362–7.

Kennedy, J. (1962) *Public Papers of the Presidents of the United States*. Washington DC: Office of the Federal Register.

Kent, D. M. and Hayward, R. A. (2007) Limitations of applying summary results of clinical trials to individual patients: the need for risk stratification. *JAMA*, **298**(10), 1209–12.

Kirsch, I., Deacon, B. J., Huedo-medina, T. B., *et al.* (2008) Initial severity and antidepressant benefits: a meta-analysis of data submitted to the Food and Drug Administration. *PLoS Med*, **5**, e45.

Kojeve, A. (1980) *Introduction to the Reading of Hegel*. New York: Cornell University Press.

Kraemer, H. C. and Kupfer, D. J. (2006) Size of treatment effects and their importance to clinical research and practice. *Biol Psychiatry*, **59**, 990–6.

Kushner, S. F., Khan, A., Lane, R. and Olson, W. H. (2006) Topiramate monotherapy in the management of acute mania: results of four double-blind placebo-controlled trials. *Bipolar Disord*, **8**, 15–27.

Lang, J. M., Rothman, K. J. and Cann, C. I. (1998) That confounded P-value. *Epidemiology*, **9**, 7–8.

Leon, A. C. (2004) Multiplicity-adjusted sample size requirements: a strategy to maintain statistical power with Bonferroni adjustments. *J Clin Psychiatry*, **65**, 1511–4.

Levine, R. and Fink, M. (2006) The case against evidence-based principles in psychiatry. *Med Hypotheses*, **67**, 401–10.

Lexchin, J., Bero, L. A., Djulbegovic, B. and Clark, O. (2003) Pharmaceutical industry sponsorship and research outcome and quality: systematic review. *BMJ*, **326**, 1167–70.

Louis, P. C. A. (1835) Researches on the Effects of Bloodletting in some Inflammatory Diseases. (Reprinted by the Classics of Medicine Library, Birmingham, Alabama, 1986.)

Mack, J. (1995) *Abduction: Human Encounters with Aliens*. New York: Ballantine.

Mackay, A. (1991) *A Dictionary of Scientific Quotations*. Boca Raton, FL: CRC Press.

Makkreel, R. (1992) *Dilthey: Philosopher of the Human Studies*. Princeton, NJ: Princeton University Press.

Manwani, S. G., Pardo, T. B., Albanese, *et al.* (2006) Substance use disorder and other predictors of antidepressant-induced mania: a retrospective chart review. *J Clin Psychiatry*, **67**, 1341–5.

March, J., Silva, S., Petrycki, S., *et al.* (2004) Fluoxetine, cognitive-behavioral therapy, and their combination for adolescents with depression: Treatment for Adolescents With Depression Study (TADS) randomized controlled trial. *JAMA*, **292**, 807–20.

McHugh, P. R. (1996) Hippocrates a la mode. *Nat Med*, **2**, 507–9.

Menand, L. (2001) *The Metaphysical Club*. New York: Farrar, Strauss, and Giroux.

Miettinen, O. and Cook, E. (1981) Confounding: essence and detection. *Am J Epidemiol*, **114**, 593–603.

Miller, C. J., Klugman, J. Berv, D. A., Rasenquist, K. J. and Ghaemi, S. N. (2004) Sensitivity and specificity of the Mood Disorder Questionnaire for detecting bipolar disorder. *J Affect Disord*, **81**, 161–71.

Mills, C. (1963) *Power, Politics, and People*. New York: Oxford University Press.

Moncrieff, J., Wessely, S. and Hardy, R. (1998) Meta-analysis of trials comparing antidepressants with active placebos. *Br J Psychiatry*, **172**, 227–31; discussion 232–4.

Moynihan, R. (2008) Key opinion leaders: independent experts or drug representatives in disguise? *BMJ*, **336**, 1402–3.

Moynihan, R., Heath, I. and Henry, D. (2002) Selling sickness: the pharmaceutical industry and disease mongering. *BMJ*, **324**, 886–91.

National Institute of Health (1979) *The Belmont Report: Ethical Principles and Guidelines for the Protection of Human Subjects of Research*. Washington DC: US Government Printing Office.

Nemeroff, C. B., Evans, D. L., Gyulai, L., *et al.* (2001) Double-blind, placebo-controlled comparison of imipramine and paroxetine in the treatment of bipolar depression. *Am J Psychiatry*, **158**, 906–12.

Olmsted, J. (1952) *Claude Bernard and the Experimental Method in Medicine*. London: H. Schuman.

Osler, W. (1932) *Aequanimitas with other Addresses*. Philadelphia: P. Blakiston's Son and Co.

Pande, A. C., Crockatt, J. G., Janney, C. A., Werth, J. L. and Tsaroucha, G. (2000) Gabapentin in bipolar disorder: a placebo-controlled trial of adjunctive therapy. Gabapentin Bipolar Disorder Study Group. *Bipolar Disord*, **2**, 249–55.

Parascandola, M. (2004) Skepticism, statistical methods, and the cigarette: a historical analysis of a methodological debate. *Perspect Biol Med*, **47**, 244–61.

Parker, G., Tully, L., Olley, A. and Hadzi-Pavlovic, D. (2006) SSRIs as mood stabilizers for Bipolar II Disorder? A proof of concept study. *J Affect Disord*, **92**, 205–14.

Patsopoulos, N. A., Ioannidis, J. P. and Analatos, A. A. (2006) Origin and funding of the most frequently cited papers in medicine: database analysis. *BMJ*, **332**, 1061–4.

Peirce, C. (1958) P. Weiner, Ed., *Selected Writings*. New York: Dover Publications.

Phelps, J. R. and Ghaemi, S. N. (2006) Improving the diagnosis of bipolar disorder: predictive value of screening tests. *J Affect Disord*, **92**, 141–8.

Poe, E. (1845) The system of Dr. Tarr and Prof. Fether. *Graham's Magazine*, Vol XXVIII, No. 5, p. 194.

Pollard, P., & Richardson, J. T. E. (1987) On the probability of making Type I errors. *Psychol Bull*, **102**, 159–163.

Popper, K. (1959) *The Logic of Scientific Discovery*. New York: Basic Books.

Porter, R. (1997) *The Greatest Benefit to Mankind: A Medical History of Humanity*. New York: Norton.

Posternak, M. A. and Zimmerman, M. (2003) How accurate are patients in reporting their antidepressant treatment history? *J Affect Disord*, **75**, 115–24.

Prentice, R. L., Langer, R. D., Stefanick, M. L., *et al.* (2006) Combined analysis of Women's Health Initiative observational and clinical trial data on postmenopausal hormone treatment and cardiovascular disease. *Am J Epidemiol*, **163**, 589–99.

Roberts, L. W., Warner, T. D., Brody, J. L., *et al.* (2002) Patient and psychiatrist ratings of hypothetical schizophrenia research protocols: assessment of harm potential and factors influencing participation decisions. *Am J Psychiatry*, **159**, 573–84.

Robin, E. D. (1985) The cult of the Swan-Ganz catheter. Overuse and abuse of pulmonary flow catheters. *Ann Intern Med*, **103**, 445–9.

Robins, E. and Guze, S. B. (1970) Establishment of diagnostic validity in psychiatric illness: its application to schizophrenia. *Am J Psychiatry*, **126**, 983–7.

Ross, J. S., Hill, K. P., Egilman, D. S. and Krumholz, H. M. (2008) Guest authorship and ghostwriting in publications related to rofecoxib: a case study of industry documents from rofecoxib litigation. *JAMA*, **299**, 1800–12.

Rothman, K. J. and Greenland, S. (1998) *Modern Epidemiology*. Philadelphia: Lippincott-Raven.

Sachs, G. S., Grossman, F., Ghaemi, S. N., Okamoto, A. and Bowden, C. L. (2002) Combination of a mood stabilizer with risperidone or haloperidol for treatment of acute mania: a double-blind, placebo-controlled comparison of efficacy and safety. *Am J Psychiatry*, **159**, 1146–54.

Sachs, G. S., Nierenberg, A. A., Calabrese, J. R., *et al.* (2007) Effectiveness of adjunctive antidepressant treatment for bipolar depression. *N Engl J Med*, **356**, 1711–22.

Sackett, D., Strauss, S., Richardson, W., Rosenberg, W. and Haynes, R. (2000) *Evidence Based Medicine*. London: Churchill Livingstone.

Salsburg, D. (2001) *The Lady Tasting Tea: How Statistics Revolutionized Science in the Twentieth century*. New York: W. H. Freeman and Company.

Shepherd, M. (1993) The placebo: from specificity to the non-specific and back. *Psychol Med*, **23**, 569–78.

Silberman, E. K. and Snyderman, D. A. (1997) Research without external funding in North American psychiatry. *Am J Psychiatry*, **154**, 1159–60.

Silverman, W. (1998) *Where's the Evidence? Debates in Modern Medicine*. New York: Oxford University Press.

Sleight, P. (2000) Debate: subgroup analyses in clinical trials: fun to look at – but don't believe them! *Curr Control Trials Cardiovasc Med*, **1**, 25–7.

Smith, G. and Pell, J. (2003) Parachute use to prevent death and major trauma related to gravitational challenge: systematic review of randomized controlled trials. *BMJ*, **327**, 1459–61.

Soldani, F., Ghaemi, S. N. and Baldessarini, R. (2005) Research methods in psychiatric treatment studies. Critique and proposals. *Acta Psychiatr Scand*, **112**, 1–3.

Sonis, J. (2004) Mortality and poststroke depression. *Am J Psychiatry*, **161**, 1506–7; author reply 1507–8.

Sox, H. C. and Rennie, D. (2006) Research misconduct, retraction, and cleansing the medical literature: lessons from the Poehlman case. *Ann Intern Med*, **144**, 609–13.

Sprock, J. (1988) Classification of schizoaffective disorder. *Compr Psychiatry*, **29**, 55–71.

Stahl, S. M. (2002) Antipsychotic polypharmacy: evidence based or eminence based? *Acta Psychiatr Scand*, **106**, 321–2.

Stahl, S. M. (2005) *Essential Psychopharmacology*. Cambridge, UK: Cambridge University Press.

Stigler, S. (1986) *The History of Statistics: The Measurement of Uncertainty Before 1900*. Cambridge, MA: Harvard University Press.

Tatsioni, A., Bonitsis, N. G. and Ioannidis, J. P. (2007) Persistence of contradicted claims in the literature. *JAMA*, **298**, 2517–26.

Tohen, M., Vieta, E., Calabrese, J., *et al.* (2003) Efficacy of olanzapine and olanzapine-fluoxetine combination in the treatment of bipolar I depression. *Arch Gen Psychiatry*, **60**, 1079–88.

Tohen, M., Chengappa, K. N., Suppes, T., *et al.* (2004) Relapse prevention in bipolar I disorder: 18-month comparison of olanzapine plus mood stabiliser v. mood stabiliser alone. *Br J Psychiatry*, **184**, 337–45.

Turner, E. H., Matthews, A. M., Linardatos, E., Tell, R. A. and Rosenthal, R. (2008) Selective publication of antidepressant trials and its influence on apparent efficacy. *N Engl J Med*, **358**, 252–60.

Wang, R., Lagakos, S. W., Ware, J. H., Hunter, D. J. and Drazen, J. M. (2007) Statistics in medicine–reporting of subgroup analyses in clinical trials. *N Engl J Med*, **357**, 2189–94.

Yastrubetskaya, O., Chiu, E. and O'Connell, S. (1997) Is good clinical research practice for clinical trials good clinical practice? *Int J Geriatr Psychiatry*, **12**, 227–31.

Zimmerman, M., Mattia, J. I. and Posternak, M. A. (2002) Are subjects in pharmacological treatment trials of depression representative of patients in routine clinical practice? *Am J Psychiatry*, **159**, 469–73.

찾아보기 Index